QICHANG
GAIBIAN MINGYUN

气场改变命运

魏 民◎编著

北京工业大学出版社

图书在版编目（CIP）数据

气场改变命运 / 魏民编著．—北京：北京工业大学出版社，2012.8

ISBN 978-7-5639-3180-4

Ⅰ．①气⋯ Ⅱ．①魏⋯ Ⅲ．①成功心理—通俗读物 Ⅳ．① B848.4-49

中国版本图书馆 CIP 数据核字（2012）第 165446 号

气场改变命运

编　　著：魏　民
责任编辑：孙　澍　王　充
封面设计：尚世视觉
出版发行：北京工业大学出版社
（北京市朝阳区平乐园 100 号　100124）
010-67391722（传真）　bgdcbs@sina.com
出 版 人：郝　勇
经销单位：全国各地新华书店
承印单位：唐山才智印刷有限公司
开　　本：787 mm × 1092 mm　1/16
印　　张：17
字　　数：285 千字
版　　次：2012 年 9 月第 1 版
印　　次：2021 年 1 月第 2 次印刷
标准书号：ISBN 978-7-5639-3180-4
定　　价：32.00 元

前　言

有的人在工作中，受领导重视、客户喜欢、同事佩服；在事业上，如鱼得水，不管做什么事都能成功；在情场中，更是春风得意，总能轻易赢得异性的青睐。而有的人则处处讨人嫌，事事招人烦，情场、商场、官场……场场失意。原因固然很多，但其中有个很重要的因素便是气场。

每个人都有属于自己的气场。人的气场是不尽相同的，个人的气场特性会随着人自身及环境的变化而发生改变。而且，气场是相互影响的，具有感染力和影响力。

其实，通过培养、提升、运用你自己的气场，你完全可以掌控自己的气场，拥有气场的魔力，成为交际场上的明星，打造属于自己的黄金人脉，全面提高个人影响力，最终拥抱成功。

阅读本书，你将了解到，气场到底是什么，它有着怎样的惊人魔力。更重要的是，本书会把影响气场、提升气场和利用气场的秘密传授给你。当你找到了自己的存在感，当你有了独特的气场，那么你的愿望和理想就会被你的气场慢慢吸引过来，你会发现，这个世界上真的有如此神奇的魔力！

目　录

第一章　揭开气场的神秘面纱

什么是气场

在生活中，人们经常会遇到这样一些情形：

当你和某些人在一起时，你会觉得很累；

某个人的存在总是让你觉得很不安；

有些人的来去会让你感觉到两种完全不同的气氛；

当你和某人在一起时，你会格外地充满激情和力量；

不管某个人外在如何表现出不在乎的神态，你都能体察到他内心的真实感受；

当你在某个人面前时，会感到非常的随意和亲切，并且产生强烈的倾诉渴望；

当你身处一个场合，在确切听到或看到某个人也在场之前，你的感觉是不是已经告诉你他也在这里。

对某个人的第一印象挥之不去，最后发现那印象极其准确。

……

这些我们或多或少都体验过却无法用常识来解释的现象就是气场。每个人都有一个独特的气场，无论它给你带来的是好运，还是让你讨厌的坏运气。气场看不见摸不着，又因其自身的多样性而让我们无法生硬地去定义其优劣。它既可以制造平庸与无奈，又可以用来震慑和杀伤别人，也同样可以建构吸引力及得到他人的崇拜。那么，气场到底是什么呢？

美国第一心灵励志大师菲尔博士曾说过：强大的气场是一个人的存在感和吸引力之所在，是他身上无与伦比的光环。他认为，一个人最大的价值，来源于他在某一方面获得的存在感、他对别人的影响力以及他对自己人生的掌控力和在此中体现出来的让人无法抵挡的魅力，包括工作、办公室、职场、家庭、人际关系圈及在某一个具体的人、具体的事面前的吸引力。它使得人们的目光总是被你吸引，不论你是好人还是坏人，都受人关注。

个人气场是现代心理学和交际学共同的研究对象，可以从科学角度加以理解。心理学上的气场就指人们给他人感觉的来源。它因感受者的存在而存在，别人可以通过你的气场，来感知你的身份地位、性格，气质及整体的精神面貌。而从人际关系学来看，气场就是用来影响他人的能力或两个人或多个人能否和平共处的能力。它是一种强大的内在吸引力，这样的人不需要刻意在人群中显示自己的不同和出色，甚至对于大家的目光毫不在意，但是，越是这样，就越会吸引他人的目光。

曾经有这样一则故事：

> 女主人独自一人在家遭遇了强盗。当她推开门惊见一脸凶相，手持菜刀的强盗后，脸上闪过一丝惊慌，随即便镇定了下来，面色温和地对强盗说："先生，您是卖菜刀的吧？快请进。"强盗有点不知所措，迟疑着走进屋来，女主人请他坐下，随手递上一杯热茶。微笑着说："您来得真巧，我正要买一把菜刀呢！"而后不紧不慢地将菜刀从强盗手中接了过来。强盗尴尬而惊慌失措地接过女主人递过的钱，倒退着移步门口，小心翼翼地掩门而去。几天后，女主人收到一封信，上面只有几个字："夫人，与您的相遇将改变我的一生。"

在这则故事中，女主人的气场体现为她的心态、智慧、言行举止所形成的个人魅力。它是一种由内而外散发出来的精神能量，是我们每个人都拥有的能量圈，这个能量圈的能量源自我们的身、心、灵，有着不同的性质和强度，在交往中不断地与其他能量圈进行能量和信息的交换。可见，一个人强大的正气场与诸多因素有关，是一个人整体的精神面貌。抽象概括起来，它主要包括以下几方面的因素：

1. 内心的力量

气场的积累确实不同于练武，不是闭关修行就能成的。一个人的内心有多强大，他所向往和搭建的舞台就有多广阔。我们每个人先天拥有的东西不一样，有的人生来貌美、聪明，有的人却天生相貌平平、资质鲁钝。然而与生而来的财富只是人生的一部分，或者说一小部分，更多则是后天培养的内心力量。自信与潜能可以引发一个人散发出极其强大的气场。与商品不一样，内心的力量没法用货币来衡量，但是当内心的力量被启动、被激发的时候，一股不可阻挡的气场就洋溢出来了。

2. 自信乐观的性情

如果气场有味道，那么好的气场的味道就是自信、乐观、坚强。结交不错的朋友，就如同在你的心灵里打开一扇扇窗子帮你看世界，不但拓宽了你的视野，也收获许多对社会，对人生的认识。它会让你跳出狭隘的生活与思维的困境，久而久之，你的气场也自然会变得敞开。

3. 独到的头脑

大家都知道，无论在哪种场合，聪明的人都会因为自己独到的见解而成为众人注目的焦点。有这样的人存在的地方，你总能感受到智慧的光芒，让人无法忽视他的存在。气场不会随年龄的增加而递减，然而它会随着岁月的增加和你人生经历的积累而不断地积蓄。久经世事的中老年人一样有着他们的气场。虽然没有生生不息的干劲和四射的活力，但却多了一份沉稳。丰富的人生体验使他的性情淳厚礼让。与这样的人交往，你会被他充满智慧的气场所吸引，自是难忘。

4. 得体的肢体语言

得体的肢体语言不仅来自一个人内在的修为，也可以通过后天学习加以培养。不知我们是否注意到，一个人在他的希望被忽视时，一个特征性表现就是缩起肩膀、弓起腰、低着头，并且迈着小心谨慎的步伐。而一个人要想表现自己强大的气场的时候，他便会挺胸收腹、气宇轩昂，情之所至，甚至拍案而起，沉喝一声。肢体语言是一个人气场的外端，如果能够自如地运用，一定会给你的个人魅力增值！

有的人天生就有气场。他们的气场浑然天成，不论是在陋巷里还是在朋友圈子里都会成为“灵魂”。修炼到家的含蓄平淡同样会有气场。

然而，如果你的气场很弱，你的生活总是逃不出被忽视的被动命运，那么也不要着急，气场更可以通过后天的训练来加以培养和提升。一个人相对稳定的气场不是一两天之内就可以改变的，它需要几十天甚至更长的时间。菲尔博士说过这样的话：“尝试提升自己气场的过程，就是一次极佳的锻炼，哪怕没有收获太多，结果，整个人的气质也会有所不同。因为我们终于找到了努力的方向，眼神开始变得坚定，脚步不再犹豫，内心不再迷惑，这和之前的精神气质是远远不同的！”只要你通过努力掌控了自己的气场，你就能进一步掌握了自己的人生！

气场拥有强大的吸引力

1687年，当艾萨克·牛顿在《自然哲学的数学原理》中提出“万有引力”这个概念之后，我们才知道有一种看不见、摸不着却无处不在的能量，一直引导着整个宇宙的运转。正是因为它的作用，地球才能够在46亿年的时间里稳定地绕着太阳旋转，太阳系也才能围绕银河系中心不停地运动。整个宇宙中，无数的星球，每个星球上的每一粒尘沙，才能各安其位地和谐共处。这样一种力引导着宇宙中的每一样事物，也影响着我们的生活，这种力就是气场拥有的重要力量——吸引力。

首先要说明的是，气场拥有的绝不仅仅是吸引力，吸引力只是气场所拥有的强大力量的一部分。但仅仅吸引力就强大到足够改变一个人的命运。历史上无数伟大人物都曾经因为这一力量聚集到一起，组成光芒万丈的星群，闪烁在历史的天空中。我们经常会惊讶地发现，在长期的平静之后，历史突然爆发出无比强大的力量，开辟一片难以置信的新天地。最典型的例子就是“文艺复兴”，以“文艺复兴三杰”米开朗琪罗、达·芬奇、拉斐尔为代表的“巨人”们，从中世纪的黑暗中站起来，用自己的火把照亮了历史的天空。在普通人的生活中，与某个人、某件事、某个场所的相遇，实际上都是气场的吸引力在发挥作用，而这种相遇所产生的命运涟漪，足以让我们踏上完全不同的人生之路。如果说气场是人们天生拥有的，可能将命运彻底改变的一串万能钥匙，那么吸引力就是其中的一把钥匙，它依靠的是意志和天赋的作用。

“井深大君，请接受我对你衷心的谢意，感谢你给了我如此愉快的一生！我从心底感激你！”这是索尼公司创始人盛田昭夫悼念合作伙伴井深大的一句话。这两个共同开创伟大事业的男人有一种志同道合的默契。像孩子一样天真与纯粹的井深大极为专一，拒绝妥协，对自己关注焦点以外的任何东西都视而不见、听而不闻。他在技术上固执己见，性情古怪，在公司经营管理上则依赖盛田昭夫，就是后来干不动技术了，他宁愿去专心写书，也不干涉盛田昭夫的经营。在公司的重大决策和方向性问题上，井深大从来都是坚定地站在盛田昭夫一边。盛田昭夫有任何想法，首先和井深大交流，在井深大那里获得验证，这是他面对外部世界的力量来源。

当然，分管技术和营销的性格迥异的两个人，不可能在任何问题上都能取得一致意见。井深大与盛田昭夫的矛盾第一次也是最后一次暴露出来，是在“单枪三束彩色显像管”的研制过程中。彩色显像管是索尼最具有价值的产品，然而，它的诞生却是一个十分痛苦和艰难的过程。长达 7 年的研究开发中，索尼公司的经济压力十分巨大。盛田昭夫迫切要求减少亏损。而井深大却不关心技术研发以外的问题，坚持技术研究的需要丝毫不让步。井深大与盛田昭夫之间的紧张状态，公司里的任何人都看得出来。如果充耳不闻巨额亏损的人不是井深大，而是自己的父亲或兄弟，盛田昭夫都会毫不犹豫地叫停，但是他心中对井深大的信任和尊重占了上风，他不得不动用广泛的社会关系筹措索尼的第一笔开发贷款——200 万美元。

井深大在情感上也对盛田昭夫颇为倚重，技术上前进的每一步都与盛田昭夫一起分享。当第一批彩色显像管从装配线上下来时，井深大对研究组深深鞠了一躬。暮年的井深大回忆，他在索尼最值得骄傲的事情，就是“单枪三束彩色显像管”的诞生。井深大不只为自己的团队创造出的东西而骄傲，同样也为在危急关头中他与盛田昭夫相互信赖、相互激励的合作精神而感动。

如果井深大与盛田昭夫在某一件事情的看法上存在严重分歧，他们会私下里解决，公司里从没有一个人听到过他们批评对方。任何看到他们在一起的人，都难以忽视他们之间的奇妙默契。这种默契以一种神奇的方式将他们连接在一起，以至于他们的妻子都无法介入这种密切的关系。

1992 年，井深大与盛田昭夫先后中风，两个人无法有太多交流，但依然用简单的话语和手势相互鼓励。当盛田昭夫晚年定居在夏威夷时，井深大在电话上喊：“盛田昭夫！盛田昭夫！坚持住！”盛田昭夫的夫人每次回日本第一个落脚点不是自己的家，而是井深大的家。1997 年，井深大去世，终年 89 岁。盛田昭夫的悲痛无以言表，他的夫人代表他在追悼会上宣读了悼词：“井深大君，请接受我对你衷心的谢意，感谢你给了我如此愉快的一生！我从心底感激你！”

井深大与盛田昭夫的合作佳话很好地说明了气场所具有的强大吸引力。当两个具有强大气场的人相互信赖、相互激励时，它会带给我们人生的幸福与成功，帮助人们走向事业的辉煌。

有多少种气场，就有多少种感召力

感召力，也可以称为个人魅力、领袖气质，在希腊语中的意思是“神的魅力”。这个词最早是由恩斯特·特勒尔奇提出的，后来被马克思·韦伯所采纳，是指一种不依靠物质刺激或强迫，而全凭人格和信仰的力量去领导和鼓舞的能力。感召力是最为依赖个体生理、心理素质的一种力量，因此也是气场表现出的最具个人特点的力量。奥巴马和乔布斯的气场绝不相同，他们的感召力也有明显的区别，相似之处在于对其他气场的影响力度。因此，我们可以说，有多少种气场，就有多少种感召力。

感召力的性质随气场的变化而变化，它的极端形式就表现在各个领域的领袖式人物身上，这些人的气场强度极大，因而也就拥有极强的感召力。这些人身上笼罩着神圣的光环，有一种神圣的、鼓舞人心的、能预见未来的、创造奇迹的天才气质。美国心理学家昂格和康南将魅力视为一种归因现象，认为拥有强大魅力的领导者拥有与众不同的气场，不仅他们的气场能量强于别人，而且发挥作用的方式也异于常人。这些人气场的独特性质决定了他们往往具有远见卓识，自我牺牲精神强，有高度的个人冒险倾向，能使用非常规策略，有准确的情境估计能力，自信心强，善于使用个人物质权力等。

苹果公司首席执行官乔布斯堪称这一类型人物的最典型代表。他拥有足够的聪明才智，认清了历史发展潮流，早早投身高科技领域创业，并在三十岁左右就达到了事业的第一次高峰。他的标签是永远的黑色套头衫配牛仔裤，作为一个执著的完美主义者，他能把一个产品做到惊天地泣鬼神般的完美。乔布斯不仅有着与生俱来的商业敏感，还是真正的跨界高手，在个人电脑、音乐、电影、手机等多个领域都证明了自己的能力。同时他的感召力也是折服下属为之服务的最好武器，《乔布斯的秘密日记》就通过夸张搞怪的方式描写了这样一个场景：

我们一起开会，会议讨论的主要是他提出的关于将下一代 iPad 的长度减少半毫米的提议。我认为，减少半毫米会失去后续设计的余地，因此我建议减少 0.25 毫米。像往常一样，对于我的更正意见，拉斯表现得五体投地。

“你知道，”他说，“我在皇家学院也算得上是一等一的水平了，但是对于您的设计能力，我总是自愧不如。真的是这样。”

然后，我们又研究了几个 iPhone 的 FPP（仿造产品原型）。这几个 FPP 将会在公司内部分发，并提供给我们的一些供货商，以便迷惑人们，使他们难以猜得出实际产品究竟会是什么样子。即便是仿造产品，我也要求采用最高标准。因此，我声色俱厉地对拉斯说：“这做得简直糟透了！”

他只是耸了耸肩，挤出一丝他惯有的苦笑，似乎在向我说：“史蒂夫，我可从未见过你这样刻薄的老板。但我还是不可救药地爱戴你，因为只有你才能激发出我真正的水平。但是，不管怎么说，如果哪天我看到你孤身一人躺在床上睡着了，我还是会下手捅了你。”

如此强势，如此具有感召魔力，难怪很多人将乔布斯称为“乔帮主”或者“乔教主”。每当他穿着牛仔裤在苹果公司新产品发布会上侃侃而谈时，不仅现场的专业人士如痴如醉，万千通过网络观看直播的苹果产品用户们更是难以抑制心中的崇拜之情。这不能不说是乔布斯气场感召力的最好表现。

感召力同时还是一种魅力，一种从心灵深处自然流露出来的气质，体现了一个人的综合素养指数。普通人没有机会像乔布斯一样永远占据众人目光的焦点，但是如果恰当地调整自己的气场，每一个人都能散发出自己的独特魅力。这种气场能力让你能够在生活中悠然自得，赢得艳羡的目光。对于女人来说，身体是魅力的载体，身体连接着灵魂，身体和心灵结合的女人才会散发出恒久的风情和韵味。对于男人来说，不一定非要像莱昂纳多一样英俊，像比尔·盖茨一样富有，只要你发掘出自己独一无二的气场，那就会不落俗套，拥有自己独特的个性而展现出不凡的魅力。

气场具有超级说服力

关于说服有这样一种定义：说服是一个人或一个团体巧妙地运用各种有可能的说服手段（媒介），直接作用于人的五觉系统（视觉、听觉、味觉、嗅觉、触觉），进而间接地作用于人的潜意识与意识（也就是人们常说的心和脑），从而影响人的心态和思想，甚至进一步主导人的意志及改变人类行为的一个目的性很强的活动过程。定义很长，简单来讲就是让别人听你的！让一个和你拥有不同气场、不同能量的人听你的！这可以说是一种伟大的成就。

古往今来，有无数成功者都是依靠独有的说服力获得了世人瞩目的成就。有这样一种说法：95%的世界财富掌握在5%的人手中。如果做一个实验，把这95%的世界财富平均分配给全球每一个人，预计不出5年，这些财富又将重新回到这5%的人手中。为什么呢？因为这5%的人拥有一种吸引财富的超级魔力——那就是说服力！

美国石油巨富洛克·菲勒就曾经这样狂妄地说过："拿走我的财富，把我剥个精光，一个子儿都不剩，将我扔进沙漠，只要有一支商队经过，不要多久，我又可以成为亿万富豪。"这种豪情靠的就是说服的本事。不仅仅一个人、一个组织需要说服力，甚至一个国家同样需要说服力，因为一个人、一个组织、一个国家，都拥有自己的气场，都需要发挥自己气场的力量为自己服务。世界超级大国美国的成功就十分依靠说服力。舌头、美元、原子弹，被美国人称作20世纪成功的三大武器！后来美国人又将他们成功的三大武器改为：舌头、美元、电脑。但是不管怎么改，美国人始终坚定不移地认为：说服力是一种超越金钱、科技及暴力的终极力量！说服力，大到可以统治一切，小到能够帮助一个手无寸铁的人创造奇迹！

为什么奇迹总是会出现在拥有说服力的人身上，因为他们不仅拥有强大的气场，而且懂得将强大的气场能量以最高效的方式利用起来——说服力就是这种方式的集中体现。如果甲有100块钱，他投资到十个领域，而乙有1000块钱，全部投资到一个领域，那么谁更有效率、谁更能成功，难道不是不言自明的吗？也许有人会说前者能够回避风险，但是那些成功者从来不曾害怕风险，因为他们比任何人都清楚，巨大的风险就意味着巨大的利润。极端地说，那些白手起家的富豪，无一例外都是顶尖的说服者！那些出身低微的领导者，无一例外都是顶尖的说服者！那些各行各业拥有高收入的人，无一例外都是顶尖的说服者！为什么说服力如此重要，因为说服力是气场能量最集中的表现形式，相比吸引力、感召力而言，说服力更积极主动，是人能够主动去加强和控制的力量。说服力最杰出的例子就是世界上最伟大的推销员乔·吉拉德。

乔·吉拉德出生于美国底特律的贫民家庭。9岁的乔·吉拉德开始给人擦鞋送报，赚钱补贴家用。他16岁就离开学校，成为一名锅炉工。后来他成为一位建筑师，盖了13年房子。35岁以前的乔·吉拉德基本是个全盘的失败者。他患有相当严重的口吃，换过四十个工作仍一事无成，甚至曾经当过小偷，开过赌场。35岁那年，乔·吉拉德破产了，负债高达6万美元。为了生存下去，他走进了一家汽车经销店。乔第一年卖出343辆车，第二年就翻了一番，卖出614辆车，从此业绩一路飘红。3年之后，乔·吉拉德以年销售1425辆汽车的成绩，打破了汽车销售的吉尼斯世界纪录。连续12年成为美国通用汽车零售销售员第一名，甚至变成世界最伟大的汽车销售员。乔·吉拉德在15年的汽车推销生涯中总共卖出了13 001辆汽车，而且全部是一对一销售给个人的。

乔·吉拉德之所以能够取得这样伟大的成就，就在于他拥有别的推销员难以企及的说服力。1960年的底特律可以说是全世界竞争最激烈的一处市场。凭着不想再过苦日子的决心与毅力，乔自创许多“土法炼钢”的行销做法，不断磨炼自己的说服力，终于杀出一条血路。这证明了在发挥说服力的过程中，积极的主观能动性对提升气场、接近成功有多大的作用。

乔·吉拉德的说服力修炼从自身条件出发。那些别人眼中的不利因素成了他前进的动力。他有口吃的毛病，说话不得不很慢，这反倒让他比谁都更注意聆听客户的需求与问题。刚刚进入汽车行业的乔·吉拉德没有一点人脉，一开始只能靠着一个电话、一支笔，将顺手撕下来的几页电话簿作为客户名单拓展客源。只要有人接电话，他就记录下对方的职业、嗜好、买车需求等生活细节，虽吃了不少闭门羹，但多少有些收获。曾有人在电话中用半年后才想买车的理由打发他，半年后，乔便提前打电话给这位客户。他靠着掌握客户未来需求，紧逼盯人的黏人功夫，促成了不少生意。

乔在工作中不放弃任何一个机会。或许客户5年后才需要买车，或许客户2年后才需要送车给大学毕业的小孩当礼物。没关系，不管等多久，乔都会打电话追踪客户，一年12个月更是不间断地寄出不同花样设计，上面永远印有“我喜欢您！”的卡片给所有客户，最高纪录曾每月寄出1.6万个卡片。“我的名字‘乔·吉拉德’一年出现在你家12次！当你想要买车时自然就会想到我！”展示着过去所寄出的卡片样本，乔的执著令人折服。

他逢人必发名片，每见一次面就发一张，坚持要对方收下。乔解释，销售员一定要让全世界的人都知道“你在卖什么”，而且一次一次加深客户的印象。正如让这些人一想到买车，自然就会想到“乔·吉拉德”。

乔有一个特别的习惯，喜欢在公众场合“撒”名片，例如在热门球赛观众席上，他便整袋整袋地撒出名片，他耸耸肩表示：“我同意这是个很怪异的举动，但就是因为怪异，人们才会记得，而且只要有一张落入想买车的人手中，我赚到的佣金就超过这些名片的成本了！”

直到现在，乔还是保有广发名片的习惯，他说自己虽然已经不卖车，而是卖书，卖自己的人生与行销经验，寻求各种可能的演讲与曝光机会。因此，到餐厅用完餐，他总是在账单里夹上三四张名片及丰厚的小费，经过公共电话旁，也不忘在话机上夹两张名片，永远不放弃任何一个机会。

影响力是气场对外释放的巨大能量

吸引力、感召力、说服力之外，气场还拥有一种重要力量——影响力。影响力的重要性一点也不逊色于前三种力。在当今的世界上，有一种“眼球经济”，无论是“要出门，必雷人”的欧美乐坛最具影响力的流行音乐天后Lady Gaga，还是驾驶战斗机的俄罗斯特工总理普京，他们身上都有一种难以形容的影响力，影响力为他们带来无数人气的同时，也带来了实际的金钱和选票。以普京为例,论长相俄罗斯总理普京绝不是那种让人过目难忘的美男子，他也并不高大，身高约为1.70米，但他却具有一种独特的魅力。去年在俄罗斯的一项民意调查中，普京以绝对优势当选为女性眼中世界最有魅力的男士。普京之所以备受女士青睐，其中一个重要原因是，他总保持一种容光焕发、精力充沛、阳刚之气十足的形象。我们看到的普京时而赤膊垂钓，时而驾摩托风驰电掣，时而入潜水艇下湖（贝加尔湖）潜海（俄罗斯近海），时而驾飞机翱翔蓝天。这种影响力让普京拥有极高的支持度。

影响力是气场能量对外界的释放。如果在波光粼粼的水面上投下一颗石子，必然会激起阵阵涟漪。既然这种力量如此强大，那么不同的人运用不同的影响力来赢得利益也就不足为奇了。商人运用影响力来推销他们的产品，推销员运用影响力诱惑你乖乖地把金钱捧上。气场无处不在，无时无刻不在发挥作用，它拥有的影响力同样如此。影响力不仅仅在职场上，更广泛的影响力存在于生活中，你的朋友和家人会在不知不觉之间，通过他们的气场把影响力用到你的身上。广泛而有效的影响力为何具有这种魔力：同一个要求，只要换一种方式提出来，一个人就可能从心怀负面抵抗情绪变成积极合作。这一切都是通过改变你的气场实现的。当你的气场和对方调成同一波段，当你的气场和对方和谐共振，你自然就会折服在对方的影响力之下。

心理学家罗伯特·西奥迪尼这样说：“有一些人清楚地知道影响力的武器在哪里，而且经常熟练地使用这些武器来满足自己的愿望。他们在社会上走南闯北，恨不得让每一个人都按照他们的意愿来行动，而且他们总是能够如愿以偿。其实，他们成功的秘密就在于他们知道怎样提出请求，知道怎样利用触手可及的各式各样的影响力武器来武装自己。而运用这些武器并不难，有时只需要选对一个合适的词语，你就可以达到自己的目的。但是这个词汇必须要与强大的心理学原理相关，并且能够将‘自动播放的磁带’放入人们的体内。相信人们很快就会知道如何从他人对这些原理的机械反应中捞到实惠。”

在发挥气场作用、运用影响力方面，艾伦·格林斯潘堪称炉火纯青。这个美国犹太人，曾连任五届美国联邦储备局主席，在位18年6个月。1987年他临危受命，上台伊始就化解了美国的一次经济危机，此后，格林斯潘的正确举措化解了多次经济危机，使得美国经济经历了1991～2001年10年的繁荣期。艾伦·格林斯潘被认为是美国国家经济政策的权威和决定性人物，他被媒体业界看做是“经济学家中的经济学家”和“大师”。

在美国金融界有这么一说：格林斯潘咳嗽一声，全世界都得下雨。由此可见艾伦·格林斯潘的影响力在美国金融界，甚至在世界经济中是何等巨大。因此，他的一言一行、一举一动都格外引人注目。华尔街的从业者们花了很大力气研究他的每一次谈话，企图从他的用词和语法中捕捉到哪怕一点蛛丝马迹，但结果总是白费力气。精明的投资者们甚至还“发现”了一个“秘密”：格林斯潘的公文包如果是瘪的，就表示平安无事；如果鼓鼓囊囊，那可就大有文章了，意味着格林斯潘“有话要说”。因此，每当美联储开会时，相信这一说法的美国CNBC电视台就会派出两个摄制组守在门外，一个摄制组专门拍摄格林斯潘的言谈举止，另一组则专门拍摄他的公文包。

正因为格林斯潘的影响力达到了如此地步，才显出他对自身影响力的控制到达了何种境界。他有一句名言：“如果你们认为确切地理解了我讲话的含义，那么，你们肯定是对我的讲话产生了误解。”这句话实在太隐晦曲折，模棱两可了。他自己也承认：“我花了不少时间努力回避问题，因为我担心自己说话过于直白。最后，我终于学会了‘美联储语言’，学会了含糊其辞。”诺贝尔经济学奖获得者罗伯特·索洛曾这样评价以格林斯潘为代表的“狡猾”的主席们：他们就像乌贼鱼，喷出一团墨水后就溜之大吉，让听者抓耳挠腮，摸不着头脑。拥有影响力，谨慎地使用它——这正是格林斯潘最伟大之处。

总之，影响力是人体能量的对外释放。拥有强大的影响力，就意味着你得到了所在群体成员的高度认同，它将把你推到一个领导者的位置上，你也将有更大的平台从多方位展现自己的才华。毫无疑问，影响力将升华你的世界。所以，不管你的梦想是什么，如果你想成功，或者是想正面影响你所处的世界，你就必须学会最大化你的影响力。

气场可以决定命运

由于气场是给他人带来的存在感和吸引力，所以一个人拥有什么样的气场和他能在多大程度上掌控自己的气场就决定了他将会有什么样的人生。为了赢得成功和尊重，获得幸福健康的生活，你不但应该了解什么是气场，而且还要知道气场是如何决定命运的。这里，我们将从个人的性格、心理特征以及个人气场对团队精神的影响力几个方面来浅谈一下，气场对个人命运的决定意义。

性格是个人气场构成中相对稳定的因素，性格不同，个人的气场也就不同。有的人性格宽厚、温和，那么他的气场就会因为亲和力而显得平易近人，他的婚姻乃至事业也会因为人缘好而显得格外顺畅；有的人性格聪慧、敏捷，那么他的气场就会显现出干练的作风，他的职业生涯也必然为此而更加顺畅；相反，有的人性格奸诈、多疑，那么这种人的气场必然是负面而强大的，它所形成的压迫感会让人因恐慌和拘谨而不由自主地远离，可想而知，这种人的人生道路也必然是明暗交替，少朋寡友。

而在个人心理领域，每个人的人生经历都是复杂的，经历与年龄也会给人的气场带来某种程度的改变。尤其是生活中一些敏感事件在改变人一个人的心理的同时，其整体精神面貌和人生也发生很大变化。比如，有的人会因为生活中某个突发事件而像变了个人似的，郁郁寡欢，终老一生；而有的人则会因为一件并不起眼儿的小事儿、一句话，甚至是一个善意支持的眼神而奇妙地改变了他的一生。由此可见，个性或人格的可变性在决定着一个人主导气场的同时，也改变了一个人的命运。

在集体或团队的氛围中，气场则是指某一群体、某个团队在特定的群体环境、生活环境、自然环境中形成的整体的精神面貌。举个例子来说，某公司正处于生死存亡的关键时刻，办公室里整日弥漫着消极的工作氛围，常常是一个人的消极气场迅速地辐射给他人，员工消极怠工、互相猜忌，公司业绩每况愈下。针对此种情况，有关人员迅速地展开了调查，才发现原来公司的管理者近几个月家中出现了变故，无心工作，整个人每日里被一些失意和负面情绪所主宰，再加上公司的用人及奖惩机制出现了问题，这些现象传递给了员工负面的信息，致使他们的工作积极性大为降低，以为公司就要破产了。对此情况，公司立刻抓住症结，在改善相应制度的同时，组织了一次全体员工动员大会，管理者以全新的面貌出现在员工面前。他首先对近一段时间出现的工作状态进行了自我检讨，并简述了长久以来个人对公司未来的长远设想，使员工们大为感动和振奋。自此，员工开始有了自己的目标，表现了积极配合的态度，公司业绩开始回升，每个人都开始激发出更多的潜能，团队面貌走向良性循环。

这就是团队领导者个人气场所产生的强大吸引力和影响力的结果。一个公司的领导如果不具备这样的个人魅力，那么公司整体的精神面貌便会受到影响。气场就是一种内在的精神能量，强大的气场不但能够感染，还会带动他人的情绪，这种能量像是一个发光体，让周围人的注意力不自觉地集中到你的身上，尤其是对一个领导者来说，千万不能忽视个人气场的影响力。如果你要获取同事的支持、员工的忠诚，带领团队迈向美好的未来，拥有健康的生活，实现人生的梦想，那么你必须要让自己首先拥有强大的气场，也就是我们常说的魅力。

可见，气场的自我掌控具有重要意义。可以说你在生活中的一举一动、一言一行都在塑造着自己的气场，进而影响着自己的未来。同时，气场不但可以决定一个人的命运，同时也会给企业和团队带来重要影响力。消极气场是人生失意的罪魁祸首，而积极的气场则会给你的人生、你的团队带来重要转机。

第二章　自信是气场的基石

自信是一个人气场的开始

生活中，一个人信心十足的时候，我们可以明显地感受到这个人由内而外释放出的能量。他往往比平时更加开朗、活泼，浑身上下精神抖擞、劲头十足。可见，自信是一个人气场的开始。一个拥有自信的人，他的形态、气势、语言、动作等都充满活力和动力。在他表达和体现这一切的时候，围绕他的身体就形成了强大的气场。气场不是一个虚拟的东西，而是一个切实被感知的存在体，而自信恰恰可以使得一个人散发出极其强烈的气场。

自信还和人内心的精神性情的流向有关，东方人更多的是把性情往外“推”，西方人是往内“收”。把精神和性情向外扩散，人看起来总是目光散乱，精力不集中的样子，而精神内敛型的人，眼神深邃、放光，表情动作里充满自信。

要想知道如何才能成为一个拥有强大自信气场的人，让我们首先对自卑心理进行一下探究。

人的自卑心理来源于心理上的一种消极的自我暗示，即“我不行”。正如哲学家斯宾诺沙所说：“由于痛苦而将自己看得太低就是自卑。”这也是我们常说的：自己看不起自己。

一个连自己都不认可的人，又怎么让别人去承认你呢？这个世上没有完美的人，每个人都有自己的长处和不足。只有一个敢于承认自我价值的人才有真实的表现欲，这种自然而然的向外发散的魅力就是一个人的自信。下面的这个故事可能会带给你一些启示。

苏格拉底在风烛残年之际，知道自己时日不多了，就想考验和点化一下他平时看来很不错的助手。他把助手叫到床前说：“我的蜡所剩不多了，得找另一根蜡接着点下去，你明白我的意思吗？”

“明白，”那位助手说，“您的思想光辉是得很好地传承下去……”

“可是，”苏格拉底说，“我需要一位最优秀的传承者，他不但要有相当的智慧，还必须有坚定的信心和非凡的勇气……这样的人选直到目前我还未见到，你帮我寻找和发掘一位好吗？”

“好的，好的。”助手说，“我一定竭尽全力去寻找。”

那位忠诚而勤奋的助手，不辞辛劳地四处寻找。他领来了许多人，然而，苏格拉底都没看上。

助手再次无功而返，回到苏格拉底病床前时，苏格拉底已经病入膏肓了，他拉着那位助手的手说：“真是辛苦你了，不过，你找来的那些人，其实还不如你……”

“我一定加倍努力，”助手恳切地说，“找遍城乡各地，找遍五湖四海，也要把最优秀的人选挖掘出来，举荐给您。”苏格拉底笑笑，不再说话。

半年之后，苏格拉底眼看就要告别人世，最优秀的人还是没有找到。助手非常惭愧，泪流满面地坐在病床边，语气沉重地说：“我真对不起您，让您失望了！”

“失望的是我，对不起的却是你自己。”苏格拉底说到这里，很失意地闭上眼睛，“本来，最优秀的人就是你自己，只是你不敢相信自己，才把自己给忽略、给耽误、给丢失了……”

试想，一个习惯性地忽视自我的人还怎么指望他人予以重视呢？可见，一个人的自信对打造成功者气场来说有多么重要。一个不懂得自信的人就永远找不到真正的自我，他的个人气场也必然是弱的。相反，假若你拥有了自信，那么你自身潜在的充满自信的精神能量就会自动投射给你的气场，让你拥有足够强势的资本，自此以后，昂首挺胸的是你，粲然微笑的也是你，你内心的能量会源源不断地投射给你的气场，为你建构世间最吸引人的魅力！

自信可以使我们产生出巨大的力量和勇气

据说拿破仑一上战场，士兵的力量可增加一倍。军队的战斗力，大半寓于士兵对将帅的信仰之中。将帅显露出疑惧张皇，全军必然要陷于混乱、动摇；

将帅的自信，则可以增长他部下健儿的勇气。

人的各部分的精神能力，像军队一样，也应该信赖其主帅——意志。

有坚强的意志，有高度的自信，往往使得平庸的男女也能够产生强大的气场，成就神奇的事业。

你的成就大小，往往不会超出你自信心的大小。假如拿破仑自己以为太难的话，他的军队决不会爬过阿尔卑斯山。同样，在你的一生中，很可能成就不了重大的事业，假使你对自己的能力存着重大怀疑的话。

不热烈地坚强地希求成功、期待成功，而能取得成功，天下绝无此理。成功的先决条件，就是自信。

“假使他想他能够，他就能够；假使他想他不能够，他就不能够。”当然，这一“想”，这一“信心”是要建立在客观规律的基础上，胡思乱想是不行的。

自信心是比金钱、势力、家世、亲友更有用的条件。它是人生可靠的资本，能使人努力克服困难，排除障碍，去争取胜利。对于事业的成功，它比什么东西都更有效。

假使我们去研究、分析一些有成就的人的奋斗史，我们可以看到，他们在起步时，一定是先有一个充分信任自己能力的坚强自信心。他们的心情意志，坚定到任何困难险阻都不足以使他们怀疑、恐惧。这样，他们就能所向无敌了。

我们应该觉悟到：“天生我材必有用”；觉悟到造物育我，必有伟大的目的或意志，寄于我的生命中；万一我不能充分表现我的生命于至善的境地、至高的程度，对于世界，将会是一个损失——这种意识，一定可以使我们产生出伟大的力量和勇气来。

低估自己是一种罪恶

那些害怕失败的人，事先就在心里想象事情是不可能的，自己给自己画地为牢，正是这一点限制了他们自己。西方世界流传这样一句话：“低估自己不是美德，而是一种罪恶。”低估自己就是低估了自己的气场。

有这样一个寓言故事。一只母鸡在孵蛋时蛋中有一只鹰蛋。小鹰自出壳之日起便跟小鸡一起长大，从没有认为自己跟小鸡有什么不同。有一天，他仰天而望，看到有只鸟凌空翱翔，于是问：“那是什么？”有只小鸡答道：“噢，那是一只鹰，百鸟之王。”“哇！但愿我也能像它那样飞翔！”小鹰满怀敬畏地说。“别妄想了”，小鸡说，“你不过是只鸡，鸡是飞不起来的。”闻此言，小鹰甚感沮丧和气馁，于是继续啄食，过着鸡的生活。

生活中有实例，蔡元培任北京大学校长时，有一次和同学们谈话，他突然问：“五加五等于几？”大学生们一下子愣住了，以为名望极高的校长所问，必不寻常，一定有奥妙，一时间大家左顾右盼，都不敢应声作答。过了一会儿，才有一个学生小声而不无迟疑地嘀咕：“五加五等于十……”蔡元培望着这名学生笑，点点头，说：“对。”并勉励大家说，不要盲目崇拜偶像，局限自己，要自信！

20 世纪 50 年代有位杰出的权威科学家认为音障是不可能人为突破的。有些人甚至以为，在 1 马赫（飞行物在空气中移动的速度与音速之比）时飞行员与飞机将同时毁亡，或者飞行员将失声，或饱受摧残。但是 1947 年 10 月 14 日，美国飞行者查克·叶慈驾着贝尔航空 X-11 飞机，达到每小时 1.06 马赫（700 英里）的速度，三天后提高到 1.35 马赫。六天后更是高达当时不可思议的 2.44 马赫，粉碎了人类无法突破音障这堵“看不见的墙”的神话。美利坚民族崇尚自由，富有冒险精神，强调自我奋斗，在任何时候，对任何问题，似乎从来没有统一过；但是美国人具有强烈的自尊心和自豪感，正如他们自己认为的：American（美国人）一词最后四个字母拆开来便成为 I can（我能）。

亲爱的读者，你也不妨说出：I can！

自信心的确是影响事情成败的重要因素。倘若你犹豫了，倘若你对自己丧失信心了，那就将失去机遇，失去成功，失去幸福。

信心这么重要，怎样培养你的自信心呢？

下面介绍一些建立自信的方法，希望能对你有所帮助。

1. 对要做的事情做好充分的准备

一个名叫德摩斯梯尼的年轻人，由于渴望和雅典的领导人谈话，而进入了一直被历史上最著名的演讲者垄断的演讲领域。他的声音细小、支支吾吾的，他的举止战战兢兢的，他的思维一片混乱。而且，他说得结结巴巴的。他的话刚一讲完，人群中就发出嘘嘘声，将他赶下了演讲台。

但德摩斯梯尼并没有因此而一蹶不振。

“我再也不会做事先毫无准备的演讲！”他下定决心。同时他也的确做着准备！他通过对着爱琴海用尽全力地大声喊叫，来锻炼自己的音量；他站在摇摆的剑下演讲，以锻炼自己的勇气；他在舌根放上鹅卵石练习演讲长达好几个小时，以克服自己口吃的毛病。他为演讲做了各种周密的准备，别人对他的这种做法很不理解。

等下一次再在集会上讲话时，他完全变成了另外一个人——善辩的言辞，有力的声音，自信的举止。观众席里发出阵阵赞许的欢呼声。他的话刚一讲完，人群就齐刷刷地站了起来，同时喊道：“让我们一起去和菲利普比试比试！”

是什么使一个说话结巴，声音微弱，胆子又小的年轻人从失败中重新振作起来，并且成为雅典历史上最著名的演讲家？答案只有一个——准备！他深知，第一次演讲的失败是因为他没有做好充分的准备。他之所以能克服他的自我怀疑和舞台恐惧心理，正是因为他对他要做的事情事先做好了充分的准备。

如果你想最大限度地发挥自己的能力，唯一的途径就是对你想要做的事情做好最充分的准备。只有这样，你才能自信地步入生活的各个领域，同时带着勇气和自豪，去面对你的每一个同事。

自信是那些获胜者强于其他竞争对手的优势。对自己能力的信任，只能来自于事先的充分准备。

2. 和信任自己的人交朋友

对自我的认识是最重要的，我们倾向于依赖我们对自身的期望而生存。但是，别人对你的评价，对你树立自信有着很大的影响，因为我们也努力地去迎合周围的人对我们的期望。给孩子们讲述他们生活中曾做过的所有的傻事，他们长大以后，也会回忆起这些可笑的经历；对他们抱以成就伟大事业的期望，他们也会乐于向这个目标努力。

你是否注意到有人在削弱你的自信，使你陷入对自己能力的怀疑中去呢？但是，你却从那些鼓励你树立自信的人那里汲取力量。有时，你会惊奇地发现，你周围那些削弱你的自信的人并不是真正伟大的人而通常是那些心胸狭窄、终日只知抱怨的人。通常，那些有理由贬低你的能力的人，也是最有可能鼓励你去尝试的人。例如，我的一个很幽默的朋友，有一次对我说：“我的朋友都不相信我能成为一个有名的演说家。于是，我极力地朝这个目标努力，结果，我终于成功了。同时，我也重新结交了一些新朋友。”

历史上一些巨大成功就是借由爱人或者是可信任的朋友的一句鼓励的话语、一个支持的举动而取得的。如果没有自信的妻子索菲娅，我们就不会在名人文献中找到纳撒尼尔·霍索恩的名字了。当纳撒尼尔·霍索恩绝望地回到家里，告诉他的妻子他在海关的工作被解雇了，并且认为自己是一个失败者的时候，妻子兴奋的惊叹使他感到很吃惊。

她带着成功的喜悦说着：“你现在有时间写你自己的书了！”

“是的，”他重新振作起来，“但，我写书时咱们依靠什么生活？”

令他更惊愕的是，妻子打开抽屉，从里面拿出了一大笔钱。

“你从哪儿弄来了这么多钱？”他大声问。

“我一直以来都坚信你是一个有天赋的男人。”她说，“我也知道总有一天你会写出一本名著。于是每星期，我就从你给我贴补家用的钱中拿出一部分积攒下来。我已经攒了一些钱，这些钱足够我们整整一年的开销。”

她的希望和信任成就了美国文学中最著名的小说——《深红色的信》。

要加强和那些有助于你树立自信，对你抱有殷切期望的人和激励你完成你所能做的事的人的交往。有时，你会在一些名著中发现这样的人。美国前总统约翰·肯尼迪经常研究历史上的伟人事迹，同时他也模仿这些人，用这些伟人的领导能力和习惯，作为自己生活的准则。

总之，任何时候一个人都不应该妄自菲薄，而应该通过强化自己的自信来挖掘自身的潜力，从而提升自己的气场。

扫除你的自卑

自卑的人没有气场。那么，一个好端端的人，为什么会自卑呢？美国心理学家的研究表明：儿童时期如果各项活动取得成绩而得到老师、家长及同伴的认可、支持和赞许，便会增强他们的自信心、求知欲，内心获得一种快乐和满足，就会养成一种勤奋好学的良好习惯。相反，他们会产生一种受挫感和自卑感。这就是说，自卑感的形成主要是社会环境长期影响的结果。

有一种是挫折性自卑，源于一个人的挫折。而挫折既已产生，不是简单地安慰一下就能抚平他的心灵之痛的。曾有一个演员，在戏曲学院学习的时候，是公认的好学生。她的表演成绩，一直名列前茅，总是受到表彰，学校把她作为重点学生加以培养。在学校里，她就参加了很多演出，并受到好评。所有的老师和学生，都视她为明日之星。她自己呢，也早已以明星自居，可是，毕业以后，她上演的第一出戏就惨遭失败！

那是演《穆桂英挂帅》的时候，她出演穆桂英。刚从学校出来就能当主演，这本身是莫大的荣耀。可是，她在演到一半的时候，突然嗓子哑了！这个戏当然是演砸了，当时有许多领导同志正坐在前排观看，她这次演砸，就等于是砸了她的前途。

这次演出以后，这个本来优越感一直很强的女演员，从此就变得委靡不振，整个儿就像换了个人似的。

像这种自卑，就是由于意外挫折造成的。这种自卑，如要消除，就得先消除她的挫折感。而要消除她的挫折感，就得让她再次在演出事业上辉煌一下。只有这样，她才会重新获得自信。要让她懂得年轻人生活、事业都还刚刚起步，征途还漫长着呢，即便起步时迟缓了一些，或走了点弯路，成绩一时不如人，也远不足以决定一个人的一生。好比一个优秀的长跑运动员，刚起跑时，比别人慢了一些，并不要紧，只要他攒足劲，加加油，照样可以赶上、超过前面的人，甚至可能拿到金牌。

还有一些人的自卑是因为他们身上存在着某种先天缺陷，如美国的出身于普通工人家庭的卡丝·黛莉，很有唱歌天赋，她自小也很想成为歌手，只可惜没有被“造物主”设计好，长了个阔嘴龅牙。她第一次当众演唱的时候，一直想把上唇向下撇，好盖住露出来的门牙。结果，弄巧成拙，愈是掩饰愈加丑陋，最后连她自己都觉得无地自容。

过后，一位老者对她说：“你的音色还不错，可看了你的表演，我知道你想掩饰自己什么，你是不喜欢自己的那口牙！”她听了后，更觉得格外伤心，于是大哭起来。老者说：“孩子，别哭！嘴大牙龅又有什么呢？张开你的嘴巴，放开胆子唱吧。只要你自己不引以为耻，那么观众会喜欢你的。况且，说不定这口牙还会给你带来好运呢！”

黛莉终于接受了老者的建议，不再想那口牙，从此她关心的不再是自己的牙齿，而是听众。她张大喉咙，尽情地唱，开心地唱，唱出了自己的真情实感，终于她成功了，成了著名的歌星。这时，人们都认为她的那口牙不但不丑，反而具有无穷的魅力，以至于许多人在谈话和演唱时都在刻意模仿她呢！

自然，看到许多同龄人比自己强，毕竟是一件令人惭愧的事，而冷静地反思一下造成自己落后的原因是必要的。科学表明，人的“天分”大多是不相上下的。人们的成就有差距，主要在于主观努力的不同，或者说，一个人的成就与他付出的心血和汗水是成正比的。

人的成才道路是相当宽广的，每个人都可以选择一条适合自己的路。当你取得了一定成功之后，还会继续发现自己有不如他人之处。所以，时时知不足是有利于促进自己进步的。但若老是自卑不已，悲观泄气，则是有害无益的。

当然，最重要的是能够进行正确的自我估价。俗话说“尺有所短，寸有所长”，“金无足赤，人无完人”。每个人都有长处与短处。如果只看短处不看长处，或者夸大短处缩小长处，则会形成自卑感。苛求自己没有短处，这是不可能的。有时，某些短处甚至还很难弥补，如身体的缺陷便是如此。积极的态度是扬长避短，以“长”补“短”。这一方面不行，也许另一方面比别人强。比如，盲人阿炳，虽然失去视觉，但却拉得一手好二胡，他不就是靠着听觉和触觉来体验、创造生活的吗？当认识到自己的短处时，可以设法弥补，或选择更适合于自己的途径发挥自己的长处，自卑的心理也就没有立足之地了。

再者，对于任何你想尝试的新事物来说，总有某些人是比你更在行，更有成就的。如果凡事只想到必须成功，这就无法避免害怕失败的心理，就会感到走向成功的路越走越窄，必然会自我挫败。世界上比我们能耐大的人有的是，天外有天，人外有人，看过马拉多纳踢球的人，还想一身臭汗地在足球队里混吗？听过帕瓦罗蒂歌声的人，还想修炼美声唱法吗？读过曹雪芹《红楼梦》的人，还想写小说吗？

这就是说，每个人都有自己的长处和缺陷，对付缺陷只有克服和利用两种办法。有缺陷并不妨碍一个人的成功，只是看你如何对待、处理它了。缺陷可以使一个人垂头丧气，产生严重的自卑感，同时也能使人奋发图强，产生不屈不挠进取的动力。如果利用得当，缺陷反而可以成为一个人优点的标记，自卑感可以转化为上进心；如果对自己的缺陷不敢正视。甚至百般掩饰，自怨自艾，则会一事无成。

相信自己不能只是一个口号

中国有句古话说："三思而后行。"这就告诉我们，在做任何事情前，我们都应该好好想想自己拥有什么。攻下一座城，需要强壮的兵马和充足的炮火，而不仅仅是一个人头脑的想法。生活中有很多人颇为自信，他们常常把"我能行"、"别人能做的我也能做"挂在嘴边，但是，他们在充满自信地说出话后，却并不能把事情做得像自己说出的那样圆满，很多时候，开始的"我能行"，却演变成了事实上的"我不行"。对于此类人，我们只能说他是自信精神不死的典范，却不属于真正自信的人。倘若把自信当成一种空洞的口号来喊一喊，则永远不会建立自己的气场。空有自信心，而缺乏自信的条件，那么，一切都依然是泡影。所以，在做事前，先思考一下自己到底具备哪些能力，自己都拥有哪些优势，然后再着手去做。

被喻为"商界少帅"的江南春，在读大学不久，就应聘到一家广告公司做兼职，一个月300元底薪加提成。他在成功拿下了第一个客户后，也拿到了1500元的提成！

后来，江南春又凭借自己独到的眼光和敏锐的商业触角，为他所在的广告公司年创造了150万元的收益。

在广告公司兼职的这段时间里，江南春不仅赚到了钱，还结交了不少商界朋友，为自己储备了大批客户，为他以后自己创业打下了基础。

大三这年，21岁的江南春自立门户，创办了永怡传播公司，并在此后10年的时间里，带领永怡传播公司成为国内最知名的本土广告公司之一。

到2000年，公司的年销售收入已过8000万元。

然而，就在2000年下半年，就在江南春准备施展自己的才能大干一场的时候，"寒流"来了。互联网泡沫破灭，风险投资商们纷纷勒紧了钱袋，永怡的广告收入也萎缩了大半。到2001年底，尽管公司勉强维持了下来，但江南春已经身心俱疲。

2002年春节，江南春在徐家汇一家百货商场闲逛，等电梯时，大家都抱怨电梯太慢，等电梯的时间很烦、很无聊。

这些牢骚话让江南春突发奇想："电梯旁的招贴画广告太呆板了，能不能让海报变成电视？效果肯定会比招贴画好很多，那样人们在等电梯的时候就不会感到无聊了。"

江南春越想越兴奋，显然，这是一个巨大的市场空白点，他因此激动得彻夜未眠。辗转反侧中，一个很时尚的创业计划油然而生。

商家最看重的是效益，这种广告效果如何，还得让效益来说话。对此，诺基亚公司在推广商务手机时专门做了一个测试：他们对一款手机分别做了两个版本的广告，一个版本以"机器人"为主角，在电视台播放；一个版本以"背剑武士"为主角，在江南春的电梯电视里播放。

很快，诺基亚的柜台涌来的大部分消费者都点名要买"广告中有把剑的那款手机"，这让诺基亚公司大吃一惊！从此，每有新手机上市，他们首先会找江南春。

不久，招商银行信用卡、轩尼诗洋酒、欧莱雅化妆品等也纷纷找上门来，江南春的广告订单接连不断。

2003年，在广告业摸爬滚打了10年的江南春以楼宇电视开创了一个全新的广告传媒。江南春先后创立了分众多媒体技术（上海）有限公司和分众传媒（中国）控股有限公司。两年内，把中国商业楼宇联播网扩展至全国四十多座城市，以及中国香港、中国台湾和新加坡。

2005年7月13日，分众传媒登陆纳斯达克。

我们可以看出，江南春是自信的，不然，他不会去广告公司做兼职，不会在自己为公司创造了巨大财富后自立门户，不会在自己的公司遭遇市场寒流时发现新的商机……他的这些自信并不是空喊一句"我能行"的口号，而是在自信满满之余能够清楚地看到自己的优势所在。肯去做兼职，是因为他相信自己有吃苦耐劳的精神；自立门户是因为他知道自己已经具备了开广告公司的业务能力，同时自己手里还掌握了相当一部分的客户资源；做电梯电视广告，是因为他相信自己独到的眼光和敏锐的商业触角……正是因为江南春知道该相信自己所具备的哪些优势，才使得他一次又一次开创出属于自己的那一片蓝天。

相信自己就从自己的长处开始，每个人都有自己的特长，都有自己特定的天赋与素质，如果你选对了符合自己特长的目标，就能够成功。如果你丢开自己的天赋、优势和才能，在不擅长的领域寻求发展，你很快就会发现，自己就像在泥潭里挣扎一样，无论从事什么职业，都难逃失败的命运。

抓住自己最出色的一面

有些人觉得自己没有气场是因为自己很笨，和别人比起来差多了。这种观点是错误的。要知道，虽然每个人的智商都不一样，但是除了极少数智商特别高的人以外，大多数人的智商都相差无几。这个世界上没有笨蛋，因为每个人都有最出色的一面。

沃斯一直觉得生活很压抑。他父亲是一家大公司的总经理，而他自己只是个普通的学生，甚至要在家庭教师的帮助下才勉强读完学习课程。

“我为什么不能像父亲那样出色？”沃斯这样问自己。每一天，他都不快乐，因为他从没有体验到成功的喜悦。

安妮是父亲为他请来的家庭教师，她很奇怪沃斯为什么总是沉默寡言。

“能告诉我为什么你不快乐吗？”安妮问道。

“我没有个性，也从没有获得过成功。”沃斯对安妮说，“你知道，我的父亲是一个非常成功的人，而我作为他的儿子，却非常平凡。我对学习不感兴趣，几乎找不到可以让我感到自豪的事情。我是个笨蛋。”

“哦，沃斯，你听过一句话吗？”安妮问。

“什么话？”沃斯抬起了头，看着安妮。

“世界上没有笨蛋！”安妮说，“这是我的老师告诉我的，而我现在把这句话告诉你！”

“每个人的智商都不一样，但是上帝是公平的，或许你不擅长某些东西。但总有你擅长的，只不过有的时候，你自己没有发现而已。”安妮接着说，“所以你要去寻找你所擅长的，也就是你所感兴趣的东西。如果你愿意，我可以带你去一个好玩的地方。你一定还没有尝试过飞翔的感觉吧？”

“好吧，也许你说得对。”沃斯轻轻地说。

“好棒的感觉！”他兴奋地对安妮说道，“我想我擅长飞行。仿佛我天生就有这种本领。我把一切都投入到这疯狂的追求中，并由此获得了自信心。”沃斯终于找到自己所擅长的东西，他也从此获得了自信和快乐。

“我知道自己不是一个才华横溢的人，但我有一个不同寻常的能力。我会飞翔。”他常常这么对别人说。

长大的沃斯后来接替了父亲的公司，并把公司带到了一个非常好的发展阶段，比他父亲那时候还要好，公司的规模扩大了20倍。

每个人都有自己最出色的那一面，其实也就是说，每个人都有自己的天赋，就看你是不是将之挖掘出来。

什么是“天赋”？天赋是指上天赋予我们的才能，这种才能是与生俱来的，而且还是与众不同的。每个人都有各自的天赋。即使是智商很低的人也有自己的天赋。找到自己的天赋所在，并发挥自己的天赋，是许多人获得成功的秘诀。

台湾著名漫画家朱德庸，25岁就红透宝岛，《双响炮》、《涩女郎》、《醋溜族》等作品在台湾经久不衰，他的作品在祖国大陆也非常畅销。但令人想不到的是，小时候的朱德庸却是一个差生。

朱德庸天生对图形很敏感。但对文字类的东西接受起来却很困难。在十几年的学生时期，他一直认为自己非常笨。读中学的时候，朱德庸完全没有办法接受刻板的“填鸭式”教育方式。他像个皮球一样被许多学校踢来踢去，就连最差的学校也不愿意招收他。

开始他也像老师们一样认为自己非常笨。十几岁以后才明白，自己不是笨，是有学习障碍。他发现自己天生对文字反应迟钝，但对图形很敏感。

谈到求学时的痛苦经历，朱德庸说：“我的求学过程非常悲惨！

学习障碍、自闭、自卑，只有画画使我快乐。”他说：“外面的世界我没法待下去，唯一的办法就是回到自己的世界。因为这个世界里有我的快乐。”

他的父母为此伤透了脑筋，他们动不动就被老师叫到学校去，听老师训话。还时常要带着小德庸到各个学校去看人家的脸色，求人家收留自己的孩子。幸运的是，朱德庸的父母从不给他施加压力，一直任他自由发展。他的爸爸会经常裁好白纸，整整齐齐订起来，给他作画本。

朱德庸后来回忆说：“如果我的父母也像学校老师一样逼我学习。那我肯定要死……每个人都有天赋，但是有些人的天赋被他们的家长或者被社会的习惯意识遮盖了，进而就丧失了。”在这一点上朱德庸很感谢自己的父亲，在他小时候非常想画画又总拿着笔画个不停的时候，他的父亲没有阻止他，相反，支持了他。

关于天赋。朱德庸有非常独到的见解：

“我相信，人和动物是一样的，每个人都有自己的天赋，比如老虎有锋利的牙齿，兔子有高超的奔跑、弹跳力，所以它们能在大自然中生存下来。人也是一样，不过是很多人在成长过程中把自己的天赋忘了。就像有的人被迫当了医生，而他可能是怕血的，那他不会快乐。人们都希望自己成为老虎，而这其中有很多只能是兔子，久而久之，就成了四不像。我们为什么放着很优秀的兔子不当，而一定要当很烂的老虎呢？社会就是很奇怪，本来兔子有兔子的本能，老虎有老虎的本能，但是社会强迫所有的人都去做老虎，结果出来一批烂老虎。我还好，天赋或者说本能，没有被掐死。”

朱德庸的话，值得我们深思。

积极的自我暗示能够提升自己

许多具有真才实学的人终其一生却少有所成，无论他们开始想做什么事，总是胡思乱想着可能招致的失败，他们总是想象着失败之后随之而来的羞辱，一直到完全丧失创新精神或创造力时为止。

对一个人来说，可能发生的最坏的事情莫过于他的脑子里总认为自己生来就是不幸之人，命运女神总是跟他过不去。其实，我们就是自己的命运女神。

我们自己控制、主宰着自己的命运。

在每个地方，尽管有一些人抱怨他们的环境这也不行，那也不行，没有机会施展自己的才华。但是，就是在这种相同的条件下，也有一些人却设法取得了成功，使自己脱颖而出，天下闻名。他们之所以成功就在于他们不断地给予自己积极的暗示，以帮助自己稳定情绪、树立信心，强大自己的气场。而消极的暗示却能对被暗示者造成不良的影响。

对一个自认为天生就是失败者的人，他能做什么呢？成功是不可能来自于这种失败的思想的，就好像玫瑰是不可能来自于长满杂草的土壤一样。当一个人非常担心失败或贫困时，当他总是想着可能会失败或贫困时，他的潜意识里就会形成这种失败思想的印象，因而，就会使自己越来越处于不利地位。

我们的幸运或是那种属于我们思想的所谓残酷的命运与我们自己有莫大的关系。我们经常看到我们中间那些能力并不十分突出的人却干得非常不错，而我们自己却与他们有很大的不同。我们往往认为有某种神秘的命运在帮他们，而在我们身外有某种东西总是在拖我们的后腿。但是，很可能的事实却是我们的思想和心态有问题。

可以这么说，我们面临的问题便是根本不知道该如何提高自己。我们对自己不够严格，对自己的要求不够高。我们应当希望自己有更加光辉灿烂的未来，应当认为自己是具有辉煌、超凡潜质的了不起的人物。要敢于很高地评价你自己。因为，如果你是上帝创造的，那么，你必定会继承那些超凡的、全能的潜质，必定会具有上帝的那些特质。

你要全心全意希望自己健康。绝不能容许自己去想可能会有另外的事情落到你头上。一定要拥有健康的心态，你的所思所谈都是健康。一定要对自己说，健康是你生来就该享有的权利。

你也该以同样的态度对待成功。除了成功之外，你绝不应该再想别的事。一定要有成功的心态、思想和行为举止。一定要像一个成功的、先进的人士一样行动，穿着打扮和思想都要表现得像一个成功的、先进人士的样子。务必相信，你心中的图景，你的心态，便是你将可能使之变为现实的图案。

如果你希望自己成为勇敢、豪气干云之士，你一定要坚定地拥有无所畏惧的思想，绝不能害怕任何事情，绝不能使自己成为一个懦夫、一个胆小鬼。

如果你卑怯胆小，容易害羞，那就不妨想象你将再也不会害怕任何人或任何事，你将昂起头来，挺起胸来，你不妨宣示你的男子汉气概或你的巾帼不让须眉的气概，一定要痛下决心加强你品格中的薄弱环节。对畏缩、胆怯和害羞的人来说，如果能展现出另外的神态，如果能表现出自信的样子，对他们往往大有裨益。胆怯、害羞的人不妨对自己说："其他人太忙，不会来操心我或看着我、观察我，即使他们看着我、观察我，对我来说也没什么大不了的。我将按自己的方式行事和生活。"

如果你的父母和教师说你是一个笨蛋，是一个傻瓜，那么，每当你想到这一说法时，你要坚决否认。你要不断地宣称，你并不愚蠢，你有能力，你将向那些不相信你的人们表明，其他人能做的事，你也能做。

你将发现，当你的自信心因为你经常断言你能成为你希望成为的人而增强的时候，你的能力相应地也会增强。无论其他人如何评价你的能力，你绝不能容许自己怀疑自己做事情的能力，你绝不能对自己能否成为你渴望成为的那种人心存怀疑。尽可能地增强你的信心，在很大程度上，运用自我暗示能使你成功地做到这一点。

绝不要自轻自贱，绝不要把自己视作一个软弱无能的、不健康的人，而应该把自己视作是完整、完美、完全的化身。

要坚定地宣称自己在世界上将占有一席之地，自己将在这一席之地上像一个真正的人一样生活。一定要训练自己期待成就伟业。在你的行为举止中，绝不要表现出你似乎认为自己一生不会有什么作为的样子。如果你躬行践履并坚定地坚持这种积极的、建设性的、丰富的思想，那么，有朝一日，你的这种心态会使你获得一席之地，并会创造出你所希冀的东西来。一定要相信，没有任何东西无缘无故地发生，这种缘故便是一定的心态或思想。

思想就是力量，正是通过这种思想的力量，我们塑造了自己，也塑造了我们的环境。这些细小的力量正不断地雕刻、塑造人的品格，不断地塑造人生。我们不可能摆脱我们的思想，我们必定会实现我们的思想。

第三章　品质决定气场的正负

气场是品质的投射

人们对待同样的事件，因不同的性格会产生不同的人生价值观，用这个价值观去指导自己的行为所体现出的就是一个人的品质。近年来，无论是工作还是生活，针对功利、浮躁的社会情态，几乎每个人都将品质凌驾于个人能力之上作为对一个人外在评判的重要条件。而一个人的外在品质投射出来，直接体现了个人气场的正负。

耳边经常会听到一些人的抱怨，抱怨公司太差、薪水太低、老板太苛刻等。事实上，抱怨是一种害已害人的负面行为，是内心不平衡的一种表现。其实每个人身上都有可贵的做人做事的品质，只是现实中复杂的人际与烦乱的琐碎使得人们渐渐遗忘了它们。但它们其实就在那里，等待着我们端正自己的态度，拭去心灵的尘埃，它们自会释放出它们应有的光芒！

有这样一个故事。一位建筑工程师因年事已高向老板提出辞呈。老板实在有点舍不得，所以希望他能在离开前，再盖一栋具有个人风格的房子。他虽然答应了，不过可以发现这一次他并没有很用心地在盖房子。他草草地用了劣质的技术和材料，就把这间屋子盖好了。落成时，老板来了，顺便也检查了一下房子，然后把大门的钥匙交给这个工程师说："这就是你的房子了，我送给你的一个礼物！"工程师实在是太震惊了！太丢人了！其实，用这种方式来结束他的事业生涯，实在有点不妥！如果他知道他是在为自己建房子，他做事的方式就会完全不同了。我们也是一样。我们每天都在书写自己的人生，往往并没有竭尽全力。那么我们也会吃惊地发现，我们将不得不住在我们自己建的房子里。如果我们可以重来，情形就会大不相同。但我们无法回头。也许我们就是那个工程师！每天你都在钉一颗钉子，放一块木板，垒一面墙。我们的每一言每一行都在为自己的房子，也是为自己的人生添砖加瓦……一颗钉子，几块砖，也许看不出什么，但是日积月累，突然有一天，你发现，别人都已建成了自己的房子。他们的那座房子是成功的，美丽的，让人尊敬和赞美的；而我们的这座房子是平庸的，灰暗的，令人排斥，或者被人遗忘的。这时我们也许会惊讶，会愤愤不平，我们会责问别人："为什么不事先告诉我所建的这座房子就是我的？"当我们以前在不认真做事，在发牢骚、闹情绪时，我们不知道，我们的价值真的不只是值那几块钱，我们的价值就在我们所做的事当中，而那是无价的，是几块钱的无数倍！

我们就是这个工程师，不是在为领导建房子，而是在为自己建房子，你的好的或坏的口碑就是这样形成的，你的人生价值就是这样体现的。我们应该努力工作和生活，不断成长，提高自己生命的质量，实现人生的价值，我们要增强责任感和使命感，从而在生活中获得一种生命层次的荣誉感。

这就是一个人的态度。面对同一件事情，你的态度是积极的，你整个人就会显得精神饱满、斗志昂扬；如果态度是消极的，那么你自然就会精神委靡，得过且过。它将同时影响你的气场和你做事的结果。这就需要我们在平时的生活中，无论遇到什么事，都要随时调整并纠正自己的态度，将自己的内在品质扶正。

我们都知道正直、诚实、认真是一个人身上可贵的品质，也是一个人无论对工作还是生活理应具备的最起码的态度，是个人身上的重要特质。无可否认的一个事实是，带有这些积极品质的人常常是一身正气、大义凛然、工作认真、态度积极、懂原则、重感情，他身上散发的强大的正气场使他具有淳朴的亲和力和无尽的吸引力。

相信一个一身正气的人无论走到哪里都会成为引人注目的焦点，一个人如果能够在生活中正直、诚实、认真地表现自己，这本身就是一种自信的体现。他身上的强大气场一定会为他带来更加吸引人的魅力！

诚信是营造气场的可贵品质

“世事洞明皆学问，人情练达即文章。”为人处世虽然复杂，需要察言观色，见机行事，灵活多变，但万变不离其宗，做人最根本的一条便是讲诚信。

诚信，就是要说真话，道实情，守信用，讲信任，说话算话。

诚信是营造气场的可贵品质。“言必信，信必行，行必果”。这种一诺千金、一言九鼎的精神一代代流传，深深地渗透到我们炎黄子孙的骨髓之中。在中华民族博大精深的文化底蕴中，诚信二字的分量可谓沉甸甸的。因为讲诚信，刘备实践了自己的真言：“我得军师，犹鱼之得水也。”他充分信任、重用诸葛亮，最终成就了一番事业；同样因为讲诚信，诸葛亮知恩图报，辅助后主，力保蜀汉政权，鞠躬尽瘁，死而后已。还是因为讲诚信，关羽铭记“桃园结义”的誓言，“身在曹营心在汉”，“千里走单骑”，历尽千辛万苦也要回到刘备身边。人们崇拜诸葛亮，敬仰关羽，就是崇拜、敬仰他们这种讲诚信的可贵品质。

诚信是一种情感的表达。无论是夫妻、朋友还是同事甚至是陌生人，良好的沟通与交流讲究的都是真情流露，这是建立在真诚表达的基础之上的。现在，社会越来越开放，人际交往越来越频繁，要获得别人的情感认同，不断取得信任，就应该“己所不欲，勿施于人”“己欲立而立人”，从小事做起，友善待人。要知道，不管时代怎么变，为人处世的基本准则不会变，也不能变。“人敬我一尺，我敬人一丈”“人心换人心，八两换半斤”，你待人友善，别人也会友善待你，否则，“针尖对芒刺”，只会两败俱伤。流露出每个人的真情，展现出每个人的诚信，生活怎能不美好！

诚信是一种巨大的力量。信任的基础是信用。信用是处理市场关系的基本原则，也是处理人际关系的基本准则。一个不讲信用和承诺的人，在工作或生活中肯定得不到领导、同事、朋友乃至亲人的信任，最终将成为孤家寡人，一事无成。同样，一个不讲信用和承诺的领导，肯定得不到广大群众的信任，最终这个组织或企业将失去应有的生机和活力。相反，如果人们彼此讲求诚信，它所激发出来的力量是巨大的。诚信就像一辆直通车，选择的是沟通心灵距离的最佳路径，唤起的是一种大家发自肺腑的参与感、认同感和荣誉感。诚信还是最佳的黏合剂，它聚合的是人们对共同目标的不懈追求，构筑的是幸福生活的归宿。这是一种神奇的力量。孙子兵法云：“上下同欲者胜”，讲的就是这种神奇力量产生的结果。

诚信是一种高贵的姿态。常言道，勿以善小而不为，勿以恶小而为之。在一所大学的新生迎接会上，老师故意把一个空的矿泉水瓶放在地上，大多数同学视而不见，顶多说一声“怎么没人拣啊”，只有一个胖胖矮矮的男生默默地走到教室中间从容地拾起瓶子扔到垃圾箱。他的真诚感动了在座的所有同学，博得了大家的信任，同时也使其他人觉得自愧不如。半年后这个男生成了学校的学生会主席。能为小善者必是真诚守信之人，必将是为大善者。虽然人不能以简单的善恶为标准来衡量，但没有人喜欢和不善者在一起共事，在道德伦理面前，文明总是比邪恶高出一头。

在这个时代，人格信誉是自身最宝贵的无形资产，是每个人的立身之本。一个人如果时时、处处、事事讲信用，那么他的事业将会走向成功，人生将会亮丽多姿。反之，一个处处背离信用的人生将黯淡无光。香港商界人物李嘉诚关于他成功的经验说过：“人一生中最重要的是守信。我现在就算有多十倍的资金，也不足以应付那么多的生意，而且很多是别人主动找我的，这些都是为人守信的结果。”一个人如果经常食言，久而久之他定会失去周围人的支持和信任，最终会抑郁、不得志。诚信是做人的起点，也是做人的归宿。离开诚信二字，就没资格谈情感、气节、教养。如果你是一个诚信的人，你将一生因此受益无穷。

曾子是个非常诚实守信的人。有一次，曾子的妻子要去赶集，孩子哭闹着也要去。妻子哄孩子说，你不要去了，我回来杀猪给你吃，孩子答应了。她赶集回来后，看见曾子真要杀猪，连忙上前阻止说对小孩子不必如此当真。曾子说，你欺骗了孩子，孩子就会不信任你。说着，就把猪杀了。曾子不欺骗孩子，也培养了孩子讲信用的品德。对自己的孩子尚且如此，对待他人更要说话算话。“言必信，行必果”，“一言既出，驷马难追”，这些流传了千百年的古话，凝结着古人的睿智与仁德，即使是在今天，诚信仍然是现代人应该孜孜追求的优秀品质。

婚姻本是一种相互承诺的契约，其中的双方都准备与对方去走完整个人生旅程。但家庭生活并非总是一帆风顺的。家人之间不时地出现冲突、矛盾、争吵、怨恨等，也是很正常的。有人可能暂时地失去了爱的感受，可能一时懈怠了自己的责任等，这往往就是承诺感受到考验的时候。一种富于承诺感的关系可以释放出能量来，克服生活中的挫折或失望感；有承诺感的家庭成员可以等待时间来医治创伤或澄清误解；承诺感可以产生耐性和决心，以保持融洽的关系，度过困难的时期。如果一个家庭的成员缺乏宽容、涵养和耐心，那么家庭关系是很容易破裂的。

中国人向往的友情是君子之交淡如水，遵循的是君子协定。因此朋友间的承诺应该是最为没有保障但最能体现承诺是金的精髓。“为朋友两肋插刀”虽是勇夫之举，但它体现的是对“友情”二字的承诺。拥有真挚的友谊有时会比幸福的爱情更加难能可贵。琐事的磨砺往往会使得家庭生活平淡无奇，甚至结下解不开的心结，朋友间的信任此时更显得重要。找个知己促膝相谈，不管是红颜还是蓝颜，因为你们之间的信任和君子承诺，可以无话不谈，说到伤心处可以潸然泪下甚至号啕大哭，讲到兴奋处可以得意忘形、毫无形象可言，叙到无言再叙时可以相视无语来个此时无声胜有声。说过了，笑过了，哭过了，叹过了，你的喜怒哀乐全都锁在了朋友的心中，过后的只有朋友的实际行动：呵护，安慰，拔刀相助……

当然，人非圣贤，也许有些时候说到的确无法做到。这只会存在于三种情况之中。

1. 人本善良却不懂得拒绝

有的人“善于”答应别人的请求，总觉得别人求到自己了是对自己的信任，不好意思拒绝就大事小事全都揽在一起，结果事情办起来叫苦不迭，后果自可想象。因此，无论你有多善良，心肠有多软，请你在面对他人的苛求时坚定地说一声“不”。也许别人的请求并不是无理的，他不是让你腐败也不是让你难堪，但你的内心就是有些不爽。棘手、为难、后悔，当这些词语隐隐地出现在头脑中时，不要犹豫了，这事你办不好，就不如委婉地拒绝，否则事倍功半，你的善良换来的只能是怀疑、失望与不信任。

2. 说到去做，却失信于人

答应别人的请求是容易的，如果有能力信守承诺，那么说到做到也不是难事，关键是能否真的把别人的事当成自己的事情办，能不能真诚地奉献，把能力发挥得淋漓尽致。“舍己毋处疑，施人毋责报”说的就是放弃自己的利益去帮助别人，不应该产生疑虑，如果产生了疑虑，也就有愧于自己本来舍己为人的志向了；施舍恩惠给别人，不应该指望别人报答，如果指望得到别人的回报，那么自己最初施恩给人的动机也就不真诚了。既然许下了承诺就要毫无保留、尽力去做，一旦居心叵测，即使是承诺实现，别人也不见得会领情，以后也不会再主动找你帮忙、相信你的承诺。这就叫费力不讨好。

3. 情况有变，及早告知

此种情况出现实属无奈，一旦事情发生变化而造成守信的障碍，就该及早地通知他人说情况有变我做不到了，这样既帮你解脱了烦恼的纠缠，又使你不会失信于人，反而增加了别人对你的信赖。

以上种种只有第三种可以原谅，其余两种应该极力避免出现。否则不仅会招来他人的不屑，更会让自己鄙视自己。

对一切都充满爱心

我们每个人在出生的那一天都得到了一份上帝送给我们的最好的礼物，那就是世界。那么，我们也应给这个世界一份礼物，那就是我们对这个世界的爱，对这个世界上所有的人、物的爱。

想一想，我们的父母把我们带到这个世界上，的确是一种奇迹。

我们和给了我们生命的父母能在一起生活，是一种缘分，也是一种幸福。

我们和我们周围的人，不管是你的邻居、你的同事、你的朋友，甚至你的敌人，能一起生活在这个星球上，而且还处于同一个时代，的确也是一种缘分，一种幸福。

我们和路旁的小树、小草，花园里盛开的花朵，树枝上快乐地鸣叫着的小鸟，树林里快活地跳跃的小鹿，能一起生活在同一片蓝天下，也是一种缘分，一种幸福。

俗话说："十年修得同船渡。"那么，我们和我们的父母、我们周围的人、花朵、小鸟、小草、小树、小鹿，一起生活在这个世界上，不知修了多少年？

再想一想，我们在这个世界上，只能生活短短的几十年，的确是太短太短的一个瞬间。

我们出生的时候，父母盼望着我们长大，因为他们把我们带到这个世界上，就是为了让我们长大成人；而当我们真的长大成人的时候，父母又怕我们长大，因为当我们长大的时候，他们就老了。

当我们刚刚懂事的时候，我们盼望着自己长大。因为长大了，我们就可以挣脱父母用爱织成的那一张网；而当我们到了可以挣脱那张网的时候，却又多么希望那张网永远永远地罩着我们。

所以，我们没有理由不爱一切。

我们的确没有理由不爱我们的这个世界，哪怕这个世界仍然有这样那样的让你我不满意的地方，有战争、有犯罪、有污染，只因为她是我们的世界。

我们的确没有理由不爱我们的父母，哪怕我们的父母只是普通得再也不能再普通的人，哪怕他们没有留给我们万贯家财，哪怕他们并没有给我们高贵的血统。我们爱他们，只因为他们是我们的父母。

我们的确没有理由不爱我们周围的人，邻居、同事、朋友。尽管为了某事，我们和邻居吵过架；尽管为了某事，我们和同事有过不快；尽管为了某事，我们和朋友红过脸；尽管为了某事……但这些并不妨碍我们爱他们，只因为我们生活在同一个地球上，生活在同一片蓝天下。

如果我们不再一定要找出爱的理由来，而将爱本身作为一种最恰当不过的理由，我们就不会再为自己找不到那些本不应该寻找的爱的理由而生出无穷的烦恼了，也不会再让我们与我们一生也难以遇到的人天各一方，以至于抱憾终生！

是的，世上没有无缘无故的恨，也没有无缘无故的爱。仅我们一起生活在这个美丽的星球上，这个理由还不充分吗？

所以，爱我们这个世界吧，既然人生如此短暂。

爱我们的父母吧，既然他们给了我们生命。

爱我们的邻居、同事、朋友吧，既然我们是邻居，是同事，是朋友。

爱我们身边的小鸟、小鹿、小草、小树，还有美丽的花朵吧，既然它们和我们一起点缀着这个世界。

所以，请你热情地相信“这的确是一个美好的世界”，那么它就真的会变成一个极其美好的世界。

无论怎么说，爱毕竟是我们这个世界里最值得去散播的种子。大部分人临终的时候都希望有这样的感觉：我们生活得很好，并且在我们将要离开这个世界的时候，能够感到这世界曾经因为我们的到来而变得更加美丽，更加美好。

所以，每一个人都应该向自己的四周散播自己的爱心。这就像玩弹力球一样，你将它们抛出去，它们又会再弹回来。对我们来说，这只是小事一桩，但是我们的世界却因此收到了一份珍贵的礼物，我们的生命也就因此而变得非同寻常。

是的，无论你愿意不愿意，你都得在我们这个星球上生活下去。在我们这个世界上，有明媚的阳光，有盛开的鲜花，有绿草青青的山坡，有那么多可爱的小动物，还有我们这些人类。当然，在我们这个世界上，也有战争，有核武器，有犯罪，有失业，有环境污染，等等。这些都是我们每个人必须面对也不得不面对的问题。但无论怎么说，这都是一个美好的世界。从一定意义上说，爱这个世界，你别无选择！

生命对于我们来说是非常宝贵的。如果我们的寿命是70岁，我们能在这个星球上看到25 567次日出。我们确实没有那么多的时间浪费在烦恼、自我轻视、忧郁沮丧以及绝望之中。人生真是非常短暂，短到我们不能将它浪费在悲叹呻吟之中。因而，我们就没有理由再去怀疑这个世界是否美好，我们没有怀疑的时间。

只要你付出一份爱心，你就会有强烈的气场。

选择心宽，路就更宽

“常行于慈心，除去恚害想”。《贤愚经》上的这句话告诉我们：作为一个人，一定要保持一颗慈爱的心，除去那些怨恨别人的想法。因为憎恨别人对自己是一种很大的损失。恶语永远不要出自于我们的口中，不管他有多坏，有多恶。你越骂他，你的心就被污染了，你要想，他就是你的善知识。既然我们不能改变周遭的世界，我们就只好改变自己，用慈悲心和智慧心来面对这一切。拥有一颗无私的爱心，便拥有了气场。根本不必回头去看咒骂你的人是谁？如果有一条疯狗咬你一口，难道你也要趴下去反咬它一口吗？

社会是人与人组成的，因此，谁都不可能孤立地生活在这个世界上。在生活中，我们很难避免地会遇到与他人之间发生摩擦，或者是不愉快的时候，尤其是当你感受到自己遭遇到不公平的待遇的时候，你是否会对他人产生敌意呢？你是否会因此而在心里对他人怀有怨恨之心呢？

首先可以肯定地说，当你受到了真正的不公平的待遇的时候，你完全有理由怨恨他人，因为你是真的受了委屈。可是，请你冷静地想一想，当你在怨恨他人的时候，你自己从中又得到了什么呢？事实上，你所得到的只能是比对方更深的伤害。

你的怨恨对他人不起任何作用，反而是你自己内心里的怨恨影响了你自身的健康，因为你的怨愤态度使你产生了消极情绪，这消极情绪对你的健康和性情都会产生很大的负效应，从而对你造成伤害。更为严重的是，你总是想着自己受到了不公平的待遇，总是因此而极不愉快，从而也就会因此招致更多的不愉快。

想想看，你是否有必要改变自己的态度呢？你要知道，我们所受到的不公，仅仅是因为我们的心理有所欲求。如果我们不看重自己心理上的这份欲求，或者把这份欲求看得很淡，那么不公又从何而起呢？

当然，除非有特殊的原因，你不必与那些与你之间存在着嫌隙的人表现友好，但是，如果你不愿意原谅和学会遗忘，那么你也就否认了你自己是一个真正的受害者。这样一来，你对他人的怨愤也就会因此而升级，你自己所受到的伤害也同样会由此而升级。

我们常在自己的脑海里预设了一些规定，认为别人应该有什么样的行为。如果对方违反规定，就会引起我们的怨恨。其实，因为别人对"我们"的规定置之不理，就感到怨恨，不是很可笑吗？

大多数人都一直以为，只要我们不原谅对方，就可以让对方得到一些教训。也就是说："只要我不原谅你，你就没有好日子过。"其实，倒霉的人是我们自己：一肚子窝囊气，甚至连觉也睡不好。

如果当你觉得怨恨一个人时，请先闭上眼睛，体会一下自己的感觉，感受一下自己身体的反应，你就会发现：让别人自觉有罪，你也不会快乐。

一个人爱怎么做就怎么做，能明白什么道理就明白什么道理。你要不要让他感到愧疚，对他差别不大，但是却会破坏你的生活。假如鸟儿在你的头上排泄，你会痛恨鸟儿吗？万事不由人，台风带来暴雨，你家地下室变成一片沼国，你能说"我永远也不原谅天气"吗？既然如此，又何必要怨恨别人呢？我们没有权利去控制鸟儿和风雨，也同样无权控制他人。老天爷不是靠怪罪人类来运作世界的，所有对别人的埋怨、责备都是人类自己造出来的。

即使遭逢剧变所引起的怨恨，在人性中也依然可以释怀。因为如果你希望自己好好活下去，就得抛开愤怒，原谅对方。

悲痛和愤怒中的人大致可以分为两种：第一种人始终生活在愤怒及痛苦的阴影下；第二种人却能得到超乎常人的同情心和深度。

令人心碎的事，例如大病、孤独和绝望，在人的一生中都难以避免。失去珍贵的东西之后，总有一段时间会伤心、绝望。问题是，你最后到底变得更坚强呢，还是更软弱？

事实上，忘记你所受到的不公，忘记对他人的怨愤，最终最大的受益者只能是你自己。当你忘记了怨愤，学会了遗忘和原谅，你就会发现，原来你所认为的那些所谓的不公，其实根本不值一提，因为它们在你的一生之中，是那么的微不足道。而你也同时会认识到，抛开对他人的怨愤之心，你所获得的快乐是你这一生都享受不尽的。

学会宽恕而不怨愤，这是我们应当具备的最重要的美德之一。如果你还没有学会遗忘和原谅，那么从现在开始，你就应该要求自己，甚至可以强迫自己，不要怨恨别人，要宽恕，你就会有很强的气场。

豁达是智者的大度

人有一分器量，便有一分气质；人有一分气质，便多一分气场；人有一分气场，便多一分人缘；人有一分人缘，必多一分事业。虽说器量是天生的，但也可以在后天学习、培养。我们阅读历史，多少名人圣贤，有时不赞其功业，而赞其器量。所以器量对人生的功名事业，至关重要！有器量的人在为人处世上的表现就是豁达大度。

豁达的人，常常是乐观的人。而所谓乐观，按照某位哲人的说法，就是乐观的人与悲观的人相比，仅仅是因为后者选择了悲观。

豁达的人在遇到困境时，除了会本能地承认事实，摆脱自我纠缠之外，他还有一种趋乐避害的思维习惯。这种趋乐避害，不是为了功利，而是为了保持情绪与心境的明亮与稳定。这也恰似哲人所言："所谓幸福的人，是只记得自己一生中满足之处的人；而所谓不幸的人，是只记得与此相反的内容的人。"

豁达是有程度的，有些人对容忍范围之内的事，会很豁达，但一旦超出某种限度，他就会突然改变，表现出完全相异的两种反应方式。最豁达的人，则具有一种游戏精神，将容忍限度扩大。

有这样一个故事：

一个身经百战、出生入死、从未有畏惧之心的老将军，解甲归田后，以收藏古董为乐。一天，他在把玩最心爱的一件古瓶时，不小心差点脱手，吓出一身冷汗，他突然若有所悟："为什么当年我出生入死，从无畏惧，现在怎么会吓出一身冷汗？"片刻后，他悟通了——因为我迷恋它，才会有患得患失之心，破了这种迷恋，就没有东西能伤害我了，遂将古瓶掷碎于地。

豁达者的游戏精神，即是如此。既然他把一切视为一种游戏，尽管他同样会满怀热情，尽心尽力地去投入，但他真正欣赏的，只是做这件事的过程，而不是目的——游戏的乐趣在于过程之中。那么，他也就解除了得失之心的困扰。

美国总统林肯在组织内阁时，所选任的阁员各有不同的个性：有勇于任事、屡建功勋的军人史坦顿，有严厉的西华德，有冷静善思的蔡斯，有坚定不移的卡梅隆，但林肯却能使各个性格绝对不同的阁员互相合作。正因为林肯有宽宏的度量，能舍己从人，乐于与人为善。尤其是史坦顿，那种倔犟的态度，如在常人，几乎不能容忍，唯有林肯过人的心胸，使得他能够驾驭阁员，使每个阁员都能为国效忠。

成功的上司总是豁达大度，决不会因下属的礼貌不周或偶有冒犯而滥用权威。所以作为上司，应该有宽恕下属的大度，这样才更能赢得下属的拥戴。

有一次，柏林空军军官俱乐部举行盛宴，招待有名的空战英雄乌戴特将军，一名年轻士兵被派替将军斟酒。由于过于紧张，士兵竟将酒淋到将军那光秃秃的头上去了。周围的人顿时都怔住了，那闯祸的士兵则僵直地立正，准备接受将军的责罚。但是，将军没有拍案大怒，他用餐巾抹了抹头，不仅宽恕了士兵，还幽默地说：“老弟，你以为这种疗法有效吗？”这样，全场的紧张气氛都被一扫而光。

据说一位店主的年轻帮工总是迟到，并且每次都以手表出了毛病作为理由。于是那位店主对他说：“恐怕你得换一块手表了，否则我将换一位帮工。”这话软中带硬，既保住了对方的面子，又严厉地指出了对方的过失，这样比较易于让对方接受。

每个人身边可能会有各种性格的人，这些人的处世方式、待人方式都不相同，这就需要你有宽宏大量的心胸，这就会让你得到强大的气场。

容忍和谦虚是一副调和剂

世界上多少悲剧，多少恐怖，皆因人与人之间的不能容忍而发生！不能容忍，实和愚昧是同一意义，而且这种愚昧，还是野蛮人和暴徒的愚昧；因为他们对于世间的事物认识不清，由隔膜而误会，由误会而发怒。法国人有句话：“能够了解一切事物，便能宽恕一切事物。”所以，我们如果要做一个有气场的人，非首先了解世间的事物不可。我们现在从心理学的角度，来分析不能容忍的特性。

心理学告诉我们：“每一种特性，都有它的原因和目的。”譬如：在家庭之中，小玛利在母亲宴客的席面上，她的一件新衣上被泼了一点菜汤。玛利对于这件扫兴的事自觉很羞愧，然而她的母亲认为这是在教养上对于社会的一种过失，不能容忍，便当客人的面大声责骂小玛利。可怜的小玛利被母亲责骂之后，又被呵斥离开席面，使她在客人面前失去体面，觉得非常痛苦。然而，母亲却自以为已经安慰了自己的良心了。

再举一个例子：约翰旅行到了法国，在法国一个乡村的小客栈里开了房间。栈主领他来到最清洁的一间房里，然后很抱歉地告诉约翰说，这房里没有自来水和浴室的设备。因此，约翰骂法国人是退化的、不讲卫生的野蛮民族。接着他便得意地向那主人夸口道：在他本国，无论大小旅馆，每一间房都有冷热自来水和浴室的设备，又说这并非是奢侈，而是必需品。这且不必说，那个老实的客栈主人，本想讨好客人，现在却适得其反，觉得很痛心。可是，约翰所说的，也不过是虚伪的谎言罢了。

还举一个例子：有一位夫人去赴一个宴会，主人邀请了一位青年女音乐家来弹琴，以娱来宾。演奏之后，主人问某夫人琴弹得好不好？某夫人答道：“琴是弹得很好的，可是，亲爱的，你没看见她所穿的衣服是多么不体面呀！”在某夫人的心中，那位青年女音乐家的地位和身份早已因为衣服的不得体而降低了。

从以上三例可以看出不能容忍的根据是下面的四点：

（1）愚昧。

（2）低劣的感情。

（3）缺乏同情心。

（4）牺牲他人而取得一种虚伪的主观的优胜。

所以越是愚昧的人，越不能忍耐。野蛮民族，不了解现代的机器，便不能容忍它，当它是魔术，贬低它的价值。有知识的人旅行到异国，目的是在开阔眼界，增加同情，他不但应该仔细观察该地的风俗以及该地人的生活方式，而且应该同情和了解人类的各种品性。至于愚昧的人，无论他旅行到什么地方，他的思想和见解，永远还是在他自己的蚝壳里。在新的环境里，他学不到什么，他只会拿他自己的旧蚝壳去比那新环境，若有不同，他便认为不对。

善于破坏为自己所不了解的东西，这同野蛮人和小孩一样。野蛮人洗劫罗马的时候破坏了著名的图书馆，这是因为他们自己不会读书之故。心理有病的人，即那些不肯好好补救低劣心理的人，对于他所不了解的事物，他认为不对，并且从事破坏活动。

我们对于新的环境、新的事物，要努力研究，以求达到能够了解的目的；倘是好的、对的，我们便应该吸取、学习。这是最正当最科学的方法，也正是容忍的方法。不能容忍的人，因为他是愚昧的，只晓得向来如此，现在也应该如此，所以他拼命反抗和破坏一切新的环境、新的事物、新的思想和新的人物。

凡人想得到生活的真正愉快和优胜，只有努力提高他的见识，努力求知；因为他所知道的愈多，他在生活上的帮助也愈多，愈加快乐；同时，他对事物的了解越多，即对于人类社会越有用，也就越优胜。

可是野蛮人、小孩以及精神病者是得不到生活愉快的，他们眼光如豆、思想简陋。一见有新的思想，新的人物来和他们接近时，他们便感到非常的不安，不能容忍，一定要设法破坏、抵抗。因此，他们实在是世界上最残酷的人。在小孩的眼睛里，黑和白是相反的两种颜色，然而在了解色彩的成年人看来，黑和白不过是光的两个等级。在小孩和精神病者的眼睛里，是和非也是绝对相反的两面，而在正常的成年人看来，是和非是相对的两件事。正常的成年人知道："在今天如果是错的，到了明天也许就对了。这好比在从前或许是罪恶，而现在已经成为正义一样。"

一个人见识愈广，思想愈开阔，人格愈健全，他的生活愈能安定，而种族、国籍、主义、思想、风俗、习惯乃至大小颜色等等所给他的印象，也越来越少。他是用对人类社会的有利的标准，来检验一切不认识的新环境和新事物的。对的，有利的，努力予以学习；不对的、无益的，置之高阁。只有愚昧的小孩，自以为自己和一些高贵的人家同住在甲街上是很荣幸的，相信在乙街或丙街上的孩子是他天然的仇敌，是恶魔所生的小鬼；而那些住在乙街和丙街上的孩子也有同样愚昧的信念，为相互报复，双方便用石子、瓶子、棍子混战起来。

在职场上，我们还要去掉虚伪的谦逊。

真正的谦逊，是人类一种最好的品行。因为他有自知之明，知道在这广大的世间，他的能力和头脑实在太简单太渺小，不够解决人世间一切问题，他只能尽他的能力诚恳地去干他职责以内的工作，尽他的头脑勇敢地去研究他所不能解决的问题。偶有所得，偶有成就，他绝不夸张，因为他知道他的所得和成就，和过去别人的所得和成就比较起来，太微乎其微，毫不足道。这样积极谦逊的人，才是最高尚和可钦佩的人。

然而因为真正的谦逊是很难得的，便成了一种宝贵的东西，所以就有许多假的来冒充，使人世间发生了许多的不幸和烦恼。这假冒的东西是什么呢？就是大家所不喜欢的虚伪！

现在，我们从心理学上来研究探索这虚伪的发生和效果：

古代的罗马人就已知道："谁爱一个常为苦痛所困的人呢？"他们实在是最早的无意识的心理学家，他们攻击这些常为苦痛所困的人，希望这些人绝迹于世间。然而他们失败了，这些人不但没有因为他们的攻击而绝迹，而且势力至今越加发达了。当然，所谓常为苦痛所困的人，自不能比之于早年基督教的殉难者。这犹如科学界中的牺牲者，他们牺牲了自己的生命，方使人类得到幸福、免除灾难，自不能比之于安坐在家里终日烦闷受苦的人。因为庸人的受苦和烦闷，对于人类社会的福利，无一贡献，他们虽然谦逊，却是虚伪的谦逊。

古希腊大哲学家苏格拉底曾经讲过谦逊的光荣给他的学生听。他竭力攻击人类装腔作势，用假的优胜来弥补缺点，用虚伪的自尊来掩饰卑劣。所以他对于穿了漂亮的衣服在穷人面前摆架子的学生，是要大加斥责其行为的荒谬的；反之，如有一人实在富有而且心里也以富有为荣的人，在穷人面前装出一副穷相来的时候，他也要叱骂其虚伪性。

虚伪的谦逊，其卑劣较之自夸还要厉害，因为自夸是自私自利的东西，而虚伪的谦逊者的卑劣行为，他还自认是一种德性。虚伪的谦逊，可以引到自动的殉难的路上去，心理学家和精神病专家告诉我们这种自动的殉难和变态的性欲狂者一样；变态的性欲狂者是以被异性虐待或伤害为快乐的。这样的人，当没有苦痛加到他身上的时候，他会自己虐待自己，自己责罚自己。

在儿童时代，如果你和别人一同犯了行为上的罪过。因此，抑郁不快，感觉惭愧，甚至当别人长大成人之后，谈过恋爱，结了婚，把儿童时代的事情已经忘得一干二净的时候，你还是念念不忘那罪过，而且因为那罪过的自责，你就不敢走到人群社会里去，以为你是不配和人类交际的；如果有人来访问你，希望你在一项慈善事业上帮一点忙，你也不肯，双手拒绝，因为你自以为这种高尚的事业是不配你参加的。无论如何恳求，总不能感动你的心，改变你的决定。

于是，我们就可以明白：你的谦逊实在是虚伪的，不过是拒绝和社会合作的一种掩饰罢了。你本可以帮助慈善事业，在社会上做一点好事，可是你情愿在谦逊中过着寂寞的生活，因为你要避免你的不体面的身躯出面，你要避免玷污了那纯洁的事业，这样，你就心安理得，自以为很高尚了；然而，你的谦逊，不过是表示了你的虚荣、利己、不合作、优胜的心理罢了，于社会人群毫无好处。

世上没有一个人是谦逊到甚至不能帮助他人的程度的；如果有，便是虚伪的谦逊。

虚伪的谦逊，是一种恶习，绝不是德性。他借此可以逃避一切义务和责任，推托一切合作的事业。因为真正的谦逊，是从他的力量和成就中感觉出来的。

容忍的谦虚是一剂调和剂，它会调出和谐的气场。

给予，永远比索取快乐

美国著名的舞蹈家邓肯有一段话说得十分深刻：“一个被人称为自私自利的人，并非只因为他寻找自己的利益，而在于他经常忽视别人的利益。”一个人人品的高下或者是否真正为别人着想，经常可以从一些不经意的小事看出。

“给予，永远比索取愉快。”这是高尔基一生奋斗的经验之谈。他的话说明了一个深刻的道理：奉献就是幸福。

马克思从小就立下宏志，不倦地学习、工作，终于为无产阶级革命指明了方向。但他为了“奉献”，付出了巨大的代价！他一生贫苦，为了买稿纸竟当掉外衣，七个孩子因没有钱治病竟死了四个。但他感到的不是哀怨，而是无比的自豪：“如果我们选择了最能为人类幸福而劳动的职业，我们就不会为它的重负所压倒，因为这是为人类所做的牺牲。那时，我们感到的将不是一点点自私可怜的快乐，我们的幸福将属于千千万万的人。”

奉献，为什么会感到幸福？我们知道，幸福不仅表现于物欲的满足，更主要的应是精神上的愉悦。无论马克思还是张海迪，他们的奉献都是为了绝大多数人的幸福。因为他们的奉献将给人们带来美好的物质和精神享受，他们的努力劳动有了成效，内心便产生了幸福感。

对幸福的感觉不同以及幸福观不同，这是由迥异的人生观所决定的。个

人主义者总是认为索取就是幸福；集体主义者认为只有为他人着想，才能体会到奉献的幸福，

能否“替别人着想”，经常体现在日常生活的细微之处。马路上有一块石头，肯替别人着想的人，就会随手将它拿到一边，免得行人被绊，或汽车碰到时伤人。进出玻璃弹簧门，在推门之后，看看后面有无人跟进，如有，则挡一挡门，免得后来人被撞。坐电梯时，挡住门，等等后上的人……这些都是举手之劳的小事，但往往从这些小事，能看出你是否肯替别人着想。

有钱人会善心大发，捐一所大楼或一笔巨款；政客会蹲下身子，去亲吻一个贫穷的孩子。但他们是真正在“替别人着想”，还是在“表演”？明眼人是会看得出来的。

“肯替别人着想”，它就是“毫不利己，专门利人”的精神。

“从血管里流出来的都是血”。一个有着高尚品质的人，总会在与人交往中，体现出他处处“肯替别人着想”的细心、耐心、关心、爱心和尊重。

一个富翁忧心忡忡地来到教堂。祈祷之后，他去请教牧师。

“我虽然有了金钱，但我感觉自己并不幸福，我甚至不知道我应该用我的金钱做些什么？它能买来欢乐和幸福吗？”

牧师让他站在窗前，看外面的街上，问他看到了什么，富翁说：“来来往往的人群，多么美妙啊！”

牧师又把一面很大的镜子放在他面前，问他看到了什么，他说：“我看到了我自己，我很沉闷。”

牧师道：“是啊，窗户和镜子都是玻璃制作的，不同的是镜子上镀了一层银粉，而透明的玻璃让你看到了别人，也看到了美丽的世界，没有什么阻拦你的视线，而镀上银粉的玻璃只能看到你自己，是金钱遮住了你心灵的眼睛，你守着你的财富，像守着一个封闭的世界。”

富翁得到了启示，就尽可能地去资助那些困难的人，把自己的关爱送给他人，而得到帮助的人则用无尽的感激和祝福回答他。富翁从此生活得很快乐，性格也变得开朗了。

戴顿有一篇文章叫《舍己树》，文章的主角是一棵深爱着某个男孩的树。

男孩与树一起度过了一个欢乐的童年：他在树上荡秋千，上树

摘果子，在树荫下睡觉，树也很留恋那些快乐无忧的时光。

小男孩一天天长大了，他与树在一起的时间变得越来越少了，因为要生活就必须想办法去赚钱。

于是树就对他说："拿我的果子去卖吧。"

他拿走了果子卖掉了，树感到很快乐，因为它为男孩做了事。

又是很长一段时间，男孩很久没有回来。树感到心里空荡荡的，有一次树看见男孩走过来，就向他微笑着说："来啊，让我们一起玩吧！"但是男孩已经长大了，他要到外面去闯世界了，他不愿固守在这里，他要离开眼前的一切。

树很理解他，就毫不犹豫地说："把我砍倒吧，拿我的树干去造一艘船，你就可以航行到达你的目的地了。"

那人就把树砍倒了，造了一艘船到外面去闯世界了。

夏去冬来，时光一年年地过去了，无数个寒冷和寂寞的夜晚，树都在默默地等待，最后，当年那个男孩终于回来了。但他已经满头白发了，衰老和疲惫使他不能再玩耍了，也不能赚钱或出海航行了。

树说："我还是一个不错的树桩，你何不坐下来休息一会儿呢？"

他果然坐下来了，树又是满心欢喜。

其实，奉献就是一种快乐的体验，更是你建立气场的必经之途。

乐于帮助别人

一个真正具有气场的人，一定是充满爱心的人，一定是乐于助人的人。我们要学会帮助别人，如果你已经取得了成功，你需要帮助别人，如果你还没能取得成功，你更需要帮助别人。因为帮助别人就是在帮助自己，只有给予别人帮助，我们才会收获大家的支持，才会使我们成功的旅途更加顺利。

"要乐于帮助别人"这句话在我们小的时候老师就曾这样教导过我们。乐于助人是我们中华民族的传统美德，也是拥有爱心的体现。当有人遇到困难的时候，我们一定要尽自己的能力去帮助他，这种帮助不但可以让自己感到满足，也会得到别人对我们的感激和回报，帮助别人是一件非常快乐的事情。

在晚餐过后，伯杰在自家的阳台欣赏美丽的夕阳，就要落山的太阳照在飘过的云朵上，发出了红色的光线，眼前的景象实在是美丽极了。就在伯杰非常投入地欣赏这美丽景色的时候，一阵咳嗽声打断了他。

他看到在不远处公园的长椅上躺着一个和自己年龄差不多的青年，他身上只穿着一件破旧的外套，凉风轻轻地吹过他单薄的身体，这个时候的傍晚天气已经很冷了。青年人瘦小的身体一直都在发抖，相信每个人看到这一幕后都会感到难过。

伯杰慢慢地走了过去，他来到青年人的旁边说："你是不是很冷？为什么不回家去？"那个冻得发抖的青年抬起头看了伯杰一眼说："是的，我很冷，我也很想回家，我也想像你一样生活在漂亮的公寓里面，可这对于我来说实在是太遥远了。"

伯杰听了青年的话以后非常同情地说："那你最想要的是什么？说给我听，或许我会帮上你什么忙。"

青年人稍稍停顿了一会儿说："我现在唯一想做的事情就是能够躺在一张暖和的床上舒服地睡一觉。"

伯杰笑了笑说："这个愿望我可以满足你。"他拉着那个青年回到了自己的家中，打开自己的房门说："这是我的房间，今天晚上你可以在这里舒服地睡上一觉。"伯杰把青年带到了自己的房间后，便去其他房间休息了。

第二天一早伯杰来到了自己的卧室，当他轻轻地推开房门后，发现房间里青年已经不在了。而且床上东西摆放得很整齐，青年人根本就没有在这里休息。伯杰非常不解，他赶忙跑了出去。在公园的那条长椅上他找到了昨天的那个青年。伯杰问他说："你的愿望不是在暖和的床上好好地睡上一觉吗？可你为什么又回到了这里？"年轻人非常感激地说："谢谢你，你给我的这些已经足够了……"

转眼间很多年过去了，这件事情在伯杰的脑海里已经没有一点印象了。一天他被邀请去参加一个度假村的落成典礼。当他来到典礼现场的时候，发现这里有很多的名流，而且每一座房子都建筑得非常漂亮。可在他心里一直都有一个迷惑，他心想：我并不认识这个度假村的主人呀！来到这里的都是有些名气的人，可他为什么要邀请我呢？就在伯杰非常疑惑的时候，度假村的主人发表了这样的一番讲话，他说："我之所以能取得这样的成就，要感谢所有帮助过我的人，其中我要特别地感谢一位在我30年前曾经给予我巨大帮助的人，是他让我有了人生的目标，是他让我对生活充满了信心。”说话间他走到了伯杰的身边，紧紧地握住了他的手。

伯杰这才认出这个人正是当年那个在公园里被冻得发抖的青年，现在他已经成为了赫赫有名的钢铁大王，他的名字叫特纳。特纳握着伯杰的手非常激动地说：“谢谢你曾经给予我的帮助，当你把我带到你的卧室的时候我突然明白，眼前这张暖和的床并不属于我，我应该去寻找真正属于我的床，如果没有你，我想我是不会有今天的。”

每个人都会遇到困难，当别人处于危难的时候我们应该设法去帮助别人。而那些得到你帮助的人一定会感激你。帮助别人会让我们自己的心灵更加充实，让我们的人生充满快乐。

这个晚上外面下着大雨，街上已经没有什么人了，一对上了年纪的老人走进了一家旅馆。外面的大雨淋透了他们的衣服。很显然两位老人还没有找到可以休息的地方，他们无助地对店里的伙计说：“请问你们这里还有房间吗？我们已经跑遍了这条街的每个旅馆，它们都已经客满了。”两位老人的穿扮很普通，身上也没有带其他的行李，像是一对穷苦的夫妇。店里这个年轻的伙计非常的热情，他把两位老人请到了店里面，对他们说：“这两天附近有很多会议，所有旅馆的生意都很好，没到晚上就已经全都客满了。天气已经这么晚了，外面又下着雨，两位的年纪又这么大了，没有个落脚的地方是不行的。我们的店里虽然已经客满了，如果你二位不嫌弃的话你们就睡在我的床上吧。”

夫妇俩很感动，他们问道：“你把你的床让给了我们，那你睡在哪里呢？”伙计回答说：“我年轻身体好，随便趴在哪里都可以，你们放心地睡吧。”

第二天一早，这对夫妇非常感激地找到伙计准备付些钱给他，可伙计却坚持不要，还笑着说：“您二位睡的是我的床位，我的床位并不是用来赢利的，我只是把它借助给你们一晚怎么会收你们的钱呢？”

两个老人为这个普通伙计说出的话感到震惊，他们在临走的时候还笑着对这个伙计说：“你一定可以成为最好的旅店经理，我们回去后会盖一个大旅馆，到时候你就是旅馆的经理。”

年轻的伙计以为两位老人在逗自己开心，他们所说的话伙计也并没有在意。两年过去了，那名年轻的伙计依旧在这家旅馆里上班。一天他收到了一封来自纽约的信，里面还装着一张前往纽约的飞机票。信里说是两位老朋友邀请他到纽约来做客。年轻的伙计怎么也想不出在纽约自己还有什么老朋友，他怀着疑惑登上了去往纽约的飞机。当他来到纽约见到两位老人的时候，才想起两年前发生的那件事。这对夫妇把年轻的伙计带到了纽约非常繁华的一条大街旁对他说：“你看眼前刚刚盖起的这栋高楼，这就是我们曾经和你说过要为你盖的那个旅馆，你愿意接受我们的邀请担任这个旅店的经理吗？”

这个乐于助人的年轻人就是奥斯多利亚大饭店的经理乔治·波尔特，那两位老人其中的一个则是威廉·奥斯多先生。正是乔治·波尔特乐于帮助别人的精神打动了威廉·奥斯多，波尔特为自己赢得了成功的机会。其实帮助别人也就是在帮助自己，只要我们对别人有所付出，就一定会有所收获。如果你是一个极度自私的人，那你永远都得不到别人给予的爱心和帮助。

一个人想要取得成功，如果没有别人的帮助和支持将会是一件很难的事情。我们每个人的一生中总会遇到对自己有极大影响和帮助的人。是这些人在我们危难的时候，伸出了援助之手，是这些人在我们快要迷失方向的时候帮助我们找到了前进的目标。这个世界需要爱心需要帮助，如果你已经取得了良好的成就，你需要更多地去帮助那些需要帮助的人，因为你现在所得到的成就一定也缺少不了别人的帮助。如果你现在正在为自己取得成功努力拼搏着，也一样需要帮助那些落入困境的人，爱心是互换的，只要你懂得付出乐于帮助别人，那么你就正在产生能量巨大的气场，在你遇到困难的时候一定会有很多人向你伸出援助之手，帮你渡过难关。

善良如水

“人之初，性本善。”是人所共知的《三字经》开篇语，但是长大了的我们心中是否还留有这一份善呢？也许我们有，也许我们的心里早就被不良的诱惑所挤满了。而且在这个世界上，贪欲与邪恶、自私与狡诈正以前所未有的程度存在着。然而，善良依然是这个世界最感人的力量，它使我们充满力量与勇气，使我们拥有强大的气场，赢得尊重、赢得支持，帮助我们一步步走向成功。

救助别人就是救助自己，每一个心怀善良的人是一定会得到回报的。心中怀有善良的人，不仅在行动上，而且在他们的言语中也充满了关爱。

一个寒冬的早晨，马克·吐温走在空旷的大街上，路旁一位乞丐走过来，把脏兮兮的、冻得发红的手伸向马克·吐温。“先生，行行好吧。”马克·吐温摸遍全身也没摸到一分钱，困窘地伸开双手握着乞丐的红手说：“兄弟，真的很对不起，我没带一分钱。”

此时，乞丐的眼角噙满了泪水，用手紧握着马克·吐温的手说：“谢谢您，先生，您已经给了我最好的礼物。”

在这里，马克·吐温的仁爱给了乞丐心灵的温暖，使乞丐在这个寒冷的冬天不再寒冷。

看到需要帮助的人就本能地伸出援手的人，当自己有难时，通常也会及时地得到援助。这时，一定会有一个人奇迹般地出现，并且会予以“相同的报答”。善行必会衍生出另一个善行，善行终将会招来善报。这是这个世上最强劲的连锁反应之一。

一个阴雨密布的午后，大雨突然间倾泻而下，行人纷纷逃入就近的店铺躲雨。这时，一位浑身湿淋淋的老妇，步履蹒跚地走进费城百货商店。看着她狼狈的姿容和简朴的衣裙，所有的售货员都对她不理不睬。

只有一个年轻人热情地对她说：“夫人，我能为您做点什么吗？”老妇人莞尔一笑：“不用了，我在这儿躲会儿雨，马上就走。”但是，她的脸上明显露出不安的神色，因为雨水不断地从她的脚边淌到门口的地毯上。

正当她无所适从时，那个小伙子又走过来说：“夫人，您一定有点儿累，我给您搬一把椅子放在门口，您坐着休息就是了。”两个小时后，雨过天晴，老妇人向那个年轻人道了谢，并随意地向他要了张名片，就颤巍巍地走了出去。

几个月后，费城百货公司的总经理詹姆斯收到一封信，写信人指名要求这位年轻人前往苏格兰，收取装潢一整座城堡的订单，并让他负责自己家族所属的几个大公司下一季度办公用品的采购任务。詹姆斯震惊不已，匆匆一算，只这一封信带来的利益，就相当于他们公司两年的利润总和。

当詹姆斯以最快的速度与写信人取得联系后，才知道这封信是一位老妇所写，就是几个月前曾在自己商店躲雨的那位老太太——而她正是美国亿万富翁“钢铁大王”卡耐基的母亲。

詹姆斯马上把这位叫菲利的年轻人推荐到公司董事会。毫无疑问，当菲利收拾好行李准备去苏格兰时，他已经是这家百货公司的合伙人了。那年，菲利22岁。

不久，菲利应邀加盟到卡耐基的麾下。随后的几年中，菲利以他一贯的踏实和诚恳，成为“钢铁大王”卡耐基的左膀右臂。在事业上扶摇直上，飞黄腾达，成为美国钢铁行业仅次于卡耐基的灵魂人物。

不过，一个人的善行像这个故事所说的一样，有戏剧性的报答或是获得社会赞赏，毕竟是很少的。帮助别人且不图回报，这才是真正的、无私的善。如果仅仅是为了想让人感谢或期待被社会认同而行善，那么美好的诚意就会大打折扣。在我们的生活中，有无数善良的人以匿名方式来投入时间、精力或金钱去行善，他们并不期望因此而获得感谢或赞扬，他们是这个世间的施爱者，因为他们的善良，才使这个世界充满爱意、充满温情、充满感动。

善良的心，就如那阵阵清凉的春风，温和地拂过人们的面颊，给他人以清醒、惬意。善良的心体现在我们的一言一行中，往往一个小小的不经意的善举最能体现一个人的善心与胸怀。养成做善事的习惯，每天想着去帮助别人，遇到失意的人不忘说几句鼓励的话，对于那些从事最不起眼工作的人不时地说一声“谢谢”，对不幸的家庭不忘记给予自己的爱心和同情心，如此等等。这样做以后，会使我们的心灵更宽广，生活更高尚，使我们的人品像绽放的玫瑰一样美丽。

善良是一种温情，轻柔似水，暖如春风，让老树发出新芽，拂去心灵上的伤痛，给人间无限的生机。

善良的人能够营造气氛，在办公室里，善良意味着互相关怀，互相包容，它就像润滑剂，让你的工作环境更加和谐，工作效率也会随之上升。

善良，仿佛一段缠绵温馨的小提琴曲，能够唤醒人们心中最纯真的感情，奏出世界上最动人的乐章——你意识不到的气场。

唯我独尊不可取

一位哲学家曾经说过：“我们要善于尊重他人，因为尊重他人就是尊重你自己。”如果你对这话反感，那你也许会为你这种想法付出代价的。

其实每个人都有自己的尊严，是不容侵犯的。想必每个人都有过被他人尊重的感觉，那种感觉很难忘，至少我们知道还有人重视自己。

一个人没有了尊严就等于没有了一切，做人便毫无意义。我们不能只顾及自己的感受，还要尊重他人。

尊重人，是一切礼仪规则的核心。如果希望别人尊重自己，首先要学会尊重人。这是建立气场的一条重要原则。

学会尊重人，可以从以下三点做起。

第一，听他人说。做一个好听众，认真倾听别人说话，鼓励别人说他们的事，让对方觉得他很重要。这样的人，朋友会很多。只会说不会听，或者随便打断别人的话都是不礼貌的。

第二，替他人想。平时我们与替他人着想的人接触时，总是会感到这人很好相处，这样的人人际关系总是比较好的，做事也比较容易成功。平时待人接物，我们也应该遵守这条原则，多替别人想一想。

第三，帮他人做。1979 年联合国通过的章程中有这样一句话：“培养具有温暖心灵的人。”人与人之间要相互帮助，如果能经常说：“你有困难吗？我来帮助你！”并且尽力“帮他人做”，你的心中就会充满爱心，会觉得活得很充实。你的朋友会很多，你有困难时，别人也会愿意来帮助你。

很多时候“我们不同意别人的观点，可又苦于没有一种很轻松的氛围能让我们把满脑子的想法自由地表达出来”。“担心一旦自己的想法自由地表达出来，别人会怎么看，自己会不会遭到嘲笑、贬低和忽视。”

应对的办法是：在讨论问题的时候，要对其他人的评论、观点和想法表示尊重。要尽可能地这样说：“我同意约翰的观点，同时我也感到……”“我不同意莎拉的看法，尽管她抓住了问题的核心，但我觉得……”或者“我认为维克多的观察真是太精彩了，它让我意识到……”

简单地说，就是：尊重别人，注意讲话技巧。核心是要懂得尊重他人。这是人所应当具备的一种最起码的修养。

林肯年轻时，喜欢评论是非，还常常写信和诗讽刺别人。他常把写好的信扔在乡间路上，使被讽刺的人能捡到。

林肯在伊利诺伊州春田镇当见习律师时，仍不改这个毛病。1842年秋，他又在报上写了一封匿名信讽刺当时自视甚高的政客詹姆士·席尔斯，被全镇引为笑料。席尔斯愤怒不已，终于查出写信者是林肯，他即刻骑马找到林肯，下战书要求决斗。林肯并不喜欢决斗，但迫于形势，只好接受挑战。他选择骑兵的腰刀作为武器，并向一位西点军校毕业生学习剑术，准备到决斗那一天决一死战。幸亏决斗在最后一分钟被人阻止了，否则最后的局面定是“两虎相争，必有一伤”。

这是林肯人生中最深刻的一个教训，从此他学会了与人相处的艺术；他再也不写信骂人、任意嘲弄人或为某事指责人了。此刻的他深刻地明白了一个自尊心受到伤害的人会做出怎样可怕的举动。

南北战争刚开始的时候，林肯任命的将军们在战争中一次又一次地惨败，使林肯很失望。全国有半数以上的人，都在臭骂那些无用的将军们，但林肯却没吭一声。他喜欢引用一句话：“不要评议别人，别人才不会评议你。”

当林肯太太和其他人对南方人士有所非议的时候，林肯总是劝说：“不要批评他们；如果我处在同样情况下，也会跟他们一样的。”

也许，任何时候都要顾及别人的自尊心，这就是林肯善于与人相处的秘诀，也是他的成大事之道。

有一个孩子上小学的时候很贪玩，不爱学习，特别是数学，那些加、减、乘、除对他来说是一种莫大的障碍。有一次数学测验他得了49分——全班就他一个人挂“红灯”，数学老师把他叫到办公室，怒气冲冲地当着办公室许多老师的面就把他狠狠批评一顿：“你数学到底怎么学的？怎么这么笨？这么简单的题都做不及格，你还有指望吗……”尽管他那时还小，但他那小小的自尊心是明显地受到伤害了，而且印象很深，直到成年后还能回想起那个令人伤痛的场景，当着许多老师的面，被无情地数落……

后来他就真的“没有了指望”。数学课他经常无故缺课，他对那门课产生了厌倦，对教课的老师产生了反感。幸亏父母发现及时，给他补了许多课，才使他期末考试“幸免于难”。过了一年后，班上换了个数学老师，新老师尽管在上课时极其严肃，对作业要求也很严格，但他从来不发脾气。老师知道这个孩子基础差，总是采用循循善诱的方式，捕捉住这个孩子的每一点小小的进步，对他加以鼓励，这使他信心大增，对数学逐渐产生兴趣。直到现在，他一直对那位老师心存感激。

没有人愿意被别人伤及自尊，人们总是希望得到肯定和赞美。

相互尊重，是成大事者非常注重的性格习惯。只有相互尊重，才能相互认可；理解对方的心情，能让对方乐于接受自己。

具有唯我独尊这种观念的人，往往想当然地以为，这种态度是那些伟大人物或领袖们所独有的，它是充满自信的表现。然而，可悲的是，他们领会错了。那些真正的伟人或领袖之所以能名扬海内外，获得众多人的尊敬和认可，并不是因为唯我独尊，而是在于他们从来不说太过自信的话，在于他们敢于不顾自己的身份而拿自己开玩笑。正是由于具备这种肯于和多数平凡人打成一片的心态，他们才得到了人们更多的尊重。

富兰克林有一种很好的摆脱唯我独尊的方法，他养成了一种习惯，在他表达自己的意见时，常常使用一种比较模糊灵活的言辞。几十年之中，没有一个人认为他说过任何武断的话。

我们又得到一条很好的交际原则：不要说太过自信的话。如果能坚持这一条原则，那么将来发现曾经说过的话有错误时，也不必收回以前所说的话。我们所表达的意见或信仰，毕竟还只是个人的意见和信仰而已，而别人也还仍然保留着他自己的意见和信仰，并且拥有取舍的权力。说话留有余地，别人自然不会盯着你的错误不放，而你也不用为了自己的面子而坚持错误，这样一来，自然就避免了陷入唯我独尊的可怕境地。

自尊心是每一个人都拥有的，无论是高高在上的一国领袖，还是沿街乞讨的流浪者，在待人处世方面，我们往往是过分地强调了自己的自尊心，而把别人的自尊心踩在了脚底下。

许多人看着不顺眼就想指责别人，别人一有失误就抓住“把柄”借题发挥，似乎这样才能使自己心情舒畅，但谁又能去考虑那些自尊心被深深伤害了的人的感受呢？人们总喜欢玫瑰的花而不喜欢玫瑰的刺。批评像根刺，稍不小心就会把别人的自尊心刺伤，批评也往往收不到预期的效果，相反会引发对方的不满情绪和逆反心理。更危险的是，批评还会伤害一个人宝贵的自尊，试着体会别人的心情，采用和气开导的方式，会更容易让人接受。

在柯立芝任美国总统期间，他的一位朋友接受邀请，到白宫去度周末。这位朋友偶然走进总统的私人办公室，听见柯立芝对他的一位秘书说：

“你今天早上穿的这件衣服很漂亮，你真是一位迷人的年轻小女人。”

这可能是沉默寡言的柯立芝一生当中对一位秘书的最佳赞赏了。这来得太不寻常，太出乎意料了，因此那位女孩子满脸通红，不知所措。接着，柯立芝又说：“现在，不要太高兴了。我这么说，只是为了让你觉得舒服一点。从现在起，我希望你对标点符号能稍加注意一些。”

柯立芝顾及别人自尊心的方法可能有点太过明显，但其心理策略却很高明。通常，在听到别人对我们的某些长处赞扬之后，再去听听一些令人不痛快的事，总是好受得多。

麦金尼在1896年竞选美国总统时，就曾采用了这种方法。当时，共和党一位成员为麦金尼写了一篇竞选演说词，他以为写得比任何人都高明。于是，这位仁兄把他那篇演说词大声念给麦金尼听。

那篇演说有一些很不错的观点，但言辞过于激烈，很可能会惹起一阵批评狂潮。麦金尼不愿使这个人伤心，然而他又必须得说“不”。

“我的朋友，这是一篇很精彩而有力的演说稿，”麦金尼说，“没有人能写得比你更好。在许多场合中，这些话说得完全正确；但在目前这特殊场合中，是否合适呢？从你的观点来看，这篇演说十分有力而切题，但我必须从党的观点来考虑它所带来的影响。现在你回家去，根据我的要求写一篇演说稿，并且送我一份副本。”

他真的照办了。麦金尼替他改稿，并完成了演说的第二稿，这使麦金尼成为竞选活动中最有力的一名演说者。

我们不妨假设，如果麦金尼没有顾及这个人的自尊心而直接指责其过失，那又会出现怎样的景象呢？那又会产生怎样的气场呢？

以高尚的人格赢得人们的尊敬

人格是用色彩充实内心世界的精神结晶。人具有充实的内心世界，就犹如通了电的灯泡，向四处散发着洁净的气场光芒。

著名的经理人江健雄曾经说："有些人生来就有与人交往的天性，他们无论对人对己，处世待人，举手投足与言谈行为都很自然得体，毫不费力便能获得他人的注意和喜爱。可有些人便没有这种天赋，他们必须加以努力，才能获得他人的注意和喜爱。但不论是天生的还是后天努力的，他们的结果无非是博得他人的善意，而那获得善意的种种途径和方法，便是'人格'的发展。"

有人把人格魅力比作花香，"梅檀香风，可悦众心。"又说："花香不会逆风雨飘尽……然善人之香气可逆风飘散，正人君子的香气是洋溢四方的。""道风德香熏一切。"道德就是人格魅力的本体，诚信则是人格魅力的表现，而手段、点子，只是一种飘忽不定甚至令人生厌的假香而已。这就是为什么有人广结广交，有人寡义寡交；有人身边人才荟萃，有人却是光杆司令的原因。

西汉末年，王莽篡权后，骄奢淫逸，民不聊生，各路豪杰和农民起义军纷纷兴起，与王莽政权斗争。结果，王莽政权被推翻了。然而在王莽政权倾覆之后，各种豪杰为争皇位，打得不可开交，其中一支由刘秀领导的队伍，采纳了部下邳彤的建议，用大司马的名义，召集人马，又招募了4000精兵。他的部将任光向天下宣告说："王郎冒充刘氏宗室，诱惑人民，大逆不道。大司马刘公从东方调百万大军前来征伐。一切军民，归顺的，既往不咎；抗拒的，决不宽容！"任光派骑兵把这个通告分发到巨鹿和附近各地。老百姓看到了通告，纷纷议论，消息越传越远。王郎手下的兵将听到了，都害怕起来，好像大祸临头似的。

刘秀亲自率领4000精兵，打下了邻近好几座县城，势力渐渐大起来。没过多少日子，又有不少地方首领，看到了通告，率兵前来投靠刘秀。刘秀向巨鹿发起了攻击。

不久，刘玄也派兵来征伐王郎。两路大军联合在一起，连续攻打了一个多月，仍然没有攻破巨鹿城。有几位将领对刘秀说："咱们何必在这儿多耗时日呢？不如直接去攻打邯郸。打下了邯郸，杀了王郎，还怕巨鹿城不投降吗？"刘秀采纳了他们的意见，留下一部分兵马继续围攻巨鹿，自己带领着大军去攻打邯郸，接连打了几个胜仗。王郎的军队支持不住了，就打开城门，献城投降。刘秀率领大军进入邯郸，杀了王郎。

刘秀住进了王郎在邯郸修建的宫殿，命令他手下的人检点朝中的公文。这些公文大部分是各郡县的官吏和豪绅大户与王郎之间往来的文书，内容大多是奉承王郎，说刘秀坏话，甚至帮助出主意剿杀刘秀的。对这样的文书，刘秀看也不看，把它们全都堆在宫前的广场上，并召集全体官吏和将士，当着他们的面，把这些文书全都烧掉了。有人提醒刘秀说："您怎么就这样烧掉了呢？反对咱们的人都在这里头呐，现在连他们的名字都查不着了。"刘秀对他们说："我烧掉这些，就是要向所有的人说明，我不计较这些已经过去的恩恩怨怨，好让大家都安心，让更多的人拥护我们。"

劝说的人这才明白过来，刘秀不追究那些曾反对过自己的人，那些人就会心心悦诚服从刘秀，而不会因为害怕刘秀报复，投入反对刘秀的营垒。大伙都佩服刘秀的深谋远虑和开阔胸怀。一些过去反对刘秀的人，见了刘秀的这种举动，反而愿意为刘秀效力了。刘秀赢得了人心，得到了更多人的支持，最后终于成为东汉的开国皇帝。

没有道德修养则无诚信示人，无诚信示人则无人格魅力，无人格魅力则人缘寡寥。

俗话说："人脉决定成败。"一个人缘寡寥的人又怎能获得成功呢？

所以，一个人在获得成功之前，必须以高尚的人格赢得人们的尊敬，从而建立强大的气场，进而获得宽广的人脉，最终帮助自己走向成功。

第四章　身心健康是强大气场的保障

健康气场会影响自己和他人

生活中，我们总会不由自主地靠近那些开朗、阳光、热情、乐观的人，而本能地抵触那些悲观、消沉的人，这就是健康气场所带给人的魅力。我们知道，任何一种行为和事件的发生，都会引起各种不同的评价，而那些好与坏、善与恶的评价都来自于个人对他人气场的投射反应。而一个拥有健康气场的人总会以一个积极的心态和视角去看问题，他所传递给他人的总是人性中积极的一面，就是这样的人在人群中传递着积极的气场，并且随时都能带给他人以温暖。

让我们一起看看丹恩的故事。

每年的圣诞节，丹恩·威廉姆的三个儿女都会从不同城市，带着各自的孩子回到家中，共度节日。丹恩的儿女都有成功的事业，有幸福的家庭。但当他们回到父母家中共度节日时，总要面对已经瘫痪在床十几年，整天呻吟叹息的老父亲丹恩。而母亲阿兰娜也年迈苍苍，动作迟缓，不言不语。整个屋里散发着阴沉、腐败的气息。家里唯一的活物，仿佛只有那条偶尔起来活动觅食的老狗迈克。在这样的节日，全家团聚在一起，丹恩夫妇虽然高兴孩子们回来，但坐下来聊的话题，都是他们平时接到儿女电话时，最老生常谈的内容：心脏不舒服、眼睛昏花、腿脚痛、胳膊痛、胃里难受、失眠、伤心……好容易一家人坐下来共进晚餐时，所有的大人都沉默不语，连所有的孩子都不哭不闹，安静得可怕。

每年圣诞节那几天，丹恩的三个儿女都感觉窒息、压抑、苦闷。节假结束，他们迫不及待地想回到自己的家。一个老人病倒在床不仅是他一个人的痛苦，还会影响到家中所有人。

你是否也曾有过这样的经历？在一个地方，或是和一些人相处，你会感到焦虑不安，脖子酸痛、疲惫不堪。你不知道到底是哪根筋不对，但就是觉得不舒服。然而和另一些人相处时，你就会觉得精神百倍，身体上的不适感也消失了。在这些人的陪伴下，你觉得事事如意，这些人所散发的正面能量，让你感到快乐、安详、有信心。

这种现象不是偶然的，而是能量交流的结果。一个气场消沉的人如果和一个气场健康的人在一起将受惠无穷。对方会将精神能量像火种一样传递给你，使你目光炯炯，精力充沛，自此，更加热爱生活。平时多与带有这样气场的人接触，吸取他所释放出的正面能量，对你来说，有益无害。

缺什么也不能缺健康，少什么也不能少精神

一个青年的家乡遭了水灾，失去父母妻小，无家可归，便解下裤腰带挂在树上，欲寻短见，正巧被一位白发老者解救下来。

老者问："何故自寻短见？"青年答："现在我一无所有……"

老者望着他结实的身体说："我看你全身是宝。"

青年苦笑着说："我现在身上只有五元钱，老伯何必取笑。"

老者指着他的手说："假如我买你一根手指给你一万，你干不干？"

青年摇了摇头。

"假如买你一只眼珠，给你10万干不干？"

青年又摇了摇头。

"这就对了，你身上的老本少说也值百儿八十万，怎么能说身无分文呢！"老者说完笑着走了。

青年望着老者的背影，若有所悟，他自言自语地说："是呀，现在我还有个健康的身体。"从此，他背井离乡，先在上海拉黄包车，后来又去南洋打工，再后来创建了自己的橡胶园，成为拥有千万财富的大老板。

这个真实的故事告诉人们，健康是人类的第一财富，有了健康就有了希望，有了希望就有了一切，当然也才有可能建立你的气场。可是人们是否真正珍

视自己所拥有的这个最重要的财富呢？答案是否定的。人们总是把已得到的东西抛置一边，对未得到或不重要的东西却念念不忘，很多人都是到了患上重病时，才能意识到健康的重要，可惜一切都晚了。这不能不说是人类的一大悲哀！

王老板很有钱，前几年他身板结实，做生意赚了不少的钱。后来他为了实现8位数财富的梦想，不顾老命没黑没明地赚钱。有人建议他去锻炼锻炼身体，他非但不听，还讥笑那些晨练的老年人是作“垂死挣扎”。三年过后，他得了严重的心脏病、脑血栓，躺在病床上再也挣扎不起来。他虽然腰缠万贯，可他吃的食物连他家饲养的那只德国狗欢欢都不如。欢欢每周吃80元钱的食物，可他每周膳食用不了8元钱，每天只能吃少量的牛奶和一两块饼干，人变得像个木乃伊。

王老板失去健康，全是自食其果。人常说：“缺什么也不能缺健康。”这话千真万确。健康是事业有成的本钱，是一个人创造财富，享受成功喜悦与生活乐趣的根本条件。古希腊著名哲学家赫拉克利特说：“如果没有健康，智慧就难以表现，文化无从施展，力量不能战斗，财产变成废物，知识也无法利用。”

什么叫健康？世界卫生组织认为，人除了生理健康外，还应包括心理健康和社会交往方面的健康。人不仅要有强健的体能，无病的身躯，还要有充沛的精力，聪明的智能和良好的心态。

人的这些健康从何而来？人的健康是靠自己抗争来的，抗争就是一种精神，我们知道人类有了顽强的抗争精神，才能延续到今天。抗争是万物生存的本能，人通过抗争，工作中的困难可以克服，学习中的难题可以解开，生活中的穷困可以战胜，健康又何尝不是这样呢？所以说：“少什么也不能少了健康。”

伦敦皇家医院的专家曾对57名因乳腺癌而切除乳腺的病人进行观察，发现敢于同疾病抗争者，十年后生存率达70%，而那些因缺乏信心而绝望者，80%在手术后不久便死亡了。这是因为人的精神状态和心理状态能直接干预和激活人体的自我防御功能。缺乏抗争精神的人，他的免疫功能往往是低下的，发挥不了作用，体内具有抗病能力的分泌素也会大量减少。而那些具有抗争精神的人、凭着强盛的生命力，就能唤醒免疫功能，使免疫系统中的白细胞担负起健康卫士的职责，抵抗和防御病魔的侵袭。

一个人无论是想拥有富裕的物质生活，还是希望一种富足的精神生活，都必须拥有精神，拥有健康。精神和健康能使人创造出财富，还能使人愉快地享受这些财富。

以有规律的生活对气场进行微调

影响和决定气场的因素有很多，有规律的生活则是调养一个人身体和气色，打造健康气场的重要条件。有规律的生活是助你走向成功之路和幸福人生的最重要财富，这样说并不过分，因为失去了它，你就失去了健康的未来，你的气场便会被病理因素所侵扰，呈现出衰弱的迹象来。

所谓生活有规律就是要顺从人体内的生物钟，遵从自然界的各种规律。如塞·巴特勒所说："夜晚是人类的安息日，人的肌体和大脑在黑夜中得到休息。"该休息时一定要休息，该吃饭时一定要吃饭，养成一种有规律的生活习惯，不要因为违背了生物钟和自然规律而对身体带来一些不良影响。

养成有规律的生活习惯，合理安排膳食结构，顺应生物钟的运转规律，进食、工作与休息时间相对稳定，食物选择多样化，谷类为主，多吃蔬菜、水果、薯类、豆类及其制品，饮酒限量，饮食与体力活动要平衡，保持适宜的体重。这样做有助于新陈代谢，有助于各生理机能的最佳发挥，是提高效率、增强信心的有效途径。医学专家指出，要养成有规律生活的习惯，可以从以下几个方面来进行培养：

1. 作息有规律，保证充足的睡眠

充足的睡眠是第二天能否有饱满的精神进行工作的基础。休息不好，工作自然也就不可能会做好。专家认为，一个成年人一天最少要保证七至八小时的睡眠才能为第二天的工作提供足够的精力。医学专家指出，睡眠同营养一样重要。睡眠不足会使人在白天的时候昏昏欲睡，思路也不清晰，并且不能明确表达自己的意思，精神也无法集中，动作无法协调，不论做什么事情都很容易出错。

睡眠不足主要有以下一些危害：

（1）如果连续两个晚上不睡觉，血压就会升高，免疫系统功能就会减弱，还会使抵御癌症的能力降低。

（2）如果长时间地每天只睡4个小时，胰岛素的分泌量会减少，一周之内，健康的年轻人也可能会出现前前糖尿病的症状。

（3）研究证明，睡眠时可产生控制脂肪和肌肉生长的激素。所以睡眠不足会使人变得肥胖。

（4）此外，睡眠不足也很容易引发交通事故。

（5）经常缺乏睡眠还可能会引发感冒、抑郁症、中风、心脏病甚至癌症。

2. 一日三餐应定时定量

饮食不规律容易引发肠胃性疾病，偏食容易造成体内某些营养的欠缺。而暴饮暴食则会使消化系统负荷过重，从而造成不适。所以说，一日三餐不仅要定时，还要定量，不要偏食，也不要多吃，并且要讲究饮食卫生。此外每天还要保证饮水1500～2000毫升左右。

3. 不强求午睡，但应平卧休息一会儿

据医学研究表明，每天坚持午睡30分钟左右，可以使冠心病的发病率减少30%。地中海各国和中国冠心病发病率较之于北欧、北美地区低的原因与午睡习惯是分不开的。英国学者对午睡进行研究后发现，午后小睡10分钟可以消除困乏，效果比夜间多睡两个小时还要好得多。研究还表明，午休是正常睡眠和清醒的生物节律的表现，是保持清醒必不可少的条件。特别是对脑力劳动者来说，午休后工作效率会得到很大的提高。所以说，要尽量养成有规律地进行午休的好习惯。

4. 排便要定时

正常人从进食到消化、吸收，形成粪便大约需要的时间正好是24小时。所以说，一天排便一次是正常的生理行为。而如果偶尔两三天大便一次也是正常的。但是如果长期几天才排一次便则对人的身体是极为有害的。医学研究表明，经常性的几天才大便一次，会导致全身细胞慢性中毒，可能会引起一些疾病，还会导致虚弱、早衰和短寿等等。有人说，一天不大便，等于抽一包香烟。虽然比喻不当但是对人体的危害巨大却是事实。而每天坚持排便则会将体内的有毒物质及时地排出。所以要养成每天坚持排一次便的习惯，以减轻残渣和毒性物质对肠道的不良刺激。保持身体健康。

5. 每天都要有放松和娱乐的时间

生活要有规律并不只是按部就班地进行工作、学习，而不参加任何的娱乐活动。相反的，每天都要有一定的放松和娱乐的时间。适当地放松一下，进行一些有益的娱乐活动，不仅能够消除疲劳，使身体和心情双方面都得到“休息”，还能增进文化情趣，提高个人的素养。所以说，要学会有规律地生活还一定不要少了休闲娱乐活动。

6. 安排好节假日的休闲时间

有规律的生活习惯，不仅是在平时工作时间内，还要注意在节假日期间也要很好地进行规划，最好按照一定的规律进行节假日的休闲活动。在休假时期该休息时一定要进行休息，要做到将工作暂时抛开，休整好身心，为以后进行工作调整出一个良好的身心状态。另外，节假日虽然是休息时间可以做一些平时不能或者没有时间做的休闲活动，但是也不能过于放纵，最好要有节制地进行。如果过于放纵自己，可能会产生一些不良的影响，比如，过度地熬夜玩耍，会对身体造成伤害，而且还有可能会因为休息不好而达不到节假日放假的目的。所以说，一定要养成科学作息的好习惯。

总之，无论做什么事，都要记得，身体是最重要的资本，没有健康的身体就无法做任何事情，甚至无法感受生存的价值。那日渐消弱的气场也会最终将你推入生活阴暗角落。所以，一定要用心保养，不要因不规律的生活习惯摧毁了自己的健康长城。

心态决定气场

一个不争的事实是，心理活动会导致气场发生变化，其完整的过程是：人的某个心理活动发生后，它就会通过情绪也好思维也罢，与人的气质发生混合效应，外延出去变成气场从而产生各种影响。这就是气场衍生的整个过程。

可以看出，气场形成的过程就如同一条射线，从一个点开始延伸，依次将心理、气质、气场三者以向外辐射的形态紧密地联系在了一起。气质具有一定的先天性，且具有后天长期积累的特性，所以在三个环节当中表现最为稳定，不容易发生改变，在“三点一线”中起的是承接的作用。而气场作为受双重影响的下游环节，其表现就由前两环所决定。在这一过程中，心理（活动）这一环节作为起始点，由于其所处的源头地位而显得格外重要，这也就是说，一个人的心态决定着他的气场。

心理活动虽不能迅速地改变气质这一环，却能迅速影响气场，起到立竿见影的效果，这也使得内心修炼成了改变个人气质能量重要的功课。生活中有很多这样的人，他情绪好的时候，不见得能给周围的人带来阳光，但情绪不好的时候，肯定会让他人感到压抑，给人添堵，就说明了这一道理。

一个人情商的高低决定着气场的稳定与否，因为只有一个心态好的人才有能力掌控气场不被他人的强大气场所干扰和侵犯。才会以自身沉着稳定的心态，将身心的能量发挥到极致，从而能够吸引他人，影响他人，最终摘取人生的桂冠。如果你经常观看一些比赛的话，一定对反败为胜的竞赛记忆深刻。当处在决定胜负的关键一局时，对手之间的角逐已经不全是运动技术的比拼，更多的是相互间气势的较量。在最为紧张的时候谁的心境平和，谁就可能成为最终的胜利者；在比分低于对手时，谁不急不躁，镇静从容，及时调整自己，不在精神上输给对方，一直坚持到最后，胜利的天平就很可能偏向他。

而一个情商低的人，他的气场就可能会受外在事物影响而陷入失衡状况，也许是现实生活中的一个突发事件、一个眼神甚至一句看似不经意的话语都可能改变个人的气场，甚至影响到一个人一生的命运，这些看似表面的影响实则来自接受者真实的内心体验，要想修复不稳定的气场，就要强大内心的力量。我们也可以用压力对个人心理的影响来说明这一事实。

在现代快节奏的生活当中，压力是影响心理状态的重要因素。适当的压力会促使人奋进，而长时间压力过大却很容易使人不堪重负，使自身的气场变弱和发生紊乱。而一个可以始终临危不乱、淡定自若的人，他的气场必然也是稳定强大的。这就是为什么我们经常会见到有些人在多重压力面前却过得精彩异常，看起来一副“压力能奈我何”的样子，这不是因为压力不敢“招惹”这些重量级人物，而是在生活中已取得成功的人们摸索出了一套与压力化敌为友的战术，谈笑之间，压力这个可怕的心理敌人就灰飞烟灭了。

在这个世界上，人们总是把自己硬生生地塞进“心理牢笼”里，自寻烦恼，唠唠叨叨，总觉得不满足，时间一长，很容易被压力挤爆了管道，落下一生的遗憾和烦恼。虽然我们必须面对现实，面对本身的弱点和不足，虽然无法完全挣脱樊笼，选择百分百自由的天空，但是聪明地缓解压力，确实是改善心理状态，提高个人气场的一个良策。

人之所以可以控制世界，就在于人类拥有强大的足以战胜一切的心灵，它能够帮助人们摧毁任何的困难从而走向成功。然而，人心又是敏感和脆弱的，它虽然很顽强但也很怯懦，虽然很伟大但也很渺小，虽然有着能够战胜一切的力量但也时刻被恐惧包围着……

世界上所有成功的人都是真正的心灵战神，在同内心的恐惧的战斗过程中得到了幸福，得到了安宁。所以整个人也就有了藐视一切的气度和从容淡定的神情，所以面对突如其来的不幸才能清醒地记起自己应该怎样着手去办。

这个世界有才华的人实在是太多了，可是优秀者数来数去也就那么几个，原因就在于这些人受到大众如敬神般崇敬的人格的力量，而人格的魅力就是强硬的心理素质历练出来的！

在历史上几乎所有的著名人士都是战胜了自己的心理缺陷而取得成功的。

如果林肯觉得平民出身做事业又屡战屡败的自己终究还是摆脱不了失败者的命运而放弃努力的话，他就不会奇迹般地战胜那些富豪财团的领导者，坐上美国总统的宝座。正是因为林肯对内心怯懦的蔑视，才会坚忍不拔，最后成功。可是现实生活中的你自信有这种能力吗？当你面对挫折和失意的时候，当你面对自己的贫穷和生理缺陷的时候，当你被困难重重包围的时候，你是怎么做的？不要自欺欺人地说你会努力克服，事实上在这些心理的沉重压力之下，你早已经缴械投降了。你的自动认输让心理压力的恶魔在你身体里面更加横行霸道，肆虐得更加无所顾忌。就这样，你彻彻底底失败了，不是败给别人，只是被袭击得无力与压力抗衡的心灵出卖了。

生活是无限美好的，可是总有太多的人在心灵的禁锢中看不到美丽的阳光，只看到弥散着刺鼻的腐气的绵绵阴雨中的街道。这样的生命，难道是你所希望拥有的吗？人生只有一次机会，要过得精彩，活得与众不同，让所有人都羡慕不已。所以，战胜你心灵的缺陷，你就能无往而不胜。

由此可见，个人气场与他的心灵世界息息相通。假若你每天都能开心地来去，以自身为视角俯视世界，不强迫他人，却也拥有个人的好恶，又不会轻易受他人的情绪看法所干扰，那么你的气场也一定是稳定、愉快而颇具吸引力的，调整气场的根本，还是在调整自己的内心。

成为心理健康的人

现在生活中的每一个人都承受着不同的压力，其实，压力本身就是生活的一部分。拥有健康的心理才能承受住生活、工作等方面的种种压力。心理健康是一种人生态度，心理健康的人，会以积极的眼光看待世界，看待周围的人和事物。健康的心理是一个人正常学习、工作、交往、生活、发展的基本保证。一个人在心理健康上的弱点越多，他的成长和发展的限制和损失就越大，他的生活和事业的成就和贡献就越少。所以，当你希望拥有所有优势的同时，你千万别忽视了开启成功之门最重要的一把钥匙——心理健康。心理健康是一个动态过程，并不是说心理健康就没有失败，没有矛盾，没有痛苦，没有郁闷，而是能够有效地进行调整，并在这种状态下，能够保持良好的工作效率。

关于心理健康的标准，专家总结了以下几点：对现实客观正确的认识；自知、自尊；真实的自我评价；能很好地自我调控；能与人建立良好关系；人格结构稳定协调；生活工作有热情。

有关单位对南京几所高校的一万多名大学生的心理健康状况进行过调查，结果显示，约有四分之一的人有心理问题，有 11.7%的学生患有程度不同的心理疾病。另外，广州一所高校的调查显示，有 20%左右的学生存在不同程度心理困惑。在对南京市的 608 名学生调查时发现，有过心理危机的占 75%，不少人有过自杀念头。而在一项对全国 12.6 万大学生的调查中显示，其中 20.3%有心理问题。“郁闷”、“变态”成为学生们的口头禅。

可见心理健康受到了某种威胁，心理障碍像一种流行病一样存在于我们生活之中。为什么会越来越多地出现心理障碍呢？心理障碍这个说法，是世界进入了工业化和现代化时代以后才出现的，在古代并没有心理障碍这个名词。在古代，人们的生活节奏非常慢，人们没有多少机会去赚钱，当然也不用费太多的心思去想如何改善生活。在现代，生活节奏加快，以前十天做一件事，现在一天要做十件事。而且各个方面的压力明显加大，不进则退，迫使你必须跟着节奏往前冲，这无疑对心理是一个严峻的挑战。心理承受能力好的人，能够应对自如，游刃有余，心理承受能力稍微差一些的人，就有可能力不从心，总有压迫感，时间久了就会出现心理问题。有了心理障碍就像鸟的翅膀拴上重铅一样，飞不起来了，甚至更严重一些，会使人有一种一直下沉的感觉，再这样下去就会崩溃。

当然一个人存在某方面的心理障碍或缺陷是比较普遍的现象，但只要没有影响到生活和社交，而且可以接受这种障碍或缺陷，基本不用刻意去克服，只要自己注意调整，就不会出现问题。可是，当心理障碍或缺陷使你感到痛苦并影响了你的生活和工作，你就应当努力去克服了。生命的价值永远都不能用简单的得失成败来衡量，因为生命是否有意义，最关键的在于个体的自身体验。在成败得失的小风浪中，让自己变得更坚强，才不至于在大风大浪来临时不堪一击。

有关单位做过一项精神健康检查，检查对象主要有国家机关处级、外企部门经理、私企部门经理和国企的部门主管以上的干部，年龄在35岁到45岁之间。专业医生对他们的精神状况做了全面检查。发现有45%的人精神健康存在问题倾向，或多或少地有抑郁、焦虑、恐惧、偏执、强迫等症状。尤其以外企、私企工作者最多，超过了一半。

而且在各类精神健康问题中，抑郁倾向所占人数最多，约有三分之一，另外就是有焦虑倾向。

可见，社会的发展带来生活节奏的加快，许多人处于高度紧张状态之中，时间久了，就会造成精神的抑郁或者焦虑。

为了追赶快节奏的生活，每个人各方面的压力都在增大，但无论如何，你都要缓解自己的压力，注意自己的身心健康，保持良好的生活方式和心态。因为只有精神安宁的人，才会不断战胜自己，创造机遇，把自己的事业推向成功。

向性格上的缺陷宣战

康宁罕自小双腿因烫伤而无法走路，但是，他却能够成为奥运会历史上跑得最快的选手之一。他认为，一个运动员的成功，85%要靠信心和积极的思想。他说："你必须在生理、心理与精神上去表现自己。而精神是最能帮助你的。"他又说："我不相信天下有不可能的事。"

在生活中，有的人遇到一点儿困难就悲观失望，受到一点儿挫折就灰心丧气，如果与别人相比，身体上有某种缺陷，则更是绝望不已，破罐子破摔，总认为自己比别人差了一大截，不可能有什么成就了。这样的人也就毫无气场可言。其实，无论是缺陷也好，弱点也罢，都不是不可克服的障碍，只是缺乏自信者的借口而已。

哲学家尼采认为，杰出的人"不仅能忍人所不能忍，并且乐于迎接这种挑战"。一些社会学家曾对许多身体有缺陷的成功者做过分析，最后得出结论：这些成功者，正是因为自身有某种缺陷才激发了他们的潜能。威廉·詹姆士曾说："我们最大的缺陷，也许会给我们提供一种出乎意料的助力。"这就是说，缺陷不仅不是障碍，还有可能成为激发事业成功的动力。

达尔文，这位伟大的科学家说："如果我不是这么无能，我就不可能完成所有这些我辛勤努力完成的工作。"很显然，他承认自己身上存在弱点。

达尔文在英国诞生的同一天，在美国肯塔基州的小木屋里也诞生了一个婴儿。他也是受到自己缺陷的激发而成大事者，他就是亚伯拉罕·林肯。据林肯自己说，如果他生长在一个富有的家庭，得到哈佛大学的法学学位，又有美满的婚姻，他可能永远不能在葛底斯堡做出那么深刻、不朽的演讲，更不会养成如他连任就职演说时提到的"对人无恶意，常怀慈悲于世人"的品行。

弥尔顿如果不是失去视力，可能就写不出那样精彩的诗篇；海伦·凯勒的创作事业完全是受到了耳聋目盲的激发；如果柴可夫斯基的婚姻不是那么悲惨，以至于几乎要自杀，他可能就难以创作出不朽的《第六交响曲（悲怆）》。

当然，不是说越有缺陷越容易成功，越是家境贫寒越容易成才，而是说只要你有志气，有决心，即使有弱点，你也完全可以克服自己的不足之处，甚至还可以把你最弱的地方转化为最强的部分。那么，怎样将缺陷转化为优势呢？你不妨按照这样的步骤去努力：

首先，将缺陷孤立出来，并将它研究透彻，设计一个计划去对抗它；

其次，将你希望获得的结果，详细列举出来；

最后，将你自己最弱的地方变成最强，并在心中描绘出这种景象。

其实，我们每一个人各有各的优势，也各有各的缺陷。不要拿自己的缺陷去和别人的优势相比，徒长他人的志气，而灭自己的威风。人固然要检查和分析自己的缺陷以进行弥补，但不能因此丧失自信。世界上的事情，有得必有失。不管出身如何，也不管文化水平是否够高，在人生的道路上，每个人总能找到自己通向成功的途径。

自信的人，未必一定是处处比别人强的人，相反，他们可能身体没有别人好，学历没有别人高，能力没有别人强。但他们有坚定的自信心，知道自己存在的价值，懂得如何发挥自己的优势和克服弱势，而且在自信的心态下，他们的优势更容易被激发出来。这样的人能够比较客观地认识自我，又怀有积极的态度，人的整体状态自然便会得到最佳优化组合。

而自卑的人处处要和别人比较，总觉得这也比不上别人，那也没有别人好，自然会未战先败。自信的人，把眼光放在已有的进步上，而自卑的人，时时把焦点聚在自己的缺陷上；自信的人总是对做什么事情都充满期待和希望，自卑的人总认为做什么都没有用。自信的人，能够认识自己的局限，并接受自己的局限；了解自己的所长，并发挥自己的所长。他们从不去做力所不能及的事，但要把力所能及的事做好。这种充满自信的人，就是容易成就事业、获得成功的人。

生气是一种不健康的心态

留心四周，你随时可以找到正在生气发怒的人们。商店里，也许顾客正在和营业员吵架；出租车上，司机也许正因交通堵塞而满脸怒色；公共汽车上，也许乘客正在为抢占座位而大打出手……此种情形，不胜枚举。那么你呢？是否动辄勃然大怒？是否让生气成为你生活中的一部分？你是否知道，这种情绪根本无济于事？也许，你会为自己生气大加辩护："人嘛，总有生气发火的时候"。在这种借口之下，你不时地自我生气，也冲着他人生气，你似乎成了一个愤怒之人。

其实，并非人人都会不时地表露出自己在生气，生气这一习惯行为可能连你自己也不喜欢，更不用问他人感觉如何了。因此，你大可不必对它留恋不舍，它不能帮助你解决任何问题。任何一个精神愉快、有所作为的人都不会让它跟随自己。生气是一个误区，是一种心理病毒，它会毁坏你的气场，使你远离快乐，远离亲情，甚至远离健康。

首先，让我们来看看心理学家们是如何看待"生气"的。这里我们所提的生气是指某人在事与愿违时做出的一种惰性反应。它的形式有勃然大怒、敌意情绪、乱摔东西甚至怒目而视、沉默不语。它不仅仅是生气，它的核心是惰性。生气使人陷入惰性，其起因往往是不切实际地期望大千世界要与自己的意愿相吻合。当事与愿违时，便会怒不可遏。

生气既是你做出的选择，又是一种习惯。它是你经历挫折的一种后天性反应。你以自己所不欣赏的方式消极地对待与你的愿望不相一致的现实。事实上，生气是一种精神错乱——每当你不能控制自己的行为时，你便有些精神错乱。因此，每当你气得失去自制时，你便暂时处于精神错乱状态。

生气对人的心理生理没有任何好处。生气使人情绪低沉、陷入惰性。从病理学角度来看，生气可导致高血压、溃疡、皮疹、心悸、失眠、困乏，甚至心脏病；从心理学角度来看，生气可能会破坏情感关系，阻碍情感交流、导致内疚与沮丧情绪。

同其他所有情感一样，生气是大脑思维后产生的一种结果。它不会无缘无故地产生。当你遇到不合意愿的事情时，就告诉自己：事情不应该这样或那样，于是你感到沮丧、灰心；然后，你便会做出自己所熟悉的生气的反应，因为你认为这样会解决问题。只要你认为生气是人的本性之一部分，就总有理由接受生气而不去改正。

如果你仍然决定保留自己心中生气的火种，你可以通过不造成重大损害的方式来发泄心中的气愤。你不妨想想，是否可以在沮丧时以新的思维支配自己，用一种更为健康的情感来取代使你产生惰性的生气。既然世界绝不会像你所期望的那样，你很可能会继续厌烦，生气或失望，但无论如何，你完全可以消除那种不利于精神健康的有害情感——生气。

每当你以生气来对他人的行为作出反馈时，你会在心里说："你为什么不跟我一样呢？这样我就不会生气，而且会喜欢你。"然而，别人不会永远像你希望的那样说话、办事；实际上，他们在大多数情况下都不会按照你的意愿行事。世界就是如此，我们不可能期望别人永远按照自己的意愿行事，这一现实永远不会改变。所以，每当你因为自己不喜欢的人或事生气，你其实是不敢正视现实，让自己经受感情的折磨，从而使自己陷入一种惰性。你为根本不可能改变的事物自寻烦恼真是太愚蠢了。其实，你大可不必生气；只要你想想，别人有权以不同于你所希望的方式说话、行事，你就会对世事采取更为宽容的态度。对于别人的言行，你或许不喜欢，但决不应生气。生气只会使别人继续气你，并会导致上述种种生理与心理病症。

也许你认为自己属于这样一类人，即对某人某事有许多愤愤不平之处，但从不敢有所表示。你积怨在胸，敢怒不敢言，成天忧心忡忡，最后积怨成疾。但是，这并不是那些咆哮大怒的人的反面。在你心里，同样有这样一句话："要是你跟我一样就好了。"你以为，别人要是和你一样，你就不会生气了。这是一个错误的推理，只有消除这一推理，你才能消除心中的怨忿。虽然有怒便发比积怨在胸好得多，但你会慢慢懂得，以新的思维方式看待世事，以至根本不生气，这才是最为可取的。你可以这样安慰自己："他要是想捣乱，就随他去。我可不会为此自寻烦恼。对他这种愚蠢行为负责的，是他不是我。"你也可以这样想："我尽管真不喜欢这件事，却不会因此陷入惰性。"

让心灵净化，让思想升华

我们需要培养自己良好的习惯，历练自己美好的品格，但这并非是一劳永逸的，我们还要不时打扫自己的心、脑，净化心灵，升华思想。

生活在现实社会，我们难免遇到各种各样的诱惑，当此之时，我们要避免自己失足、堕落；在追求成功的道路上，我们难免会遇到各种各样的麻烦和苦恼，当此之时，我们要避免各种心理问题阻碍我们前进的步伐。如果不能正确对待这样的问题，我们就可能罹患这样那样的精神疾患，影响我们建立正面的气场，甚至把我们引向罪恶的深渊。

老王原先曾是一个表现不错、工作很能干也很有实力的地方官员，因政绩突出不断受到提拔。但在最近这几年，当他知悉过去的同事、同学通过各种途径生活条件都比他好的现实时，心里总不是滋味。想想自己能力不比他们差，职位也比他们高，而且自己作为一地之长，担子比他们重，责任比他们大，工作也比他们辛苦，经济上却不如他们，深感不平衡。由此，老王也就有了一定要超过他们的想法。

于是，老王在他任职的最后几年，大肆收受贿赂。他思想上警惕的闸门在不平衡心理的驱动之下终于倾斜了，欲望的洪水顿时倾泻而下，一发不可收，最终成了一名“死缓”的囚犯。

老王的事情应该归入“59 岁现象”，离年轻人似乎有些距离。但近年的犯罪案例表明，年轻人的比例正在大举上升，有人甚至在不到 25 岁就“赢得”了无期徒刑乃至死刑。究其原因，就在于他们未能把飘入心灵的灰尘扫掉，未能让思想在堕落的边缘升华。

当然，心灵的戕害并非总是那么严重，思想的堕落也并非总是造成那样不堪的后果，但我们要说，只要我们不勤于净化自己的心灵、升华我们的思想，我们就会产生某些心理障碍、甚至疾患，快乐、幸福和成功来得就要艰难、缓慢一些，甚至与我们擦肩而过。

所以，我们要树立正确的思想，坚守我们的良知，不可因“一失足”而成“千古恨”。一旦我们意识到去掉焦躁、自私和贪欲的思想，在很大程度上也就是去掉了痛苦和不幸时，一旦我们意识到追求高尚、美好的思想也就是在追求成功、健康和幸运时，我们就会找到净化心灵、升华思想的新动力。

每一种诚实的思想，每一种美好的思想，每一种令人鼓舞的思想，如果长久驻于心中，往往都能消除头脑中的混乱思想，从而可以振奋我们的精神。当头脑中充满这些催人奋发、鼓舞人心的思想时，我们就能把握住自己的人生，走向成功。

我们心中要尽量减少痛苦、嫉妒、仇恨、恐惧和居心叵测的思想，也绝不能让我们的心灵受到各种事情的干扰和束缚。否则，必定要付出不被他人接受、工作差强人意乃至失败的代价。

坚定地树立乐观的思想，这样我们就能将滋生疾病、失败和痛苦的悲观扫地出门。一定要坚定地捍卫我们自己的思想之门，一定要坚决将破坏我们幸福和成就的所有思想敌人拒之于我们的心灵之外，这样，我们就会惊异地发现，在很短的时间里，我们的力量大大地增强了，我们的生活完全变样了。

树立健康的富于生机与活力的思想，应当是我们所具有的一个良好习惯，它是一种妙不可言的万应灵药，将使我们顿感力量陡增。所有可能导致软弱、失败、不幸或贫困的思想都是极具破坏性的思想，都是消极的、颓废的思想。这些思想是我们的敌人。无论什么时候我们都不能让它侵入到我们的心灵，因为它们本身就是盗贼，是偷盗我们正确思想的盗贼，是偷盗我们的快乐、幸福和成功的盗贼。

当一个人对他人怀有不友善或仇恨的思想时，他是不可能做好工作的。我们的各项工作唯有在美好心灵和正确思想的指导下才能发挥到极致。仇恨、怨愤和嫉妒可以归入毒药之列，这些东西对我们身上那些崇高的东西是致命的，正如毒药对我们的肉体是致命的一样。

对他人有一个亲切友好的态度，有一种善意的情感，能使我们最有效地免于任何痛苦的仇恨，因为这些仇恨他人的思想不能穿透我们用友爱铸就的盾牌，不能穿透我们用善意铸就的堡垒。

一些人一生很少恼怒，一些人一生很少扰乱过自己的平静，他们的一生是多么轻松、多么快乐、多么美好和多么幸福甜蜜的一生啊！他们的人生中从未有过重大失败，因为他们的本性便是平和的、友爱的。他们爱天下人，因而天下人也爱他们。他们没有敌人，因为他们从不激起抵触和冲突，因此他们也很少痛苦或烦恼。

许多人奇怪自己为什么不受人欢迎，奇怪自己为什么被大众所厌恶，奇怪别人为什么总是与自己不和，而这正是因为他们的自大、怨愤和错误思想的流露扼杀了他们的魅力。

有一个外表非常英俊的男子，但却很少有人喜欢他。这件事很让他不理解。后来，他在和朋友聊天时讲述了这些关于他在人际关系方面遭受的挫折和失意。

他说："我尽心尽力地去工作，也非常注意人际交往的法则。但不管我怎么努力，关系总是处理得不尽如人意，人们不欢迎我。这件事令我十分痛苦。"

通过聊天，他的朋友发现了他的障碍所在：在谈话态度上，尽管他并不刻意带出尖酸刻薄的话语，但的确包含有相当程度执拗的批判语调。也就是说，他的谈话中不时表露出自恃清高、甚至目中无人的优越意识。此外，他总是习惯性地噘起嘴表示不满或不同的意见。他的思想过于偏执，性格又太过任性，而这正是他人际关系失败的原因。

相反，那些总是显得亲切友好、关爱他人、令人鼓舞和富于同情心的人们，那些对每个人都深怀好感的人们，那些内心不具仇恨、痛苦或嫉妒思想的人们，却总是受人欢迎，令人鼓舞和赞叹的。

把有害的思想拒之于心灵之外，并不是一件困难的事情。我们所需要做的就是用正确的思想去取代那些产生致命精神毒害的思想，因为这种正确的思想总是能够提供解毒药。仁慈的思想、关爱的思想能够非常迅速地消灭妒忌、憎恨和怨愤的思想。如果我们使愉悦、欢快的景象映入我们的心灵，那么，消沉、忧郁的思想就必定会走出我们的心灵之门。

我们必须净化心灵、升华思想，因为在这一得到净化的心灵世界里，我们才能呼吸更纯净的空气，在这一得到升华的思想王国里，我们才能点亮照耀通向成功之路的明灯。

拿得起，放得下

人生旅程中的确有很多东西是来之不易的，所以我们不愿意放弃。比如让一个身居高位的人放下自己的身份，忘记自己过去所取得的成就，回到平淡、朴实的生活中去，肯定不是一件容易的事情。但是有时候，你必须放下已经取得的一切，否则你所拥有的反而会成为你生命气场的桎梏。

范蠡是越王勾践的谋臣，他曾与以“卧薪尝胆”闻名的越王勾践同甘共苦，最终打败吴王，他也因此官拜大将军。然而就在这位极人臣的时候，他却留下了“官大有险，树大招风”的话而销声匿迹了。

据《史记》记载，他后来到了齐国，与儿子共耕农园，积聚田产数十万。齐王看中他的才华，欲请他出任宰相，他却答道：“在野有千金之财，在位有宰相之名，对平常人来说，这是至高无上的荣耀了，然而过度的荣华却容易形成祸根。”说完，便将财产分赠邻人，搬到陶地去住，改名陶朱公而经商。

与范蠡形成鲜明对照的是同一时间、同一空间的另一个历史人物文种。

文种也是勾践的重臣，为打败吴国立下了汗马功劳。他功成名就之后，仍然继续仕于越王。其间，范蠡曾写给他一封信：“飞鸟尽，良弓藏，狡兔死，走狗烹。越王的长相，颈项细长如鹤，嘴唇尖突如鸦，这种人只可以与他共患难，却不能同享乐。你现在不离去，要待何时？”

后来文种也称病返乡，但做得不如范蠡彻底，他留在越国，其名仍威震朝廷，于是有佞臣陷害于他，诬称文种欲起兵谋反。越王也有除他之意，故而以谋反罪将文种处死。

人人都希望过幸福富裕的生活，又有几人能与范蠡相比呢？

只知进，不知退，遭“文种之祸”者，又何止一人？

心理学家分析，一个人若是能在适当的时间选择“隐退”，不论是自愿的还是被迫的，都是一个很好的转机，因为它能让你留出时间观察和思考，使你在独处的时候找到自己内在的真正的世界。尽管掌声能给人带来满足感，但是大多数人在舞台上的时候，其实却没有办法做到放松，因为他们正处于高度的紧张状态，反而是离开自己当主角的舞台后，才能真正享受到轻松自在。虽然失去掌声令人惋惜，但“隐退”是为了进行更深层次的学习，一方面挖掘自己的潜力，一方面重新上发条，平衡日后的生活。

事实上，全身而退是一种智慧和境界。为什么非要得到一切呢？活着就是老天最大的恩赐，健康就是财富，你对人生要求越少，你的人生就会越快乐。对于我们这些平凡人来说，能怀一颗平常善良之心，淡泊名利，对他人宽容，对生活不挑剔，不苛求，不怨恨，富不行无义，贫不起贪心，这就是一种人生的练达。

有一个富翁背着许多金银财宝，到远处去寻找快乐。可是走过了千山万水，也未能找到快乐，于是他沮丧地坐在山道旁。一农夫背着一大捆柴草从山上走下来，富翁问道："我是个令人羡慕的富翁，请问为何没有快乐呢？"

农夫放下沉甸甸的柴草，舒心地擦着汗水说道："快乐也很简单，放下就是快乐呀！"

富翁顿时醒悟，自己背负那么重的珠宝，老怕别人抢，总怕别人暗害，整日忧心忡忡。快乐从何而来？于是富翁将珠宝、钱财接济穷人，专做善事，慈悲为怀。这样既滋润了他的心灵，也让他尝到了快乐的味道。

试想，人们成天名缰利锁缠身，如何有快乐？成天陷入你争我夺的境地，快乐从何而来？成天心事重重，阴霾不开，快乐又在哪里？成天小肚鸡肠，心胸如豆，无法开豁，快乐又何处去寻？

在南美独立战争期间的一个冬天，在某兵营的工地上，一位班长正指挥几个士兵安装一根大梁："加油，孩子们，大梁已经移动了，再使把劲，加油！"一个衣着朴素的军官路过这里，见状问班长为何不动手干。

"先生，我是班长。"班长骄傲地回答说。

"噢，您是班长。"军官重复了一遍，随后下马和士兵们一起干了起来。

大梁装好后，军官对班长说："班长先生，如果您还有什么同样的任务，并且还需要更多的人手，您就尽管吩咐总司令好了，他会再来帮助您的士兵的。"班长愣住了。原来这位军官就是南美大陆的"解放者"、独立战争的著名领袖和统帅西蒙·玻利瓦尔。

生活中有很多人，经常会有一种强烈的“身份荣耀感”，他们或以出生于一个良好家庭为荣，或以进入一所名牌大学读书为荣，或以有机会在跨国大公司工作为荣……不能说这种种荣耀感是不正当的，但如果过分迷恋这些仅仅是因为身份带给你的荣耀，而不愿放低姿态，那么这种人是不会有太高的人生境界，也不会有太大的气场的。

2002 年美国耶鲁大学周年校庆时，全球第二大软件公司甲骨文的行政总裁、世界第四富豪艾里森应邀参加典礼。艾里森当着耶鲁大学校长、教师、校友、毕业生的面，说出一番惊世骇俗的言论。

他说：“所有哈佛大学、耶鲁大学等名校的师生都自以为是成功者，其实你们全都是失败者，因为你们以在有过比尔·盖茨等优秀学生的大学念书为荣，但比尔·盖茨却并不以在哈佛读过书为荣。”

这番话令全场听众目瞪口呆，至今为止，像哈佛、耶鲁这样的名校从来都是令几乎所有人敬畏和神往的，艾里森也太狂了点儿吧，居然敢把那些骄傲的名校师生称为失败者。

但是话还没完，艾里森接着说：“众多最优秀的人才非但不以哈佛、耶鲁为荣，而且常常坚决地舍弃那种荣耀。世界第一富比尔·盖茨，中途从哈佛退学；世界第二富保尔·艾伦，根本就没上过大学；世界第四富，就是我艾里森，被耶鲁大学开除；世界第八富戴尔，只读过一年大学；微软总裁斯蒂夫·鲍尔默在财富榜上大概排在十名开外，他与比尔·盖茨是同学，为什么成就差一些呢？因为他是读了一年研究生后才恋恋不舍地退学的……”

艾里森接着“安慰”那些自尊心受到伤害的耶鲁毕业生，他说：“不过在座的各位也不要太难过，你们还是很有希望的。你们的希望就是，经过这么多年的努力学习，终于赢得了为我们这些退学者、未读大学者、被开除者打工的机会。”

艾里森的话虽然有些偏激，但是也从某种程度上说明：身份和荣耀并不与成功成正比。

有一个禅宗故事风趣地说明了放下的重要性。

两个和尚赶路，遇到一个美女被河水所阻，其中一个和尚就抱着她过了河，他们又继续赶路。

走了好久，另一个和尚指责他的同伴："出家人不近女色，你怎么能抱她呢？"

那个曾经抱美女过河的和尚叹息："我早把她放下了，你怎么还抱着她？"

放下是一种觉悟，更是一种自由；放下是一种美丽，也是一种智慧。人生路上，它滋润着你美丽的心灵。只要你懂得追求，学会放弃，明了得与失的关系，特别是在人生的节骨眼上举重若轻，拿得起，放得下，那么你就会拥有美丽幸福的人生。

顺应客观，淡然恬然

所谓顺应客观，淡然恬然，并不是听天由命，而是敢于正视矛盾，面对现实，但又对现实生存环境和理想之间的冲突和矛盾持乐观豁达态度。生活一方面为人们提供了太多可选择的机会，同时也给人们精神上、心理上带来巨大的压力。顺应自然、泰然处之，会在你失衡时，甚至绝望时为你调整心态，重建人生信念，塑造新的气场。

好事有好事的缘（条件），坏事亦有坏事的缘（因素），万事随缘，就是实事求是。

古之得道者，处于困境仍然充满希望，处于顺境亦乐观向上。因为他们明白逆境和顺境都是事物发展中交替出现的必然规律，就像春和夏、风和雨要彼此交替出现一样。

1. 万事随缘

《佛般泥恒经》："心当随人，人勿随心，心误人，心亦杀身。"《佛般泥恒经》系亲鸾和尚于西元 1224 年所著，此书成为把念佛往生的教理加以系统化并给予详细注释的经典之一。

所谓自由，就是要求自己不被任何欲念支配并将这种欲念控制自如，从而达到不受任何约束的悟道的境界。要达到这种境界，一个人方能自在地控制自己的欲念，达到理性的升华。如果达不到这种境界，我们的生活必然受着各种欲念的支配与束缚，过着没有丝毫自由的日子。

为人处世，万事随缘，切不可把自由与放纵相提并论，应明白前者是理性的升华，后者是行为的堕落。

知道如何行动，知道如何节制，只有贤能的人才能办到；能够忍辱负重，能够施展才华，才是大丈夫的气概。邵雍讲“知行知止唯贤者，能屈能伸是丈夫”，其中的“行、止、屈、伸”其实也就是一个“随”，万事随缘，跟着缘分走，当行则行，当止则止；当屈则屈，当伸则伸。

2. 沉静是美质

吕新吾说：“沉静是美质。”“沉静”一词是作者用来表达他所描绘的理想人物形象中最重要的字眼。他又说：“这样的人，他的内心是很沉稳的。”“有的人，当自己无聊寂寞的时候，或是遭遇到什么难题，便会无法克制地喋喋不休，大发谬论。这种人不能称得上是一个有德行的人。”

这段话对现代人启发很大，对很多有此毛病的人尤其有训诫作用。身为一个社会中的分子，想要尽到自己的本分，首先必须培养“沉静”的品质。

> 在一次英国国会会议上，曾经有一个在野党的议员，做了一段长达30分钟的质询演说。当他结束质询后，上台的首相只用了一句“是的，先生”来回答。这位首相确实具备了吕新吾所说的“沉静”的美质。因此，他的内心十分沉稳，比起那位质询演说的在野党议员，在修养上高出一筹。

荀子也说过：“言而当知也，默而当知也。”即由发言而论及核心，可谓“知”；保持静默同样能达到核心的，也可以称得上“知”。他所要表达的意思是，无论雄辩或沉默均是相同的。有时候无须开口说话，利用表情、眼神、举止、态度等等，也能充分地表达意念而接触到核心。现实社会复杂多变，有时候不开口比开口更有效，所谓“沉默是金”，利用沉默的效果，往往会产生令人意想不到的效果。正所谓“此时无声胜有声”。

3. 追求淡泊

我国明代洪应明有诗曰：“宁守浑噩而黜聪明，留些正气还天地；宁谢纷华而甘淡泊，遗个清名在乾坤。”有些东西就是这样，当它存在时，人们不以为然，当真的失掉了，才知道它的可贵。对平淡的价值，有的人也是历经或目睹了人生坎坷之后才知其可贵的。

造就淡泊的人生，并不是鼓吹“苦行僧”式的生活，否定欢乐和享受。它追求的是一种永恒的欢乐，这就需要从十分平淡的生活中去发掘，并注意积累，以形成深刻的思想内涵。人抛开其社会属性，自然属性是一样的，都要喝水吃饭，有七情六欲，所以不能被外表的东西所迷惑，一切附加的东西都是短暂的。人得势时，恭维吹捧，鲜花簇拥，掌声雷动都会有的。但心里要明白，尽管个人付出了努力，而历史机遇还是起着决定性的作用。也许有的人天分并不比你差，但历史没给他这些。你有了这些未必就高贵得不行，就什么都比别人强。无情的历史会把你高高举起，变脸时也会把你狠狠摔下。所以，清醒的头脑绝对可贵。

菲律宾前总统阿基诺夫人在总统府马拉坎南宫度过了六年之后，于1992年6月刚刚卸去总统职务，便驱车重返故里过起了平民生活。邻居们用掌声欢迎她，她说的第一句话就是："又回来了，我真高兴！我太激动了。"她说："对我和我的家人来说，离开马拉坎南宫并没有什么心理上的失落。我常说权力本应该是暂时的。我在马拉坎南宫只不过是个过客而已。"

"生活本身就是一条河流，它需要激流，但更多的时候，它得平静向前。"这是歌德说过的话。是的，平淡更能体验人生真味。

4. 没事汉，清闲人

人生在世，主观上追求什么往往能决定一生的命运。追求功名利禄的人，整天考虑他人对自己如何如何评价，必然活得很累。自觉追求淡然恬然的人，自然是荣辱毁誉不上心，按照自己的原则做人，做个古人所说的"没事汉，清闲人"。

个人在与社会、与群体相处的时候，要和谐，尽量把小我融入大我之中，必要时甚至可以达到忘我的境界。但是，在自然之"我"与精神之"我"这对关系中，又应强调后者。物质生活清贫，精神生活却应富有。外界有多少有形无形的枷锁，精神意志却是自由的。"泽雉十步一啄，百步一饮，不蕲畜乎樊中。神虽王，不善也。"山鸡宁愿走十步或百步寻到饮食，也不愿意被关在笼子里做一只家鸡。帝王虽然神圣，却也没什么好的。这一点，与西方的"存在主义"代表人物萨特似乎不谋而合。萨特在他的《苍蝇》一剧中，借众神之神朱庇特之口说："神祇与国王都有痛苦的秘密，那就是——人类是自由的。"

"没事汉，清闲人"，不是无所事事、游手好闲者，而是精神自由的人，自由是宝贵财富。诚如卢梭所说："在所有一切的财富中最为可贵的不是权威，而是自由。真正自由的人，只想他能够得到的东西，只做他喜欢做的事情”；“放弃自己的自由，就是放弃自己做人的资格，放弃做人的权利，甚至于放弃自己的义务”。当然，自由不是随心所欲，任何自由都是有限度、有规则的，绝对自由什么时候都不会有。所谓“自由世界”纯属子虚乌有。

自由是创造。自由是意志的自由，一个人只要思想意志获得解放，他就能够焕发出极大的创造力，释放出思想的火花，就会收获大量的创造果实。“一旦自由在一个人的头脑里爆炸开，神祇对这个人也就无能为力了。”（萨特）

自由是个性。一个人的思想意志自由，无论他身披多重的枷锁，他都是自由人。每个人有了应得的那份自由，就会有自己独特的生活态度、生活方式。若干个有个性的人汇成的集体、国家和民族。这个集体、国家和民族就会呈现生气勃勃的景象；千人一面、十部一腔的民族必定死气沉沉，没有发展。

自由是和谐。如果社会上每个人都懂得自由的可贵和重要，就会珍视既得的自由，自觉地维护自由民主，以创造更加和谐的环境。自由当然需要民主做保障，民主自由，和谐安定，就会富国富民。

说到底，自由就是顺心尽兴。怎样才能顺心尽兴，不是酒色财气、吃喝嫖赌，而是有追求，不贪心，心性不可太盛；要奉献，但不亏心，不能克己复礼；要顺和，但不违心，不同流合污。所谓有追求，不贪心，心性不可太盛，就是说，人生无论宏大的还是微小的，总要或总在追求什么，完全浑浑然无所求的人几乎没有。人要生存，要生活，就要有一定的物质条件做保证，以满足起码的生存需求，适当的物质追求也是天经地义、无可厚非的。即使功名利禄，只要是付出所得，似乎也受之无愧。但将对于这些东西的需求，变成无止境的追求，并以此作为人格追求、价值追求，必然贪心不足蛇吞象。即便一次评职、一次调级、一次提干没有满足，甚至其中有明显不公，也不可耿耿于怀，伤心劳神，穷追不放，甚至于放肆撒泼，既丢面子，又不宜养生。

要随和，但不违心，更不可同流合污。人性不可太盛，这种人在生活中是可敬不可亲；敬，也只是一种无奈地承认，更不要说与之亲近与之交友。随和，就是与人为善，友好相处，处处让人；得理时，别咬住不放，得饶人处且饶人；尤其那些非原则的小事不要太较真，闹得不欢而散。如此，日久天长，就成为“有人缘”的人。但是，生活是复杂的，处处有矛盾，事事有原则，人成为一个“好好先生”时，往往会成为矛盾双方争取的对象，正义的、讲原则的一方希望你支持正义，表现原则性；另一方也同样抓住你这“好好先生”为他们添一个筹码。所谓“做人难，做好人更难”就正是这样。好好先生在两难中抉择，更能检验出人格的高下。此时的最佳选择就是站在正义、原则一边，不能违心地支持你不赞成的一面。倘若支持了非原则的人和事，将一世不得安宁。与其等着将来忏悔，何不尽早解脱?

顺己心，即不贪心，不违心，不亏心，但凡事不可能都那么顺己心。经验告诉我们，心愿与现实常常阴差阳错，歪打正着。你想当演员，各种因素同时就把你定在水暖工的位置上，成不了“星”，还得钻地沟，当“井探”。但只要肯努力，抱定希望，不断充实自己，“是金子早晚会发光”，“天生我材必有用”，上帝不会忘记你，“哀莫大于心死”，只要“不死心”，精诚所至，金石为开。最起码也落个精神充实、自由，在精神世界里汪洋恣肆、自由腾飞。还是卢梭说得对：“人的自由并不仅仅是在于做他愿意做的事，而在于永远不做他不愿意做的事”。这里所说的自由，主要是指人的自我精神的自由。行为的不自由，正是义务和责任的需要，精神的自由虽受客观制约，但它相对行为自由拥有更大的天地，更辽阔悠远的时空。

改变心情，就可以改变行为

心情可以决定气场，那么，一个人心情不好的时候，该怎么办呢？我们来看一个故事：

> 有一天，弗雷德情绪不好。以往每当遇到这种情况，他总是避不见人，直到心情得以好转。不巧的是，这天弗雷德因有事要和老板会面，于是，他决定装出一副笑脸。会面时；弗雷德一直笑容可掬，谈笑风生，俨然是一位豁达、愉快的人。令他吃惊的是，他很快就发现自己不再感到压抑了。

弗雷德的这一心理变化正和目前心理学研究的一项重要新原理相吻合：装扮某一角色可以帮助我们获得我们所需要的相应心情——困境中能增强自信心，不顺心时能产生快乐。

所以，改变糟糕心情的方法是：

1. 用微笑鼓舞自己

当然，这样做不能敷衍了事。心理学家艾克曼警告说，虚伪的微笑太突然，太短促，只用嘴不用眼睛微笑，不能表达或产生欢快的感觉。所以要认真对待，发自内心。开始时轻声微笑，继而笑得咧开嘴，最后变成开怀大笑。如果你想不出有什么事情滑稽可笑，你不妨假装有这回事，这并不是说你哧哧一笑就真能完全解除烦恼，而是说运用这种技巧你可以振作精神，应付一天的工作。

2. 高声朗读也不失为一种好方法

读书的时候要面带表情，并且要读富有激情的书，例如读一段马克·吐温小说中的诙谐段落，或者选读狄更斯的一些讽刺性章节。宾夕法尼亚大学进行的一项研究表明，心情压抑的病人带着表情高声朗读，就可使他们的情绪得到理想的改变。

3. 松弛身心以减轻焦虑或恐惧

一种典型的放松身体的技巧是收紧双手的肌肉，再轻轻放松，然后是收紧双臂肌肉，再逐渐放松；接着是颈部、面部以及全身直到脚趾的肌肉，都做同样的动作。或者想象你在一个轻松愉快的地方：在海滩上，或在公园的阴凉处。这些松弛身心的技巧可以迅速而显著地减低心跳速度、呼吸频率、氧的消耗量和血液中乳酸盐（一种能引起恐惧的物质）的水平。

驱散忧愁的最好办法是玩一场有趣的游戏或看一场滑稽电影，但一定要放声大笑。

消遣娱乐当然对你会有帮助，你自己的笑声也会使你感到身心舒畅。

4. 精心打扮以增强信心

在接受求职面试、请求晋升或公开演讲之前，必须做到衣着整洁、仪表端正、站立挺直。研究表明，好的仪表可以使别人容易接受你的意见——不过，更重要的是，它能有助于你增强信心。《心理治疗要诀》一书的作者、心理学家乔治·温伯格说：“仪态举止可以加强期望。如果你委靡不振或举止卑怯，那么，最糟糕的事就会降临到你的身上。”

5. 练习一下你想扮演的角色

你可以在一面镜子面前反复练习，或者，如想获得最佳效果，可以请一位朋友或配偶来对你进行观察和指点。如果你拿不准怎么样，那就模仿一位你认为善于表达自己意见的人。心理学家兼康奈尔大学教授赫伯特·芬斯特罕就曾用这种办法帮助他的太太。芬斯特罕说：“她离职时，公司给她的遣散费少于她所应得的数目，她本想进行申辩，但又难于启齿。于是，我们就事先预演了一下她将扮演的角色，设想她应该怎样提出意见，然后让她去和主管人员商谈。结果，她得到了一大笔补加的遣散费。”

6. 临危不乱

假设你丢失了重要文件，或者你的家突然受到猛烈暴风雨的威胁，你一定要保持冷静，万不可流露出恐惧不安的神色。要使你的行动有条有理，镇定自若，切勿急躁或慌张。说话的声音也要和平时一样，清晰爽朗而避免急促。因为惊慌失措是会传染给别人的，而沉着镇定也同样会感染别人。

有人讲过这样一个故事：

> 有年夏天，我们驾驶一艘十米长的单桅小船进行两个星期的航行，途中不料遇到雷雨袭击，我便手忙脚乱地向同船的三位朋友喊东喊西，结果闹得我们大家都心惊胆战，不知所措。后来一位从海军退伍的朋友，心平气和地提出了一个较好的办法，才使我们安然渡过难关。两天后，我们又遭遇到一次更为凶猛的风暴，我吸取上次的经验，昂首挺胸，临危不惧，用坚定而稳重的声音发号施令，说来也怪，我发现连我自己都感到非常的镇静了。

利用身体和行动来改变我们的心情，是帮助我们建立气场、度过生活中困难时刻的锦囊妙计。早在一百多年以前，小说家乔治·艾略特就写道：“行为可以决定我们，正如我们可以决定行为一样。”人们只要记住这句话并照着它去做，就一定能使生活变得更加丰富多彩、快乐无穷。

第五章　能力成就气场

能力与气场成正比

世间万物都可以因人的能力而改变或加以控制，决定命运的气场也因这种能力而成就。这种力量隐藏在你的身体里，所以你无须去他处寻找力量，但是，你必须去了解它、运用它、掌握它，使它充满自己的身体，这样你就能一往无前地征服摆在你面前的世界了。

如果你的激情热烈地奔腾起来，感悟能力渐渐发展，你梦想的蓝图会更加清晰，你会意识到，这个世界绝对不是一堆没有生命的木石，而是活生生的存在！世界是人类跳动的心，是生命，是美。

很显然，要想透彻地理解上面的信息不容易，但是人们一旦领悟它，就会看到一个崭新的世界，一种全新的力量，人们的信心和能力将与日俱增，气场将更加强大，实现自己的抱负、梦想，而生命也将拥有比以往更加深刻、更加丰富的意义。

我们无法展现自己所不具备的能力，要想拥有能力，就必须理解能力，而理解能力的前提是，能力不来自身体和外界，而在于内心。

人人都有一个充满思考、感觉和力量的世界，这个充满光明、生机勃勃又美丽动人的世界虽然无形，却拥有强大的能量，它就是人自身的内在气场。

内在世界由精神统治，发现了这个世界我们就能找到所有问题的答案。既然是我们自己掌握着自己的内在世界，那么，获得一切权力和财富的动因也就由我们自己掌控了。

外在世界是内在世界的影子，只有内在世界出现的，才能出现在外在世界中。内在世界中有无尽的智慧、无尽的能量，有可以满足一切需求的无尽资源等待着你去发现、开发、释放。如果我们能认清内在世界，外在世界就能改变。

和谐的内在世界，将以和谐的气场呈现。这是一切伟大、权力、成就、功绩和成功的必要条件。

要使内在世界和谐，进而产生和谐的气场，需要我们具备控制自己思想的能力。内在世界的和谐会产生乐观和富足，而内在世界的富足也将带来外在世界的富足。

内在世界是一个真实的世界。正是在这个世界中，男男女女获得了勇气、希望、热情、信心、信任与信念，从而获得了成功。

我们通过思考与外在世界相连。如果我们的大脑运转良好、通晓真理，神经系统传达给身体各个部分的信息就是有益的，这些感知就会是美好而和谐的，并且把力量、活力以及一切有益的能量注入我们的身体。同样，也正是思考给我们的生活带来诸如压力、疾病、贫困、限制等各种形式的不和谐。

一切力量皆源于自身，源自内在世界，而且完全由你掌控，但是它必须通过特定的知识，通过对特定原则的主动实践，才能对你的气场发挥作用。

大多数人生活在外部世界中，只有少数人懂得内在世界的力量。内在世界创造了外在世界，你在外在世界中所发现的一切，其实都是你的内在世界创造出来的。所以你需要领悟外在世界与内在世界的关系。内在世界是因，外在世界是果，想要获得外在世界的果，就必须先产生内在世界的因。

大多数人都妄想通过改变外在世界来改变外在世界，也就是通过改变“果”来改变“果”，这就是他们之所以付出大量的劳动却仍然两手空空的原因。

一切发展都源于内在，这在自然界中显而易见。任何植物、动物还有人类都是这一伟大定律生动的证明，而人类有史以来最大的错误恰恰在于，人们一直试图从外在世界中寻找力量和能量。

内在世界决定力量和能量，能力成就气场，气场决定命运。我们的命运，关键在于我们对这一宇宙源泉的认知。

气场与知识密切相关

在人类历史发展的长河中，知识始终是推动历史向前的动力。而在当今这个信息、知识爆炸的时代，知识的更新更是以迅雷不及掩耳之势，侵袭着这个社会的每一个角落。由工业经济发展到机械工业经济，每一个称呼的改变都透露出知识的力量，知识不仅能够推动人类社会的发展，更能改变人的一生。

知识是有用的，拥有知识，就能改变人的精神面貌，改变人的风度，改变人的气场，进而改变人的命运。有的人受出生地和所受教育的制约，眼界不开阔，只能考虑和谋划眼前，而没有长远的眼光，不能站在世界和历史的高度观察自己所处的时代是什么样子，也不能根据观察的结果改变自己的人生策略，最终走向成功。

香港巨商李嘉诚小时候随父亲逃难到香港后，起初在父亲的引导下适应当地的环境，学做香港人。

在香港那样繁华的大都市里，要想做一个出色的香港人，就必须要有高超的交际能力。而要想有高超的交际能力，必须要有强有力的交际工具作为媒介。在这种情况下，语言成为了关键。香港主要有两种语言，一种是大众语言广州话，另一种则是官方语言英语。

鉴于这种情况，身为潮汕人，只会潮汕话的李嘉诚得到了父亲的指示：必须攻克这两种语言，一来可以立根香港社会，二来可以直接从事国际交流。将来假若有出人头地的一天，还可以身登龙门，跻身香港上流社会。

年少的李嘉诚遵秉父旨，勤学苦练。他拜表妹、表弟为师，跟着他们学习广州话，由于他的不辍努力，不久便学会了一口流利且标准的广州话。

接下来，李嘉诚开始学习英语。这个时候，困难来了。李嘉诚虽然在认真地听老师讲课，但还是什么都听不懂。昔日曾是学校骄子的他如今却落到这步田地，一种强烈的自卑感油然而生。不过虽然学习跟不上，但父亲的话常萦绕在他的耳边："在香港，要想做大事，非得学会英语不可。"他没有放弃，而是下定决心，一定要把英语学好。

李嘉诚学习英语几乎到了走火入魔的地步。上学放学的路上，他边走边背单词；夜深人静，他怕影响家人休息，便独自跑到户外的路灯下练习口语；每日天刚蒙蒙亮，他就一骨碌爬起来，苦练英语会话能力；甚至上厕所都要抱着英语书。即便后来辍学到茶楼、到中南钟表公司当学徒，他也坚持学习英语。功夫不负苦心人，经过近两年的勤学苦练，李嘉诚终于能够熟练地掌握英语了。事实证明，英语是一笔无法估量的巨大财富。

长江塑胶厂创业的过程中，李嘉诚凭一口流利的英语与外商直接接洽，从而赢得了使长江塑胶厂起飞的订单。更值得一提的是，李嘉诚之所以能成为世界首屈一指的“塑胶花大王”，其契机源自他从英文版的《塑胶》杂志中获取了可贵的信息。至于李嘉诚后来大规模的跨国经营，就更离不开英语了。

假设李嘉诚只会说潮汕话，那么他的商业活动就会局限于潮籍人士。即使他能够成功，成就也不会引人注目。

荀子在《劝学》中说：“登高而招，臂非加长也，而见者远；顺风而呼，声非加疾也，而闻者众。驾舆马者，非利足也，而致千里；假舟楫者，非能水也，而绝江河。”学会用知识来武装自己，是任何一个想建立强大气场的人必须要做到的。

1. 处处留心皆学问，肯学终为人上人

学问无处不在，俯拾即是，关键在于自己愿不愿意去学。如果时时抱着求学精神，那么随着知识的增长，你的气场也将越来越强大，总有一天你会受到命运的垂青。

1921年，印度科学家拉曼在英国皇家学会作了声学与光学的研究报告后，取道地中海乘船回国。在甲板上漫步的时候，一对母子的对话引起了他的注意。

“妈妈，这是什么海呀?”“地中海。”“那它为什么叫地中海呢?”“因为它处于欧亚大陆和非洲大陆之间，所以才这样叫它。”“那么大海为什么是蓝色的，而不是其他的颜色呢?”听了孩子的这一问，母亲一时语塞。

正在母亲要向周围人群求助的时候，站在一旁听得饶有兴致的拉曼告诉男孩：“海水之所以是蓝色的，是因为它反射了天空的颜色。”

在此之前，科学界里几乎所有的人都认可这一解释。这个结论由英国物理学家瑞利勋爵得出，此人因发现惰性气体而闻名于世。瑞利勋爵曾用太阳光被大气分子散射的理论解释过天空的颜色，并由此做出了相应的推断：海水的蓝色是由于反射了天空的颜色。从此，这个结论一直流传了下来。

但不知为什么，离开了那对母子后，拉曼对自己的解释感到疑惑，随后又深感愧疚。他想，作为一名训练有素的科学家，应该具有男孩那种到所有的“已知”中去追求“未知”的好奇心。回到加尔各答后，他立即着手研究海水呈现蓝色的原因。他证实了自己的感觉，瑞利的解释的确有不妥之处，遂决心重新研究此课题。

在已有的科学基础上，拉曼从光线散射与水分子相互作用入手，运用爱因斯坦等科学家的涨落理论，获得了光线穿过净水、冰块及其他材料时散射现象的充分数据，从而证明了水分子对光线的散射使海水显出蓝色的机理，而这与大气分子散射太阳光而使天空呈现蓝色的机理完全相同。接着，他继续研究，发现了光散射效应普遍存在于固体、液体和气体中，这就是后来被人们统称的“拉曼效应”。

“拉曼效应”使拉曼走上了诺贝尔物理学奖的奖台，使他成为了印度也是亚洲历史上第一个获得此项殊荣的科学家。

随着社会的发展，知识的作用愈加重要，特别是在知识经济来临的今天，一个人如果不继续学习就会被社会淘汰。知识不仅是力量，而且是最核心的力量。

知识不仅能够创造财富，它本身就是最大的财富。李嘉诚曾经说过：“在知识经济的时代里，如果你有资金，但是缺乏知识，没有新的讯息，无论何种行业，你越拼搏，失败的可能性越大；但是你有知识，没有资金的话，小小的付出都能够有回报，并且很可能达到成功。现在跟数十年前相比，知识和资金在通往成功的路上所起的作用完全不同。知识不仅指课本内容，更包括社会经济、文明文化、时代精神等整体要素。”

随着社会的发展，知识的含义得到充分的延伸。无论从事哪种行业，都需要学习与之相关的知识。只有不断学习，才能把自己的本职工作做得更好，从而受到上司的赏识和提拔。

无论是想成为一名出色的员工还是一位成功的企业家，你都应该积极地吸取知识。只有这样，你才更有胜算。

只要有心，满目尽是芳草；一旦无意，四方皆是荆棘。求学亦如此，只要有心，就能拾得一身学问，并终身受益。

2. 学海无涯，成就无边

学习是一个过程，万万不能浅尝辄止或一曝十寒，否则只能够无功而返，得不偿失。凡是有志成就一番事业的人，都应该坚持学习。

俗话说："三天不念口生，三天不写手生。"用进废退的原则虽然在进化论上站不住脚，但用在对知识的汲取上却准确无误。大脑并不是存储器或记忆卡，一旦放弃了学习，以前所学的知识就会逐渐被淡忘。不用去证明这个观点，很多人已经有过这样的体会。所以，荀子在《劝学》中说："学不可以已。"

英国有句谚语："行动养成习惯，习惯形成性格，性格决定命运。"换句话说，行动是决定一个人命运好坏的重要因素。正确的行动能够引导一个人走向成功，而错误的行动却会引导一个人走向失败。行动的正确与否，则需要用知识来作为准则。因为具有什么结构的知识，就会产生什么样的思路，而思路常常能够决定一个人的出路。所以，荀子在《劝学》中又说："木直中绳，𫐓以为轮，其曲中规；虽有槁暴，不复挺者，𫐓使之然也。故木受绳则直，金就砺则利，君子博学而日叁省乎已，则知明而行无过矣。"

对于一个已经有所成就的人来讲，学习已经成为了一种乐趣。在不断学习的过程中，他意识到自己的不足。通过不断弥补自己的不足，他的成就也就越来越大，他享受的喜悦也就越来越多。如同众多成功商人一样，他们已经不是为赚钱而赚钱，而是在享受赚钱的乐趣。于是，狄更斯说："我始终在环绕着一个圆圈而行走，越接近终点，也就越接近起点。"

在我国历史上，孜孜不倦求学者不计其数，功成名就后仍然持之以恒学习者也为数众多。清圣祖康熙少年时代就担负起治理国家的重任，无论是智擒鳌拜还是平定三藩，都表现出了非凡的才智，这与他从小喜欢读书不无关系。稳定大清江山后，他仍然不断学习，增长自己的见识，是欲成大事者的杰出榜样和楷模。

康熙从小就爱好读书，做了皇帝后仍是如此。从中国的四书五经、辞章、历算等传统文化到西方的人文、地理、医学、几何等自然科学知识，他无不进行研读，尤其对儒家的经典子集更是情有独钟。他的御书房里，摆满了各种古今书籍。而且，这其中有好多是他亲自主持编纂的，如《数理精蕴》、《康熙字典》、《律旨正义》，等等。正如他在《庭训格言》所叙："朕自幼好看书，今虽年高，犹手不释卷。诚天下事繁，日有万机，为君一身处九重之内，所知岂能尽乎！

时常看书，知古人事，靡可以寡过。”从他的话中可以看出，他读书的目的不是为了附庸风雅、炫耀知识，而是“于典谟训诂之中，体会古帝王孜孜求治之意，即欲使古昔治化，实现于今”。身为一国之君，他为求治国之道，使自己少犯过错，常以古今义理自悦，数十年如一日，不知疲倦。

康熙认为在马上可以得天下，但不能在马上治理天下，如果不钻研儒家思想，不通晓“帝王之学”，便不能有效地治理天下。正是在这种理念的支持下，即便是在严冬酷暑，他仍能坚持学习。康熙五十一年（1712 年），他下令将朱熹的灵牌入祀孔庙，让其进入“十哲”之列。他视理学为其制定政策、驾驭群臣、教育百姓的理论基础。在这种思想的指导下，他重用了一批理学名儒。理学家李光地受重用后，按照他的旨意编成了《朱子全书》和《性理精义》，提倡程朱“存天理灭人欲”和“忠孝节悌”等理学要义。

对于外来文化，康熙同样持积极态度去接受。对于自明末始传入中国的西方先进科学技术，他表现出了极大的关注；对于只要不犯法度而又精通科技的西洋人，他都积极加以任用。在这一点上，康熙开创了帝王的先河。

康熙曾以比利时传教士南怀仁为师，学习天文和数学。在那段时期内，他学到了天文历算的基础知识，了解了当时天文学的最新研究成果。另外，他曾向法国传教士白晋、张诚学习过几何、代数、三角等课程。他不仅自己学习，而且还积极组织数学家编写《律历渊源》和《数理精蕴》，为传播西方科学技术作出了贡献。

除此之外，康熙对音乐、美术也很感兴趣。据法国传教士白晋的回忆，康熙曾经学习过西洋乐理，并且能够演奏西洋乐器。为了更好地学习，他仿效法国科学院，在宫中建立了有画家、雕刻家、制造钟表和天文仪器的工匠等人组成的科学院，还曾在其中举办过西方美术作品展览。

在三藩动乱期间，康熙军政事务十分繁忙，经常彻夜不眠，以至劳累过度而吐血。但即使是这样，他在疗养期间还是手不释卷。在和平时期，康熙帝更是孜孜不倦，惜时如金。康熙二十三年（1684 年），他在南巡期间，仍然坚持学习到深夜。每当夜深人静、万籁俱寂时，他乘坐的大船上依然灯火通明。此时，他正在与高士奇兴致勃勃地谈经论文呢！高士奇担心皇上劳累过度，要起身告辞。康熙却笑了笑说："不用那么着急，今天如果不弄明白这个问题，朕是无法安睡的。再说朕从五岁读书，每天睡晚一点已养成习惯了……"

康熙虽然贵为一国之主，但从来没有引以为傲，而是继续刻苦学习，用学到的知识继续创造业绩。正是因为如此，康熙成为了历代皇帝中尤为出众的一位。

要想改变自己的命运，就必须不断学习，经常为自己"充电"。无论你的起点如何，只要能够用心去学，幸运之神总会眷顾你的。

有一个名叫孙可的女孩，她虽然只是个普通的高中毕业生，但却是一家著名外资企业的总经理秘书。

工作期间，她面临的是两位不同国籍的老板：一位是英国人，一位是法国人。尽管如此，她却能应对自如。更不可思议的是，这两位老板有时还要听从她"发号施令"。其实，她加入这家公司才短短一年多的时间。无论是从事工作的女性或是男性，肯定会对孙可非常羡慕，梦想着自己能够如此该多好。殊不知，在这成功的背后，孙可付出了多少艰辛。

刚刚踏进这家公司时，有很多好朋友提醒她，在外企就职难度非同一般，再加上两个不同国籍的老板，肯定会难上加难。孙可没有被困难吓倒，毅然投入了工作中。

起初，老板只把她当成干杂事的小职员，总是派她做些杂碎的事情，而同事们只当她是个毛孩子，高兴时和她开开玩笑，不高兴时则对她视而不见。这样的日子对孙可来说真的是很大的煎熬，为此她不知道流了多少委屈的眼泪。但她始终忍耐着，并坚持不懈地学习，寻找着表现自己的机会。

每天把自己的工作做好后，孙可就寻找机会熟悉公司的业务流程：她把自己所能见到的各种文件统统搬到自己的工作台上，有空就认真翻阅琢磨。因为存在外文的文字障碍，她的工作台上每天都摆放着她的两位无声老师——英文字典和法文字典。每天一有闲暇，她就会不厌其烦地去翻看。久而久之，她对公司的业务可以说是了如指掌，这为她进入通畅的良性工作循环状态做了坚实的铺垫。

在对公司业务越来越熟悉的同时，她的外文水平也在突飞猛进，这种速度令她自己都感到吃惊——在阅读业务方面的外文文件时盲区少多了。

两位老板不禁对这个普通女孩刮目相看，没过多久，便决定让孙可担任总经理秘书。实际上，在这个公司，秘书的职务几乎相当于副总，因为公司的日常事务都是由秘书来打理的。

孙可没有为这突如其来的调升而沾沾自喜，她知道，如果没有足够的现代知识来武装头脑，是很难在这家公司长期立足的。所以，她给自己制订了严格的学习计划：每天坚持学习外语和计算机。而且，她从来没有想过要给自己留一个休息日。

公司正常的五天工作日，她坚守工作岗位。身为老板的秘书，她必须为老板每天的活动做好周密的安排，让老板能有条不紊地处理好各种事情。为此，她常常要加班，时间在她那儿已被挤压得几乎没有厚度了。晚上，她还要上学习班。由于经常加班的原因，往往是别人都快下课了，她才急匆匆地赶到，抱歉地向老师打个招呼后，全神贯注地进入学习状态。就是这样，她一直坚持着学习。她说："为了丰富自己的头脑，为了让自己能在社会上占有一席之地，我必须要这样做，而且我也喜欢学习。等我有了钱，一定要给自己创造一个理想的学习环境。"

知识本身就是一种资本，学习的过程便是资本积累的过程。当你的知识资本积累到一定程度的时候，你的职位、能力、影响力、声誉等都会迈向更高的台阶。

一位颇有魄力的老总在公司经理会上说了这样一段话："美国的大公司，在开办新的分公司或增设办厂时，50年代出生的人往往担任主管职位，如果现在公司任命你们为技术部长、厂长或分公司经理的话，你们会怎样回答？你们会以'尽力回报公司对我的重用，作为一个厂长我会生产优良产品，并好好训练员工'回答我，还是以'我能胜任厂长的职务，请安心指派我吧'来回答呢？"

"一直在公司工作，任职10年以上，有了10年以上工作经验的你们，平时不断地锻炼自己，不断地进修了吗？一旦被派往主管职位的时候，有跟外国任何公司一较高下，把工作做得更好的胆量吗？如果谁有把握，那么请举手。”

这位老总发现没有人举手后，继续说：“各位可能是由于谦虚，所以没有举手。到目前为止，很多前辈仍然深受公司、同行和社会的称赞，是因为他们在被委以重任时表现优异。正是由于他们的领导，公司才有现在的发展。他们都是从年轻的时候起就在自己的工作岗位上不断进修，不断磨炼自己，认真吸收工作要领。被委以重任后，他们才能够充分发挥自己的力量，带来良好的成果。”

事实正是如此，只要你不断学习，追求进步，你就是未来的主管、部门经理或总经理。

一天天满足着，一天天堕落着；一天天学习着，一天天成功着。士隔三日，当刮目相看，学习之功也。

3. 注意学习方法，事半功倍

学习面过于狭窄是学习中的坏毛病，我们必须重视，这就要求我们在学习时，多学些有用的知识，自己要学有专长，但专长以外的东西也需了解并掌握一些。只有这样，才能使自己知识更丰富，成为一个永不被淘汰的人。

俄国文学批评家别林斯基说过，我们必须学会这样的本领：选择最有价值、最适合自己的读物。

读书要有选择，不仅因为书籍很多，我们的时间和精力有限，更重要的是书籍中良莠不齐。不加以选择地读书，很可能读了一堆垃圾书，不但白白浪费了精力，还使自己思维混乱、趣味变得低下。因此，我们在读书时一定要摒弃盲目读书的坏毛病，做到有选择、有目的地读书。这样，我们不但在读书学习中学到我们想要的知识，还不至于浪费时间、浪费生命。

死读书，是说凡是书上所讲的都是正确的，不与现实的具体情况相联系，其结果就是把书读死了，成了一个地道的书呆子。一些大学，培养了许多与现实生活脱离的空想派知识分子，他们所拥有的仅是一些统计数字和一些过时的资料。有些知识分子，手上拿着的则是用了二三十年或更久的讲义，随便进行一番修饰以后，就在新的学期开始派上用场。由于这些大学的不切实际，所以教授们的地位也日见下降。

一位留学美国的学子，在读了十多年书后，终于获得了一个博士学位，这位学子面对茫茫的前途时，也唯有硬着头皮出外工作。而出外工作要做什么呢？都已 30 多岁的人了，除了识字打字以外，他所学的那点专长竟毫无用武之地，也真叫人无奈。

读书是为了获取而不是图饱眼福。就像消化不良一样，吃了许多食物，却没有消化吸收，只会对身体有害。徐特立说："我读书的方法总是以'定量'、'有恒'为主，不切实际地贪多，既不能理解又不能记忆。要理解，必须记住基本的东西，必须'经常'、'量力'才成。"俄国教育家乌申斯基也说过，书籍不仅对那些不会读书的人是哑口无言的，就是对那些机械地读完了书而不会从死字母中吸取思想的人，也是哑口无言的。学习切忌消化不良，要做到适度，不要太贪。贪心不但不会帮你得到有用的知识，反而会使你劳而无功。

学习最注重掌握，千万别走形式，走马观花，徒劳无功。在节奏如此快的年代，学会读书方法很重要。

防止不当返读，不要回头重读一个字或一句话，这是许多人阅读速度缓慢的原因，其潜在心理是怀疑自己的理解能力。不当返读之所以减慢阅读速度，是因为经常要回头思索，而不是专注向前迎接新的内容，结果，新的内容又得不到充分理解，只好又回头重读，这就形成一种恶性循环——返读越多，越需要返读。如有不当返读的习惯，尝试一口气阅读一篇文章。这样，就算不返读，也能领略全文的意思。当然，若要仔细咀嚼某些字句，返读也是必要的。

总之，学习要注重方法，获取更多知识，为自己成大事铺下坚定的路基。记住，你的气场有多大，你的世界就有多大，而气场与知识密切相关。

打铁还要自身硬

我们每个人都希望能得到别人的肯定，都想在工作中得到上司或老板的重视和青睐。但是，要想得到重视和肯定，光有优良的人品是不够的，你还必须要有实力。换句话说，你得让上司或老板觉得你"奇货可居"，觉得你有能力、有办法，可见，要得到上司和老板的"厚爱"，除了锤炼人品，还要有拿得出手的真本事才行，最好能练就一身绝活，在关键时候露上一手，这样就算你是最普通的一员，也必然会拥有吸引人的气场，引起上司和老板的高度注意。

可是，职场上并非所有人都明白这个道理。

曾经有一个人很不满意自己的工作，他愤愤地对朋友说："我的老板一点也不把我放在眼里，在他那里我得不到重视。改天我要对他拍桌子，然后辞职。”

“你对于那家贸易公司完全清楚了吗？对于他们做国际贸易的窍门完全搞通了吗？”他的朋友反问。

“没有！”

“君子报仇三年不晚，我建议你好好地把他们的一切贸易技巧、商业文书和公司组织完全搞通，甚至连怎么排除影印机的小故障都学会，然后辞职不干。”他的朋友建议，“你把他们的公司当成免费学习的地方，什么东西都通了之后，再一走了之，不是既出了气，又有许多收获吗？”

那人听从了朋友的建议，从此便默记偷学，甚至下班之后，还留在办公室研究写商业文书的方法。

一年之后，那位朋友偶然遇到他，说：“你现在大概多半都学会了，可以准备拍桌子不干了吧！”

“可是我发现近半年来，老板对我刮目相看，最近更是委以重任，又升官，又加薪，我已经成为公司的红人了！”

“这是我早就料到的！”他的朋友笑着说，“当初你的老板不重视你，是因为你的能力不足，却又不努力学习。尔后你痛下苦功，努力上进，当然会令他对你刮目相看。只知抱怨老板，却不反省自己的能力，这是人们常犯的毛病啊！”

让老板重视你的最好做法，就是用真本领武装自己。得到别人的肯定，要靠自己的实力去实现。但是，有实力的人并非只你一个，要想比别人做得更好，要想在竞争中立于不败之地，你还得要有一手“绝活”。所谓“绝活”就是说你要拥有一技之长。

《庄子》一书中讲了两个有一技之长的人，一个是厨房伙计，一个是匠人。厨房伙计即那位宰牛的庖丁，匠人即那位楚国郢人的朋友，叫匠石（不一定就是石匠）。他们的共同之处，就是技艺超群，简直到了出神入化的境界。

先看庖丁，他为梁惠王宰牛。他那把刀似有神助刷刷刷几下，一个庞然大物，便肉是肉、骨是骨、皮是皮地解剖得清清爽爽。他解牛时，手触、肩依、驷踏、进刀，就像是和着音乐的节拍在表演。更奇的是，庖丁的刀已用了十九年，所宰的牛已经几千头，而那刀仍像刚在磨石上磨过一样锋利。

再看匠石，他的技艺也十分了得。郢人把白灰抹在鼻尖上，让匠石削掉。那白灰薄如蝉翼，匠石挥斧生风，削灰而不伤郢人的鼻子。

古人讲，“纵有家财万贯，不如一技在身”。这是最平凡最实在的生存之理。

许振超曾是青岛港一名普通的桥吊司机，他凭借苦学、苦练、苦钻，成就了一身绝活儿，成为数万人的港口里响当当的技术“大拿”，进而成为闻名全国的英雄人物。

许振超创造了“无声响操作”，偌大的集装箱放入铁做的船上或车中，居然做到了铁碰铁，不出响声，这是许振超的一门“绝活”，其实他所以创造了这种操作方法，是因为它可以最大限度地降低集装箱、船舶的磨损，尤其是降低桥吊吊具的故障率，提高工作效率。实践证明，它是最科学也是最合理的。

有一年，青岛港老港区承运了一批经青岛港卸船，由新疆阿拉山口出境的化工剧毒危险品，这个货种特别怕碰撞，稍有碰撞就可能引发恶性事故。当时，铁道部有关领导和船东、货主都赶到了码头。为确保安全，码头、铁路专线都派了武警和消防员。泰然自若的许振超和他的队友们，在关键时候把“绝活”亮出来了，只用了一个半小时，40 个集装箱被悄然无声地从船上卸下，又一声不响地装上火车。面对这轻松如“行云流水”般的作业，紧张了许久的船主、货主们迸发出了欢呼。

许振超是位创新的探索者，他的认识很朴素：我当不了科学家，但可以有一身的“绝活儿”。这些“绝活”可以使我成为能工巧匠，这是时代和港口所需要的。就是凭借着这样的一种信念，许振超的“技术口袋”里的“绝活”愈来愈多了。

“一钩准”是许振超 20 世纪 70 年代初开门机时的创造。集装箱上行 4 个锁孔，从几十米高的桥吊上看下去，很难分辨，更别说用在空中摆荡的吊具放下去，一次把锁眼都对齐，把集装箱抓牢靠了。但是，许振超和他的队友们就是做到了。许振超练成“一钩准”的诀窍是，钩头起吊平稳，钢丝绳走“一条线”。他的大徒弟张显新操作起来，轻松自如，一钩一个准。他笑着说：“我练了一年才练出来的。”

“一钩净”是许振超的又一项发明。在青岛港开吊车的司机，都知道一个“四稳”的口诀：就是在舱内起钩要稳，旋转时要稳，落钩时要稳和变幅时要稳。但要协调做到这四个方面很不容易。特别是落钩，操作不好就会造成货物撒漏。如何能做到不让货物撒出来？许振超开始练习，练了半年后，做到了吊具一钩下去，一点不撒，他把这种技术起名为“一钩净”。抓粮食时，吊具一抓斗重 10 吨。要准确地把抓起来的 10 吨粮食装入长 12.5 米、宽 2.7 米的车厢，很不容易。因为吊车的抓头伸张开有 3.4 米，比车厢要宽。许振超就反复练习，琢磨抓斗的嘴张多大正合适，终于找出了恰当尺寸。铁路运粮食时，对装车的标准要求很严格，粮食要在车厢内打个尖，高出车厢 80 厘米，码头工人叫起“龙骨”。起这个“龙骨”很难，坡度要合适，坡面要平滑，盖上篷布后，才能不存雨水。许振超用他的“一钩净”，把这些问题给解决了。

许振超发明的“二次停钩”如今已经被桥吊司机们广泛应用。他经过统计发现，桥吊作业中最容易出安全问题的环节就是箱子一起一落的时候。为避免发生类似问题，他要求桥吊队每名司机在吊箱时都要做一次“二次停钩”，就是箱子刚离地和快落地的一刹那，放慢速度，先观察后起落，这样做虽然使每次操作时间多了几秒钟，但杜绝了事故隐患，最终提高了生产效率。

在企业改制过程中，多少人下岗，其中不乏高学历者，而许振超以一个初中生的学历，硬是靠关键时刻能打硬仗的绝活儿成为一个大型企业的员工楷模，成为“老板”心目中的“重要人物”。

要想像许振超那样拥有一技之长，就要受别人受不了的累，吃别人吃不了的苦，善于学习，勤于钻研。

例如，“清朝最后一个大太监”小德张，先后赢得了慈禧、裕隆两朝皇太后的宠信。那么，他是靠什么起家的呢？宫中有数以千计的太监，并不是每个太监都直接为皇帝、皇后、皇太后服务，更多的太监是在宫中干一些杂役、粗活儿，许多人一直到死，连皇帝、皇后、太后长的什么模样都不知道。南府戏班的太监戏子就不一样了，看戏是“老板”慈禧太后生活中不可缺少的组成部分，给她演戏总是有机会得到赏识的。一旦能演主角，得到“老佛爷”赏识，自己也就有了出头之日。

要想在南府戏班立住脚，并成为主角可不是一件容易的事，特别是小德张进南府戏班时已17岁了。内行人都清楚，演戏需要唱、念、做、打等多方面的深厚功底，演员必须从小练起，一招一式要精雕细琢，练就所谓“童子功”。17岁的小德张一切都要从头做起，练出点儿名堂，必须付出常人无法忍受的艰辛，吃别人吃不了的苦。小德张就像当年渴望发财致富，心一横自阉当太监一样，心里想的是出人头地，十分刻苦地练起功来。小德张练功一时一刻也不放松，别人自以为功夫到家了，游手好闲，可小德张却从来没有这样的想法。有时白天当差，晚上偷着练。小德张还在腿上绑着十几斤重的沙袋，练踢脚、弯腰、翻跟头，等等，有时摔得鼻青脸肿。即使这样，他也咬牙坚持练习，从不放松。到底吃了多少苦，受了多少累，连自己也不清楚。为了达到出人头地的目的，小德张日复一日、月复一月地练着，他所付出的血汗和代价是常人不能想象的。小德张的辛苦终于没有白费，他抓住了一次千载难逢的机会，并由此改变了自己的命运。这一天，慈禧太后要看《盗仙草》，小德张出演鹿童——一个跑龙套的角色。他正要上场演出时，一个意外事情发生了。当时台上正在演出一场打斗场面，饰演白蛇的演员一个人要踢回从几个方向飞来的长枪。这个太监多次在台上亮这一手绝活儿，能不偏不倚不轻不重地把长枪踢到所设计的地方。这一次，他一脚将一根长枪踢飞，长枪直奔台下飞去，眼看一场横祸就要发生，在场的所有太监戏子都惊呆了。只见小德张一个跟头翻过去，把那杆长枪挑了回来，不轻不重地落到“白蛇”脚下，“白蛇”赶紧接住，踢到了该踢的地方。一场虚惊过去，谁也不曾想到小德张有这种化险为夷的本事。

事后，从外面请来教这出戏的京剧名家杨隆寿对戏班首领说，小德张是一个演戏的好材料，让他学武生和小生吧。这意味着小德张从此再也不用默默无闻地跑龙套、演配角了，他终于有了正式登台演出的机会。小德张特别高兴，更令他高兴的是慈禧太后对他的赏识。慈禧太后对这出戏非常熟悉，知道剧中没有鹿童飞身接回长枪这一情节，觉得有些奇怪。当她弄清楚是小德张急中生智、化险为夷之后，不但没有怪罪南府戏班，反而提拔小德张为太后宫中的回事太监，并赐小德张“恒太”之名。

喜从天降，小德张万万没想到一切都来得这么突然。他得到这一消息后，竟当着戏班首领的面失声痛哭。他知道，能得到慈禧的赏识实在太不容易了，能在她身边服侍是许多太监求之不得的。小德张受到了极大的鼓舞，终于看到了“光明”的前途。因为任何一个太监走红发迹，一个重要的前提是得到主子的赏识，这是起码的条件，小德张终于具备了这一起码的条件。

在短短的几年里，小德张被慈禧太后连续提拔了五级，从一个默默无闻的小太监，一跃而为御前首领兼管南府戏班总提调，提拔的速度是相当惊人的。小德张凭借自己的“绝活”，得到了一步步高升。

勤学苦练，拥有一身真功夫，并在适当时候显露出来，这样受到重用自然顺理成章，让人心服口服。

用智慧唤醒心中沉睡的巨人

我们大多数人的体内都潜伏有巨大的才能，但这种才能却一直酣睡着，一旦被激发出来，便可建立强大的气场，做出惊人的事业来。那么，我们如何来唤醒自己体内的潜能呢？这就要靠我们自己的智慧。

因此说，在通往成功的路上，真正需要唤醒的是我们自己本身，而唤醒我们潜能的还是我们自己。当然，外在的环境与客观的条件有时也会激发我们的潜能，但在很大程度上，我们还是只能依靠自己，依靠我们自己智慧的魔力实现。所以，我们只能依靠自己的智慧，才能有效地发掘生命的潜力，在最大意义上实现自我的价值。而智慧是完全可以胜任这一“重任”的，因为前辈们已经给我们留下了许多卓有成效的例子。

内蒙古伊利实业股份有限公司的总经理郑俊怀，就是用智慧唤醒了自己的潜能，将一个濒临倒闭的小厂打造成了今天的伊利集团。

1983年底郑俊怀被任命为呼和浩特市回民奶食品总厂的厂长，可那时候这个厂设备简陋、工艺落后、人员素质不高、管理混乱……使这个厂面临着倒闭的命运。

怎么样才能使这个厂起死回生呢？在困难面前，在逆境中成长起来的郑俊怀仔细分析了厂子的现状和原因，在洞察了回民奶食品总厂的方方面面之后，他相信，凭自己的能力，有全厂职工的支持，一定能使这个厂旧貌换新颜。

智慧唤醒了郑俊怀潜藏在心底的才能，通过不断的分析思索，他的思路逐渐开阔起来，他的组织、管理、经营能力也有效地凸显了出来。上任伊始，郑俊怀先为企业规定了各项生产、经营、管理制度，使企业很快就走上了正轨。接着，他把生产新产品作为企业发展的突破口。

为了确保新产品在春节期间上市，到了腊月二十八，郑俊怀和工人们都放弃了休息。经过多次试验，他们的新产品——一毛钱一支的奶油冰棍终于面市了。然而，这种新产品却未能引起人们的青睐，他们首次开发的新产品以失败而告终，工厂的信任危机也随之面临着挑战。

在这种情况下，职工们的情绪非常低落，没想到自己的心血就这样白白浪费了。有些工人甚至心灰意懒，无心再做其他事情。郑俊怀却好像没发生什么事似的，他抚慰他的职工们说："这算什么，我们要做的是大事，做大事就不能向困难低头。自古以来，哪个做成大事的人没有经历过失败。"他的鼓舞使工人们又重新振作起来。

与此同时，他也寻找失败的原因。后来他找到了原因所在：企业要想发展，必须开发出新的高质量的乳制品，而不是一毛钱一支的奶油冰棍。

1984年的正月十五，当别人家都沉浸在家庭团圆的幸福中时，郑俊怀却独自一人到上海考察冷饮市场和生产设备去了。在那里他看上了一种生产雪糕的设备，但是这种设备非常抢手，即使付现款也得等1年才能提货。并且当时的回民奶食品总厂根本就没有钱。这道难题摆在了郑俊怀面前。

郑俊怀马上返回呼市向银行要求贷款，可是他的厂是个小厂，又面临亏损，企业信誉又不高，银行拒绝贷款给他。

面临艰难处境，郑俊怀拿出了破釜沉舟的决心，他每天都在银行里死缠硬磨，就这样坚持了1个多月，他这种"得不到贷款誓不罢休"的精神感动了一位农行领导，他终于贷到了10万元资金。

贷到款后，郑俊怀马上派了两位厂领导去上海。这两位厂领导走之前对郑俊怀说："我们一定尽力把设备买回来。"郑俊怀生气了："把'尽力'那两个字去掉，你们一定要把设备买回来。"两位厂领导犯了难说："人家要是不卖呢？"郑俊怀说："我怎么把款贷出来的，你们就能怎么把设备买回来。”两位厂领导茅塞顿开，到了上海后不辞劳苦，一遍一遍地找厂家，厂长终于也被打动，卖给了他们设备。

设备到达厂里后，郑俊怀为了抢时间不分昼夜地与工人们一道工作，并肩作战，不到一个月，设备就安装完毕，靠这套日产雪糕10万支的设备，回民奶食品总厂当年的利润达到了10万元。就是这10万元利润，鼓舞了职工们的信心，使企业获得了巨大的发展。郑俊怀也实现了自己使回民奶食品总厂旧貌换新颜的目标。

郑俊怀的成功难道对我们不能有所启发吗？

每个人的心中都埋藏有巨大的潜能，唤醒它，你就会创造出惊人的业绩。

活用自己的能力

世上没有完美无缺的东西，更没有完美无缺的人。

如果一个人太在乎自己的缺点，就容易自寻烦恼，不但对自己是一种伤害，久而久之会导致气场的缺失。其实，优点与缺点只是一步之遥，只要勇敢面对，都能发掘自己的创造力，弥补缺点，发挥优点，在工作中获得成就感。

全力以赴最重要，与其徘徊在自怨自艾上，不如利用时间奋发向上，将优点完全发挥出来，一定可以弥补缺点和不足。

自幼父母双亡的俄国大文豪列夫·托尔斯泰，曾经深为自己的丑陋面貌感到困扰及遗憾。

小时候的他，非常在意自己的容貌，自认是一个丑陋的人，一生与幸福绝缘。眼睛凹陷狭小、额头扁窄、双唇肿厚，一个特大号的狮头鼻配合一对奇大无比酷像大猩猩的招风耳，简直丑陋得不堪入目。

少年时体弱多病的托尔斯泰，到了青年时期，也是经常伤风感冒，不然就是扁桃腺发炎、风湿酸痛、头晕耳鸣等。

在学校念书时，他经常打架滋事，老师曾经这样评论他家中的兄弟说：“赛盖做事有干劲也有读书细胞，而泰威特里仅有做事的干劲而已，至于列夫嘛，则两样皆无。”

原来托尔斯泰除了吟诗之外，其余一概不感兴趣。

十八岁时，进入喀山大学念书的他，翌年又辍学返家。他计划在母亲的土地上从事改革，却得不到农民的支持，终告失败而深感绝望。

他满怀雄心壮志，遭受残酷无情的打击后，立即陷入痛苦的深渊中，此后的三年内，他在莫斯科及圣彼得堡两地，过着纵情声色的荒唐生活。

二十三岁那一年，他跟随大哥到卡斯加及高加索一带从军。受到军队生活的影响，他发表了第一本处女作《幼年时代》，深获各界好评。尔后他又参加克里米亚战争，前后五年的军旅生涯中，他陆续出了几本书，在文坛上逐渐大放光彩。

从军中退伍后，他专心执笔过起真正的文人生活。三十四岁结婚的他，家庭幸福美满，在这种气氛的鼓舞之下，他发表了几部不朽的名作，像《战争与和平》、《安娜·卡列尼娜》等，终于使他成为名垂青史的伟大文学家。

托尔斯泰的故事告诉我们，如果你无法接受自己，就必须让自己成为你能接受的那种人，因为你都不能自我肯定，如何让别人来肯定你？

法国作家拉罗·修夫哥说："个人的价值并非由他的优点来判断，而是由他如何利用自己的优点来判断。"

别为自己的缺点而耿耿于怀，如果能有效加以利用，说不定缺点也会变为优点。

美国耶鲁大学有位长得非常矮小的女教授，她不敢站在讲台上，害怕学生会看不到她，可是她却被选为最有学问与教育热忱的教授。

这是为什么呢？因为她知道自己的缺陷，为了避免使用讲台上的黑板，她只好将所有的资料放在脑中，引领学生扎实地把握上课的每分每秒，提供给学生最大的知识与学习乐趣。充分掌握每个学生学习态度的她，在教学互动过程中，使得她的学生都说："她是最令人兴奋，而且充满智慧的老师。"

所以，活用自己的能力，其意义就是利用自己的特点来面对问题，因为每个人都有其优点与特长，只要能活用自己的长处，缺点反而会变成优点，让自己备受肯定。

创新型员工最受欢迎

有家大企业的墙上贴着这样几句标语：

一流员工主动创新；

二流员工被动创新；

三流员工拒绝创新。

言简意赅，确实让人深思。主动创新的员工，就是跑得最快的员工，这样的员工气场强大，处处受欢迎，无疑是单位里最有发展前途的员工。

被动创新的员工，是在以平常速度跑步的员工，这样的员工难以赢得比赛，如果不努力，甚至还有可能被淘汰出局。

拒绝创新的员工，毋庸置疑，是整场比赛的被淘汰者，还极有可能连参赛资格都没有。

毫无疑问，我们应该争当第一种员工。

1983年，牛根生成为伊利集团的一名非常普通的洗奶瓶工人。谁也想象不到的是，这位洗瓶工人因其具有高度的敬业精神和创新精神，后来成为伊利集团的副总裁。再后来，他创办了连续3年增长速度排列中国第一的蒙牛集团。20世纪90年代中期，伊利推出了冰激淩新品“苦咖啡”。正巧有位身份显赫的女士来伊利参观。这位女士有糖尿病，按理说不能吃甜食，但尝了“苦咖啡”后，连声说好，又要了第二根。当时，牛根生正在内蒙古工学院学计算机，周围都是些爱吃雪糕的女孩，但问起“苦咖啡”，谁都不知道。

在把这两件事联系在一起后，牛根生坐不住了。他说：

“连糖尿病人都抑制不住连吃两根的苦咖啡，我们却把它‘藏在深闺人不知’，这怎么行呢？”

按惯例，冬季是冰激淩业的淡季，工人们得放假回家。但牛根生却把大家召集到一起：咱们今年冬天作一次营销——这就是企业要勇于创新，想前人之不敢想、做前人之不敢做，让人们在大冬天里吃雪糕！

经商定，伊利首先在呼和浩特与包头两个市作试点。当时的广告创意是：一个天真可爱的小男孩，手持“苦咖啡”，初咬一口，眉关紧锁——苦！越吃越香，露出灿烂的笑容——甜！话外音：“苦苦的追求，甜甜的享受！”

一句广告语，赋予了“苦咖啡”无限的联想，后来还成为公司的经营理念之一。

在当时，牛根生采取了国内从未有过的传播策略：只要有广告时段,就加入“苦咖啡”广告,以达到“无人不知”的目的。这种“高密度、全覆盖广告法”赢得了立竿见影的传播效果。

1996年12月，呼和浩特和包头两市满大街都是“苦咖啡”，“淡季”变成了“旺季”。

事实证明，牛根生是对的。“高密度、全覆盖”的传播策略，让“苦咖啡风暴”跳出了区域市场，“刮”向了全国。

1996年,“伊利雪糕进军亚特兰大奥运会”的事件让伊利的形象广告首次走入了中央电视台。1997年,“苦咖啡风暴”又让伊利的产品广告首次登陆中央电视台。

1997年一年,全国市场到处是翘首企盼、“苦苦追求”的经销商,“苦咖啡”一到，便开始了他们的“甜甜享受”。

这一年，“苦咖啡”单品销量创纪录地突破3亿元！

“苦咖啡”是伊利历史上的一个转折点！为伊利打出了威风，打出了信心，打出了全国知名度。

伊利广告片的制作费仅仅为5000元，播出费也只花了200万元，最终却赢得了3亿元的销售收入，以及巨大的品牌资产。牛根生的梦想终于实现了：伊利雪糕风靡全国，销售额由1987年的15万元增长为1997年的7亿元，被誉为“中国冰淇淋大王”。

从一个洗奶瓶工人到集团副总裁，这期间的经历是曲折的，也并不是所有人都能做到的。但只要时刻想着创新，想着走在最前面，那成功的概率就会是最大的。因为主动创新的员工会成为单位里的一流员工。

21世纪，我们迎来的是一个创新的世纪。全球化经济趋势愈发明显，单靠丰富的天然资源、低廉的劳动力是不可能让企业取得效益的，只有拥有了富于创造力的员工才能有最大的发展。

纽约首屈一指的毛纺织品批发商杰姆斯，有一年雇佣了一个少年杂役，名叫乔瑟夫。

乔瑟夫每天早晨6点钟要到达富兰克林街的办公室，在7点30分办事员们到来之前，把全部办公室打扫干净。白天一整天，还得为一位患肠胃病的领导来回不断地送热水。

周薪升到5美元的时候，乔瑟夫断然地申请到外面去推销毛纺织品。他既年轻，身体又弱小，居然得到准许，做了推销员。不久，他便能取得订单了。

1888年暴风雪袭击了纽约。就在这大灾难之后不久，一般推销员都在将近中午时分才赶到富兰克林街的办公室，争先恐后地聚拢到火炉旁，尽兴地聊着天。

那天下午相当晚了，大门开着，一股寒冷刺骨的北风直冲进来。同时，几乎冻僵了的乔瑟夫像醉汉似地摇晃着走了进来。见到这种情况，正在烤火的老推销员讽刺地说："看，这是'董事先生'来上班了。"

而乔瑟夫的回答却吓了他们一跳：

"我把今天应做的工作全做完了。像这样的大风雪，不会有竞争对手，所以在给客人们看了更多的样本后，他们更加认可了我们的产品。我今天得到了43件订单，比平时还多。"

乔瑟夫的行为不仅是敬业精神的体现，而且还体现出与众不同的创新思维。在大风雪时，一般人不出门，他却认为这是更好的推销机会，果然取得了更好的推销效果。

乔瑟夫立刻被调升为正式的推销员，薪水也加了倍。他后来成为世界最大的不动产商人之一。

由此可见，那些非常成功的员工，之所以比普通员工优秀，不外乎他们有创新的工作习惯。

不论他们是否受惠于天赋的才能，总之他们跑在了最前面，做了创新的工作，最终才收获了成功的果实。

在这个知识经济时代，唯有创新才是成功的金钥匙，唯有创新型的员工才能最快地从白领变为金领。

长期以来，人们一直认为，发明创造是那些科学家、天才人物的事情，自己是一个平凡的人，不可能有什么创新。

这使"创新"被涂上了一层神秘的色彩。

然而，发明家、科学家同样也是人，创新不是他们的专利。

对大多数人而言，他们都有创新潜能，只要有创新的意识，并掌握科学的方法，这种潜能就很容易发挥出来。

美国著名的明尼苏达矿业制造公司（3M）有一个“15%规则”，即每名工程师、技术员每周都可以用15%的时间实现自己的梦想。

即时贴（也叫自粘标签材料，是以纸张、薄膜或特种材料为面料，背面涂有胶粘剂，以涂硅保护纸为底纸的一种复合材料）的发明者弗莱，就是用这个15%规则锲而不舍地进行着研究，才没有让即时贴胎死腹中。

还有一个3M公司的例子。一位刚刚进入公司不久的小姑娘，在看到快递公司下单的同时，会给货物一个追踪号码，以此来追踪货物到达的位置。

这种做法被她建议用于3M产品到达供应商的位置的追踪上，后来，这个建议被3M公司采用并广泛运用于物流追踪。

人类大脑是效率最高的信息处理系统，包含着1000多亿个神经元，从出生到老的漫长岁月中，我们大脑足以记录每秒钟1000个信息单位，人脑创新能力的潜能几乎是无穷无尽的。

奇迹源于潜意识的能力，由于人人都有潜在的能力，所以人人都能创造奇迹。

伊妮德·贝塞特、艾达·罗森豪威尔和威廉·罗森豪威尔这3位企业家发明了世界上第一个托起式胸罩，从而带来了今天产值达十几亿美元的胸罩产业。

在20世纪20年代，贝塞特和艾达在纽约著名的西57大街开有一家服装店。当时消瘦风貌大行其道，妇女们都穿得像小男孩一样，胸部束得平平的。

两位女店主相信根据胸部自然曲线制作的服装会比束胸装更好看，于是贝塞特将布料缝制出两个杯罩形，中间用橡皮筋连接起来。

可是，这种新发明穿起来并不舒服。艾达把一半成品拿给丈夫威廉·罗森豪威尔看。威廉也是一位裁缝，于是，他把这个发明改成了一件可以支撑胸部自然轮廓的小衣服。

因为它可以抬起胸部，使身体曲线更完美，所以罗森豪威尔夫妇将其称为“媚登峰”（英文中的“女孩的曲线”之意）。1922年，他们开始将这个名称作为商标缝到产品上。

谁知道，意想不到的事情发生了。顾客们不满足于买一件成衣搭配一件胸罩，开始要求单独购买胸罩，所以贝塞特和艾达很快放弃了“买一送一”的做法。

原本没有想过的事情，却成为了她们创新的契机。于是，1925年贝塞特和罗森豪威尔夫妇成立了“伊妮德制衣公司”，专门生产“媚登峰”牌胸罩。

1930年，他们又将公司更名为“媚登峰胸罩公司”。这时候，有着无限创新潜能的艾达和威廉为了促销，使企业成了做广告的第一家内衣厂商。

随着需求量的越来越大，企业生产能力已经远远不足。为了提高质量和生产速度，威廉的姐姐——玛莎·黑默组建了一个高效率的流水生产线，这在女性内衣企业中还是首创。这种方法使胸罩产量大增，到20世纪30年代末，公司已售出100多万件“媚登峰”牌胸罩。

第二次世界大战时，“媚登峰”牌胸罩的销售出现了滑坡。尼龙材料都被部队征用了，公司不得不找其他材料做替代品。为了防止走下坡路，公司再一次进行创新，推出了女军人用的胸罩，还为美国空军生产降落伞等产品。

其实，许多20世纪初创建的公司到现在已经是步履蹒跚了，而媚登峰公司却在创新型领导者的带领下一直保持着在内衣企业中的领先地位。

20世纪70年代初，罗森豪威尔的女儿贝翠斯发现，美国低于25岁的年轻人的人口在不断增加。

贝翠斯本来是想当老师的，却因为受母亲艾达的影响，走上了媚登峰公司的生产线。

善于创新的贝翠斯专为年轻女性设计了一款名为“迷你宝贝”的胸罩，吸引了无数年轻时髦的顾客。

20世纪80年代后，贝翠斯推出了一种与外衣颜色相配的内衣，名为“甜蜜”，很快这款胸罩成为了媚登峰公司历史上最受欢迎、利润最高的产品。

每个人都有创新的潜能，本来只是一家小服装店的店主，却成为了媚登峰的创始人。本来想当老师，却因为母亲的缘故走上了内衣行业，并因此开创了媚登峰的崭新天地。

无数事实证明：每个人身上都有巨大的潜能没有开发出来。只要下定决心去开发，我们都能成为创造的天才。

在很久以前，建筑材料只是限于砖瓦，而让钢筋水泥成为建筑材料的不是建筑学家，而是一位普通的园艺家。

完成这项伟大创新的是法国园艺家约瑟夫·莫尼埃，他发动的这场意义深远的革命不是在建筑工地上，而是在美丽的花园里。

莫尼埃怎么会想到用钢筋水泥做建筑材料呢？

自从科学家发明了水泥以后，水泥开始在建筑行业中得到应用。但是，初期水泥的应用只是代替石灰作为黏合剂，它的作用并没有充分发挥。它有些什么潜在的作用，建筑学家们还没有仔细地思考过。

水泥的功用停留在砌砖头上，真是有点大材小用，因此建筑的面貌变化不大，建筑物的高度也并没有升高，建筑的方式还基本维持原状。

历史为莫尼埃创造了一段机缘。

有一次，他在花园里建造了一座花坛，花坛里种了一些花卉。花坛是用水泥砌的，他想这样可以造得牢固一些。他还想，水泥比铁栅栏好，它不会生锈；它也比砖头好，可以任意地塑造形状。

他造了一个别致的花坛，花坛里配上了奇花异草，他欣赏着花坛，感到非常满意。美丽的花配上美丽的花坛，真是相得益彰。但是不久，有些游客到花坛里摘花，踏在花坛上，花坛承受不了人的体重，花坛的水泥破碎了。

莫尼埃很生气，一边插上"游客不得践踏花坛"的警示牌，一边用水泥把花坛修好了。

但是，没过几天，花坛又被游客踏坏了。纯粹用水泥做成的构件其牢固性是很差的。莫尼埃想，有什么办法能使得花坛变得牢固一些？能不能使花坛不被踏坏呢？

一天，他从花盆中移栽一棵花到花坛里去，花根连着泥土，移栽的时候，整盆泥土团成一团，一点也没破碎。莫尼埃感到非常奇怪，是什么魔力把土团在了一起呢？他拿起花生长的那团泥土仔细观察，泥土是一样的泥土，只是泥土中密密麻麻地长着白色的细根，根组成了一张密密的网。他由此得到启发：有了网状的筋，泥土就不容易散掉。花盆里的泥土给了他很深刻的启示。根据这种启示，他重新建造了一个花坛。

他用铁丝构造了一个骨架，做了一个铁丝网，就好像是花的根，也像是人体里的骨头。然后再浇上水泥，使水泥依附在铁丝网上。

这个花坛造好后，再没有被人踏碎。

这种有骨架的水泥渐渐地从花坛扩展到大厦，金属丝网渐渐变成了更加坚固的钢筋。利用钢筋水泥，一座座大楼平地而起，建筑业开始了一次不同寻常的革命。人的骨架、根的团土、花坛中的丝网，其作用是相似的，都起着构架、支撑的作用。

一堆沙子成不了大厦，一根根钢筋也成为不了高楼，而坚固的钢筋加上水泥，后来又掺和上石块，就产生了很好的互补效应。

莫尼埃的方法导致了建筑材料的一次革命性的发现。由于他的发现，城市极大地改变了它原来低矮的面貌。

20世纪世界上最伟大的科学家爱因斯坦曾经说过：“想象力比知识更重要，因为知识是有限的，而想象概括着世界上的一切，推动着进步，并且是知识进化的源泉。严格地说，想象力是科学研究中的实在因素。”

也就是说，想象力是创新的源泉，灵感是创新的起点和灵魂。而这正是绝大多数人天生就具备的能力。

只要肯挖掘，每个人都有想象不到的创新潜能。

只要充分发挥想象，每个人都能成为创造的天才。

口才是现代社会必需的生存能力

现代社会的发展，使得社会分工越来越细，个人的力量越发显得单薄弱小，对社会协作的依赖性不断增强。因而人们比以往任何时候都更重视社会交往，以期聚合个体力量，协调地合作，从而收到更好的社会效益。

一个人交际能力的高低，主要体现为说话艺术的巧与拙，因为，言为心声，舌战便是心战，语言能征服世界上最复杂的东西——人的心灵。所以说话水平的高低在建立气场中具有极其重要的作用。

20世纪初，美国人曾提出这样一个观点：一个人事业的成功，15%来自于他的专业技术，85%则依靠他的处世技巧和人际关系，而后者在很大程度上又取决于他的说话水平。这种认识不断发展，到第二次世界大战后，美国人把舌头、原子弹和金钱相提并论，一起视为民族赖以生存和竞争的三大法宝；如今更是把舌头放在美元和电脑之前，成为新的战略武器之首。尤其是现代传声技术的广泛应用，使地球的半径在缩短，而舌头却伸得更长。口才的作用已渗透到社会生活的各个领域——它是表情达意、交流思想、传播信息、宣传教育的重要工具，是捍卫真理、批判谬误的锐利武器；是寻求发展与合作、广交朋友、增进友谊的宽广桥梁；是调查访问、洽谈讨论的重要手段；是领导艺术、组织管理的重要组成部分……

由此，我们就不难理解，为什么越来越多的人对说话水平训练趋之若鹜，求知若渴，因为人们已经意识到在激烈竞争的社会里，一个人在现代社会中的适应力、竞争力、推销力无一不是以说话水平来展示的，在这方面有欠缺就会构成对自身生存发展的障碍。

有这样一个故事。

老刘是某家具城的老板。有一次，一个四十来岁的人来看床。老刘向他推荐了一张又一张，但总是不合对方的心意。过了一些日子，这个人又来了，这一回他下了决心，准备将上次看好的那张床买走。他刚走进老刘的店，老刘以为他又来磨蹭，便没好气地对他说："这回要买便买，不买就不要在这里磨洋工了。"顾客听到老刘这不得体的话，心想：这人真是，哪有这样对顾客说话的，一赌气，便退出来，走进隔壁的店里。

过了一会儿，老刘看见这位顾客从隔壁买走一张床。

本来可以做成的生意，就是因为老刘说话不得体，让一桩到手的买卖跑到了别人手里。可见说话的重要性。

有位知名大学的校长曾就大学生的成材与说话水平的关系，有过一段精辟的论述："注意培养学生的社会活动能力、企业管理能力、口头表达能力，是时代的要求。改革的社会对不重创造的书生型、既成型人才不感兴趣。它所需要的是开拓型、创造型的人才，有强烈进取精神的人才。而开拓型、创造型人才必备的素质和能力之一就是有较高的说话水平。"这段话值得我们所有人深思。

总之，语言表达能力已日益成为现代人的一种重要能力，在社会竞争中发挥着越来越重要的作用。可以这样说，在现代社会里，有较高的说话水平未必是人才，但是，人才则必定有较高的说话水平。那么，该如何提高自己的说话能力呢？

要想成为交际场中的明星，就需要具备过硬的口才基本功。然而，好口才并非天生的，更多的是靠后天不断学习得来的。在生活中，不断地积累知识、搜集素材，不断地给自己充电，才能提高自己与人交往的能力，在面对各种不同场合、不同交谈对象时才能应对自如。

谈话的素材必然来源于生活。丰富的素材依靠日积月累。想要使自己头脑中拥有取之不尽的素材，可以从以下几方面着手。

1. 扩大知识面

口才是一种智慧的表现，它必须以丰富的知识为基础。一个人只有拥有广博的知识，才能审时度势，运用丰富的素材，促成妙言成趣的谈话氛围；才能对事物进行透辟深刻的分析，从而做出恰当的比喻，在交际场上纵横捭阖。一个人知识面越广，懂得的越多，则他与人交谈时的话题就会越多。一个交际高手，就要懂得交谈对手的兴趣所在，无论对方是哪一类人，对什么样的话题感兴趣，他都能够围绕对方的兴趣展开话题，这样才会使双方的交谈更加深入，更加投机。所以，要想夯实口才的基本功，就必须广泛涉猎，充实自我，不断从浩如烟海的书籍中收集智慧的浪花，从日常生活的言谈中汲取语言文化的精华。

2. 不断积累有用资料

多看、多听，才会拥有良好的口才基础，才能便于模仿各种形式的语言。可以用来借鉴、参考的语言资料多了，说起话来所用的语言自然就丰富了，运用语言的能力当然会得到提高。语言的养分可以通过多种方式来汲取。首先是文学，文学被誉为是语言思维轨迹的录像。就拿幽默文学来说吧，幽默文学在弘扬生命、启迪智慧的文学功能上起着不可或缺的作用。古今中外的很多文学家都是幽默高手，他们的很多文学作品都是幽默氛围浓重的文学名篇。当然，要成为幽默高手最直接的方法是从生活中汲取。因为在人生的旅途上，泪水与笑容、悲伤与欣慰、成功与挫折无时无刻不锤炼着人的灵魂。酸甜苦辣、悲欢离合无不折射着生活的色彩。

在平常阅读的时候，我们可以用笔划出那些有意义的语句，或者专门准备一个笔记本，将其摘抄下来。一开始的时候不要贪多，但一定要坚持不懈，如此这般两三个月，思想定会比以前丰富许多。同样，平时在听别人说话时，也可以将充满智慧的词语和句子记下来，日积月累，我们谈话的题材和资料自然就会丰富。

3. 开动脑筋，勤于思考

多思考，注意从别人的言谈中体会语言的要领。仅仅从抽象的概念中学习语言的要领，往往是不深刻的，只有结合大量的谈话实例进行深入体验，才能真正体会语言的要领，从而使自己能够自如地运用语言。

口才是可以学习的，在同人交往的过程中，留意语言，随时学习语言知识，用心搜集关于谈话的素材，一旦你开始同别人交谈，那些素材就会很自然地涌出来，再通过自己的话加以发挥，久而久之，你的口才就会越来越纯熟，无论说什么都会有条理，无论什么场合你都能够出口成章。

4. 磨炼自己遣词造句的功夫

词语是人说话的基本元素，我们从小学开始就要学习用词造句，现实生活中无时无刻不在用词造句。一个人词汇量丰富并善于运用，自然可以使自己的表达更加顺畅和有效。人们成年后往往忽视遣词造句方面的学习，就是因为看不到说话对一个人是何等重要，认为用词、造句都是学生们考试用的小把戏，从而造成这样一种现象：一方面努力想改变事情的结果，有时甚至也了解说话对于改变结果的意义。另一方面又不愿下工夫解决自己词汇贫乏的问题。

用对了字眼不仅能打动人心，同时更能带出行动，而行动的结果便是展现出另一种人生。马克·吐温说："恰当地用字极具威力，每当我们用对了字眼……我们的精神和肉体都会有很大的转变，就在电光石火之间。"

历史上许多伟大人物就是因为善于运用字眼的力量，大大地激励了当时的人们。当帕特里克·亨利站在十三州代表之前慷慨激昂地说道："我不知道其他的人要怎么做，但就我而言，不自由毋宁死。"这句话激发了几代美国人的决心，誓要推翻长久以来骑在他们头上的苛政，结果造成燎原之火，美利坚合众国于此诞生。

美国一位伟人演讲道："当我们今天得以享受到充分的自由时，不要忘了独立宣言，虽然那没有几句话，却是二百多年来所给予我们每个人的保障。同样地，当我们这些年致力于种族平等时，不要忘了那也是因为某些字眼的组合而激发出来的行动所致，请问谁能忘记美国金恩博士打动人心的那一次演讲。他说道：'我有一个梦，期望有一天这个国家能真的站立起来，信守它立国的原则和精神……’。”

当然，话语的影响力并不只限于美国。第二次世界大战期间，英国正处于风雨飘摇之际，有一个人的话激起了英国全民抵抗纳粹的决心，结果他们以无比的勇气挺过了最艰难的时刻，打破了希特勒军队所向无敌的神话，这个人就是丘吉尔。

许多人都知道人类的历史就是由那些具有威力的语言所写成的，然而却鲜有人知那些伟人所拥有的语言力量却也能够在我们的身上找到。这能改变我们的情绪、振奋意志，乃至于有胆量敢于面对一切的挑战，使人生过得丰富多彩。

我们在跟别人说话时常常用字十分谨慎，然而却不留意自己习惯用的字眼，殊不知我们所用的字眼会深深影响我们的情绪，也会影响我们的感受。因此，如果我们不能好好掌握怎样用字，如果我们随着以往的习惯继续不加选择地用字，很可能就会扭曲所历经的事实。譬如说当你要形容一件很了不起的成就时，用的字眼是“不错的成就”，那对你的情绪就很难造成兴奋的感觉,这全是因为你用了具有局限性的字眼所致。一个人若是只拥有有限的词汇，那么他就只能体验有限的情绪。反之若是他拥有丰富的词汇，那就有如手中握着一个可以调出多种颜色的调色盘，可以尽情来挥洒你的人生经验，不仅为别人，更可以为自己。

强化你的聆听技巧

一个具备聆听技巧的人是有气场的人，因为，最受欢迎的人是“听众”，一个善于聆听别人说话的人走到哪里都受欢迎。

1. 善听有时胜于善说

多年前，有一个贫苦的从荷兰移居来美的儿童，他家非常贫寒，他每天到街上捡拾煤车落在沟渠里的碎煤块。那个孩子叫马可，一生仅受过 6 年的学校教育，但最后竟使他自己成为美国新闻界一个最成功的杂志编辑。他怎么成功的？说来话长，简单地说正是因为他把聆听作为自己成功人生的开端。

马可 13 岁离开学校，充任西联的僮役，每星期工资 6.25 美元。

他把他不坐车、不吃午饭省下的钱积攒起来，直到足够买一部《美国名人传全书》——以后他做了一件从来未曾听说过的事情。他读了名人的传记，写信给他们，请他们寄来有关他们童年时代的补充材料。他是一个善于倾听的人。他鼓励名人讲述自己的故事。他写信给那时正在竞选总统的加菲大将，问他是否确实曾一度在一条运河上做拉船童工；而加菲也复信给他。他写信给格莱德将军，询问某一战役，格莱德给了这位14岁的孩子一张地图并邀请他吃晚饭，还和他谈了一整夜。

他写信给爱默生并鼓励爱默生讲述关于他自己的事。这位为西联送信的小孩不久便和全美著名的人通信：爱默生、勃罗克、夏姆士、浪番洛、林肯夫人、爱尔各德、秀门将军及戴维斯。

他不只与这些名人通信，并且在他们假期的时候去拜访他们，成为他们家里受欢迎的一个客人。这种经验，使他产生了一种无价的自信心。这些名人激发了他的理想与志向，改变了他的人生。而所有这一切，只是因为善于聆听而已。

马可先生大概是世上最优秀的名人访问者，他说许多人不能让他人对自己产生好印象，因为他们不注意倾听。“他们极关心自己下面要说什么，他们不打开耳朵——一些大人物曾告诉我，他们更喜欢善于倾听者而非善于谈话者，但能倾听的能力，好像比任何其他好性格都少见。”不只大人物要求他人善于倾听，连平常人也这样。

如果你要知道如何使人躲避你，背后笑你，甚至轻视你，这里有一个最好的办法——决不倾听别人说话，不断地谈论你自己。如果在别人谈话时，你有自己不同的意见，别等他说完，他没有你聪慧。为什么浪费你的时间去听他无谓的闲谈？即刻插嘴，在一句话当中打断他。

那些只谈论自己的人，只为自己设想。而“只为自己设想的人”，哥伦比亚大学校长巴德勒博士说：“是无可救药的缺乏教育者”。“他确实没有教育”，巴德勒博士说，“无论他如何受人教导。”

所以，如果你希望成为一个善于谈话的人，那就先做一个注意倾听他人之人。如果你想使人对你感兴趣，那就先对他人感兴趣。问别人喜欢回答的问题，鼓励他谈论自己及他所取得的成就。不要忘记在与你谈话的人，对他自己、他的需要、他的问题，比对你及你的问题要感兴趣100倍。他注意他颈上的小痣应比注意非洲的40次地震还要多。

所以如果你要使人喜欢你，那就记住下面的原则：

做一个善于倾听的人，鼓励别人谈论他们自己。

2. 聆听需要抓住要领，讲究方式

也许你已经认识到了倾听在交谈中的重要性，但你却不知从何入手，以下就是一些重要的倾听要领，它们会让你更快地掌握倾听的技巧。

（1）主动真心地倾听。倾听是一种主动的过程。在倾听时要保持心理高度的警觉性，随时注意对方谈论的重点。

所以，如果你没有时间，或别的原因不想倾听某人谈话时，最好是客气地提出来："对不起，我很想听你说，但我今天还有两件事必须完成。"

如果你不是真心实意地听却又勉强自己去听，或者装着去倾听，那你很可能会不自觉地开小差。比如一边听，一边翻书或做别的、想别的。你的举动逃脱不了说话人的眼睛，他会对你心不在焉的行为产生不满。我们设身处地地想想，对一个漠视我们谈话又勉强应付的人，你们的感觉是什么？

（2）具备足够的耐心。就一般交谈内容而言，并非总是包含着许多信息。有时候一些普通的话题，对你来说知道得已经够多了，可对方却谈兴很浓。这时，出于对别人的尊重，应该保持足够的耐心，不能表现出厌烦的神色。

因为能够耐心倾听对方的谈话，就等于告诉对方"你是一个值得我倾听你讲话的人"，这样在无形之中就能提高对方的自尊心，加深彼此的感情。

就算是你遇到了不能接受的观点，甚至有些伤害你感情的话，你也得耐心地把它听完。你不一定要同意对方的观点，但可以表示理解。一定要想办法让说话人把话说完，否则你无法达到倾听的目的。

（3）做到虚心。在与人谈话时，有些人觉得某个问题自己知道得更多，就断然中途接过话题，不顾对方的想法而自己发挥一通，这同样是不尊重对方的表现。他们急于发言，经常打断对方的讲话，迫不及待地发表自己的意见，但实际上往往并没有把对方的意思听懂、听完。

随便插话打岔、改变对方的思路和话题、任意评论和表态，都是倾听中的不良习惯。这些习惯会严重妨碍你倾听，必须加以克服和改正。

（4）适时作出反馈。倾听一般以安静地认真听为主，脸向着说话者，眼睛看着说话人的眼睛或手势。同时你必须适时用简短的语言如"对"、"是的"等或点头微笑之类进行适时的鼓励，表示你的理解或共鸣。

在倾听时，你得让说话人知道你在认真地听，并且听懂了。因此，如果某个意思没听懂，你可以要求说话人重复一遍，或解释一下，这样说话人才能顺利地把话说下去。

对方的话告一段落时，你可以作出一个听懂对方话的反馈，这些都会给谈话制造出和谐良好的氛围。

3. 强化你的聆听技巧

对多数人来说，要想提高聆听技巧，有很多方法，下面就介绍几个便于掌握的方法。

（1）抽一天时间，好好地听听某个人说话。找一个关系比较好的人，花一天时间，好好地听他说。不要一般地听，而是专心地聆听。每次你都问问自己：我有没有努力避开浮光掠影？我注意人家的语音语调、仪表仪态了吗？我在听人说话时，是否注意了他的“话外音”？就这样，你经常练习，直到养成经常催促自己积极去听的习惯。

（2）创造有益的聆听环境。关掉电视，关掉手机。在你听说话的时候，千万不要剥指甲、嚼牙齿，停止其他活动。总之，在听人说话时，要给自己创造一个安静、舒适、没有干扰的环境。

（3）对人家的插话也要洗耳恭听。如果有人插话，你千万不能发脾气，那只会增加恶意和增大双方的距离。相反地，你要克制自己，心平气和地听人家把话说完，然后拾起自己的话题接着说。

要显示你的礼貌而不是你的敌意，这就等于告诉对方，我们大家都该这样彬彬有礼。

（4）运用默记法。这种形式自由的方法，可以在不打断交谈的情况下，迅速有效地记下谈话要点。你差不多可以用一张草图把各主要信息联系起来，由此生出各项分论点和种种细节。

（5）注意你的仪表仪态。你的眼神和脸色，你的手势、胳膊和腿的姿势，以及你的体态，都可能告诉对方，对于他们所说的话，你是听了、理解了，还是根本没听、没理解。换个角度说，要是有人一边听你说话，一边做一些小动作，你会作何感想？

（6）切莫妄下断语。听话的一个基本准则是，在听完他人说话之前，切莫妄下断语。不要仅仅根据他们的模样，更不能只根据道听途说的东西，去给人家下结论。

确实，听有些人说话不那么容易，你得有很好的训练才能适应他。可能是他的嗓音沙哑难听，也可能是他比你说得快，或者说得特别慢，而且他还老是用一些大字眼。但是，你不管是遇上哪一种困难，都要把它当做检验自己听力技能的机会。要给你自己一些时间，相信通过努力，你会更加适应和有效地聆听各种风格的讲话。

（7）带着同情去听。不管你听说话的人怎样，是脾气暴躁也好，是夸夸其谈也罢，你都要带着同情去听。你要这样问问自己：“这些人的怒气是从哪里来的？”“如果那是合理和无可指责的，那我又该怎么做？”当然，你不是别人的出气筒，也没有必要把整个世界的重担都压在你自己的肩上。只不过，你要是把这些问题想通了，你也许就会想着去给这些人一些抚慰了。说实在的，善听，就其本质而言，也是一项献爱心的举动。

（8）酝酿和运用积极聆听的态度。学会积极聆听，就像学会有自知之明一样，需要时间和精力。你得一步步地加以提高，在精神状态和生理活动双方面都下工夫，这样坚持不懈，你就会收到相当好的成效。

第六章　形象展示气场

让仪表给自己的气场造势

优雅的仪表属于个人气场的外端，是一个人最好的名片，名片的内容就是你的言谈举止、穿衣打扮。因此，对于那些过于注重内在而疏于表达自我的人要注意了，一个人要想从外在因素上给自己的气场造势，打造完美格局，那么就要先从仪表开始。

留意你的服饰和仪表，这并不是叫你穿上最流行的、最时髦的衣服，也不是让你保留最摩登的发型，只是要你穿得使人有整齐、清洁之感，面颊和发型都很娴雅、自然就行，至于衣服新旧等问题都是次要的。如果，你是高级职员，那就穿得体面些。职位越高，穿着始终与众不同就越显重要。如果，你是一般职员，那么不要穿那些不适于工作的业余服装。你的上司不会认为没有付给你足够的工资，他们只会认为你没有购置合适的服装，由此得出你没有足够认真地对待自己的工作的结论。如果，你为自己工作，那也不要胡乱穿衣。穿质量过得去的衣服，让自己具有成功者的形象。

美国有许多家大公司对所属雇员的装扮都有“规格”，所谓规格自然不是指定要穿得怎么好看或指定衣料，而是“观感”的水准。不只在美国如此，在世界各地都一样。如我国的几家保险公司的业务员，他们在向人们推销保险的时候总是衣着整洁，大方、得体，从而增强人们的好感和信任。

衣服最能透露我们的个性、修养与经济基础，也是最能出卖我们的东西。请你不要过分地嘲笑“先敬罗衣后敬人”的认识态度。我们在办事时，要重视现实，推己及人，不然的话，就可能遭受影响。质地好的服装，可以强化自我意识，可以在外在感觉上拉近与对方的距离，使自己大方、自信。

美国商人希尔在创业之始，就意识到服饰对人际交往与成功办事的作用，清楚地认识到，商业社会中，一般人是根据一个人的衣着来判断对方的实力的，因此，他首先去服装店，靠着往日的信用，订做了三套昂贵的西服，共花了275美元，而当时他的口袋里仅有不到1美元的零钱。

然后他又买了一整套最好的衬衫、领带、吊带及内衣裤，这时他的债务已经达到了675美元。

每天早上，他都会身穿一套全新的衣服，在同一个时间里，同一个街道同某位富裕的出版商“邂逅”相遇。希尔每天都和他打招呼，并偶尔聊上一两分钟。

这种例行性会面大约进行了一星期之后，出版商开始主动与希尔搭话，并说：“你看来混得相当不错。”

接着出版商便想知道希尔从事哪种行业。因为希尔的衣着所表现出来的这种极具成就的气质，再加上每天一套不同的新衣服，已引起了出版商极大的好奇心，这正是希尔盼望发生的。

希尔于是很轻松地告诉出版商：“我正在筹备一份新杂志，打算在近期内出版，杂志的名称为《希尔的黄金定律》。”

出版商说：“我是从事杂志印刷及发行的。也许，我也可以帮你的忙。”

希尔所等候的正是这一刻，当他购买新衣服时，他心中已想到了这一刻，甚至他们所站立的位置，与他的预计也几乎分毫不差。

从这个故事中我们可以看出，装扮仪容的行为有时会是一种心理武装。这时身上的衣装，已不仅是件普通的衣服而已，而是自身潜能的外延，它通过自我暗示的作用，使得一个人的气场能量无限地放大。衣着本身就是一种无声语言，不但能给对方留下一定的审美观感，而且它还能反映出你个人的气质、性格以及内心世界。一个不讲究衣着、对衣着缺乏品位的人，势必影响到别人对你的评价。因此，从现在起，就应该立即注重你的衣着！

细节体现修养

一个具有气场魅力的人，并非靠他的学历背景来做支撑，而是靠平时日积月累养成的修为，即一个人的礼貌、修养和涵养。

一位朋友讲述了这样一个故事：

“我去某公司应聘，面试时，外面等了很多人，叫到谁，谁就去经理室推门而入。叫到我时，我在门口敲门问：‘我可以进来吗？’经理说可以，我才进去。

“几天后，我就被该公司聘上。过了一段时间，我与经理熟了，就问他聘我是看中我什么优点。经理回答：‘说老实话，你哪一条都不比别人强，我看中你的，是你进房时敲了门。敲门说明你懂礼貌、有教养，有教养的人不一定能在公司有大的作为，但起码不会给公司添乱子。’”

一个小小的细节，却体现了一个人的修养。修养是人内在的品质，而这种内在的品质正是通过人外在的礼貌表现出来。

良好的修养比财富更重要。对于有修养的人，所有的大门都向他们敞开；他们即使身无分文，也随时随地会受到人们热情的接待。一个言行得体、谦和友善、助人为乐、举手投足无不具有绅士风范的人，在成功的道路上将会畅通无阻。

有的人认为“不拘小节”是一种潇洒，是一种成就大事的风格。实际上，我们于小节处更应检点。紧要的关头，大家都会以最佳状态小心应战，而日常琐碎所体现的细节，则是一个人的天性、本质、修养的自觉流露，这些地方往往比人的言谈举止反映得更客观、更全面。

现在有些人将轻浮视为洒脱，将放荡不羁视为追求个性。这种认识上的错误，使他在与人相处时处处碰壁。有的人在工作单位上班下班，见了别人从来不打招呼，对面来人了赶紧将头扭向一旁。他获得了一点成绩，更加我行我素旁若无人，当他失败时，没有得到别人一点的安慰和帮助，大家的评语竟是“活该”、“应有此报”，这样的结局多令人心寒。如果他平时能放下自己那副趾高气扬、不可一世的姿态，与周围的人多沟通点，又怎么会落得如此狼狈的下场呢？人生活在社会上，要受社会环境的制约和诱导，不可能不与周围的人接触，你不拘小节，难道你周围与你一般交往的人也不拘小节吗？

不要小瞧了和别人沟通这一细节。虽然与人沟通感情的最初阶段只是打招呼，但不要忘记，在人的内心里有思想和感情两个方面。心与心之间的轴要想系上纽带，最初的方法就是打招呼，由陌生到认识再到熟悉。如果连最简单的如“您好”、“再见”等等日常的招呼也不会的人，怎么能成大事呢？

在交往时，言行举止往往与人的内心世界联系在一起，因此，对于个人的言行举止，也必须注意。因为这些言行可能会影响对方对你的印象，从而在一定程度上影响交往的成败。尤其应该注意的是，尽量不要引起对方不愉快，这种损人不利己的事情，一定要严加禁止，即所谓“严于律已，宽以待人”。我们总要时时反省、检视自己的举止言行，虽然只是一些小节，但只有平时多加注意才会养成习惯。

有的人交谈过久就习惯使用口头禅，甚至时常讲“不可以”、“不行”这一类否定词语，这种人给人的印象多半不是很好。此外还有一种人服装不整、不注意卫生，给人以不洁之感，或常做些不雅的动作，以及态度冷漠、公私不分等，都必须注意加以改善。“入乡随俗”是一句大家都很熟悉的谚语，每个人的举止言行都是环境的产物，但人是可变的。要改造环境，首先必须适应环境。这点任何人都需要注意。

与人交往时，只要你静静地观察就会发现，下面讲到的几点，就是交际中大部分人公认的恶劣态度。不知你自己是否注意到了这些细节？

就表情而言，应注意的态度主要有：

（1）自鸣得意的态度，傲慢的态度，不屑的态度——这会伤害对方的自尊心。

（2）不稳定的态度——说一些没有自信心的话，而使听的人无法信任你。

（3）卑屈的态度——被视为傻瓜、无能，会让人低估你的实际能力以致被人从骨子里看不起，过度热衷于取悦别人，很难给人留下好印象。

（4）冷淡的态度——使人感觉不亲切，缺乏投入感，使人敬而远之。

（5）不识时务的态度——如在酒席上谈论严肃的话题，如诉说悲哀的事情时，脸上无任何表情，或只知谈论个人兴趣，从不理会别人的感觉和反应。

（6）随便的态度——给人马马虎虎、消极的感觉，反应过激，语气浮夸粗俗，满口粗话。

应该随时注意以上所举的态度，避免这些不良态度在与人交往中表现出来。

就动作而言，应注意的姿势或动作主要有：

坐要有坐相，不要随便左右晃动，如果是女士的话两腿要并拢；站立时膝盖要伸直，腰板要直，不要抖腿，不要撅臀部；不要抓头搔耳，两手应自然垂放在两侧，或是轻放在前面；不要玩弄或吮吸手指，尽量不要跷脚；表情温和，眼神亲切，精神饱满。

有的人说话时喜欢将手插在口袋里，有时还坐在桌子上，这都不是好习惯，是过于散漫、过于随便的说话习惯。在交谈时，将手插在口袋里，不仅很难令对方接受，而且容易让人产生不良的印象，尤其是在多数听众面前，这种姿态会使周围的人觉得这位发言者只沉迷于自己的世界之中，表现欲非常强，而且看低他人，让人感觉到他是高不可攀的。不管你有没有这种傲慢的想法，但这种姿势，很容易让人误以为你就是这样一种人。

上面说到的，都是人际交往中需要注意的小节，但我们并不是提倡处处都谨小慎微、缩手缩脚、婆婆妈妈。如果有人要钻牛角尖，要钻死胡同，对付这种人最有效的方法便是保持沉默。

塑造自己美的风度

美让人觉得赏心悦目甚至感到秀色可餐，而风度就是一种优质的美，这个风度，是不能离开自然的。

多次见到许多男士不自然的潇洒，让人感到有做作之嫌；也曾见到一些女人不自然的妩媚，让人心生媚俗之感。

具有风度，应该是成熟的生理和心理两者共同而生的风度，幼稚呆滞是不可能具有美与风度的，没有丰富成熟的内心，是不会具有优雅的风度的，是更不会征服别人的。

美与风度不尽相同，美是一种浅层次的风度，而风度却是一种深刻的美。

日渐复杂却又绚丽的社会，没有美的五官身材是可以的，但不具有风度却是万万不行的。所以当你不具备美丽的外表时，不要抱怨，不要颓废，请你利用自己的优势制造美的风度，有了风度就有了气场，在这个风度中你一定会得到自信和别人的肯定。

可以说，风度之美，人之所爱！

有人说吸引力是可以学来的，这个“学”不同“作状”，一个肯学习改进自己的人，自然会愈来愈吸引别人，在吸引别人的因素之中，风度很重要，有些人天生风度好，有些人却是发现了自己不妥之处之后，渐渐修养好了，风度自然也就好了。

男女外表长得漂亮固然吸引人，但是美丽的脸孔看多了便会感觉麻木，如果你和一个漂亮的人朝夕相处，久而久之你会忘记了他其实是特别的好看。但是和一个风度好的人相处，无论日子多久，都不断会有令你欣赏他的情景发生。

在一次大学选美会中，大热门只得了个第二，冠军是一个冷门的女孩子，论容貌，她不是最美的，但是她当选后的表现，却令其他的女孩子心服口服。

她对当选第二的女孩子说："我实在太幸运了，我一直都不敢奢望赢得过你，你如此漂亮，仪态如此出众，我真的没有一样可以和你相比。"

从这番话之中，可以看得出她的谦虚和容人容物之量。很多女孩子戴上后冕之冠便不可一世，以为达到巅峰，但是对她而言，自觉还未完善。在大多数人眼中，这样才是皇后风仪。

男人常说女人小气，但是在很多地方，多半男人都表现得极其量浅，例如：碰上了前任女友的现任男友。

一个女孩讲过一个故事。"在好几年前，我和男朋友在渡海轮船上遇见了我的前任男友，虽然现任男友知道我曾经是他十分爱的人，但是他表现得很好，他和我的前任男友寒暄了几句，在对方道别之后，他对我说：'他长得很英俊。'当时我心中十分感激，既高兴他们两人风度均好，更暗喜他的大量。他虽然称赞对方英俊，但是当时在我心中，更英俊的是他。"

男女批评对方现任或者前任的爱人，都是最愚蠢的事。因为，人家到底是你的女朋友或者男朋友爱过的人，贬低对方，免不了会伤害你的现任爱人的自尊心，更显出自己的度量浅窄。

很丑陋的女人可能较难吸引男人，但是很丑陋的男人，如果度量宽宏，待人处事风度翩翩，却常常能令他人着迷。

正如契诃夫所言：人的一切都应该是美丽的：面貌、衣裳、心灵、思想。"鸟爱山林鱼爱水，姑娘小伙都爱美。"热爱美、追求美是年轻人的天性。从一个具有独立人格的人步入社会开始，他们就对美的形象、美的风度、美的生活、美的未来充满了憧憬和向往。他们热切地希望在刚刚展现于自己面前的生活画卷上缀满美的花朵，热切地期冀自己能够得到同龄人的尊重、好感与爱慕，得到社会的承认、悦纳与赞许。可以说，正是由于年轻人对美的热烈、多样的追求，才使得我们的生活呈现出绚丽多彩的画面，才使得我们的社会充满青春的气息和活力。天生丽质难自消，青年对美的向往与追求、实践与创造，都是无可非议并应该得到肯定与支持的。

人对美的追求，“风度美”是极为重要的一个方面。人的风度美首先是通过衣着打扮来体现的，美的打扮和合适得体的服装，可以使小伙子显得更潇洒，姑娘们显得更妩媚，教师显得更尊严，军人显得更英武，知识分子显得更高雅，运动员显得更矫健。在生活当中，一个人的着装打扮，不管是有意无意，都会在周围人的心里引起某种感觉，留下某种印象，这种感觉和印象，可能是愉快的、羡慕的，也可能是厌恶的、鄙夷的。而打扮者自己，不管穿什么与不穿什么，实际上都是在向世人展示自己的形象和风度：你的审美观念如何？修养与内涵怎样？这种信号的传递是无声的，但也是重要的，特别是在青年朋友的交际场合，这种“无声”往往胜于有声。

那么，应该怎样着装打扮才能符合风度美的要求呢？探讨这个问题，我们首先应该明确这一前提，那就是生活本身是多彩多姿的，人的风度也是各种各样的，世界上不存在任何一种美和风度的“模式”。人们由于各自性格、爱好不同，对穿衣打扮也是各有所好的，有的人爱鲜艳，有的人喜素雅，有的人爱质朴，有的人喜新颖等。可谓春兰秋菊，各呈一时之秀，因此，对于人们的各自所爱，各取所需，没有必要横加指责，任何试图用某种色彩或样式去“统一”人们的需要的想法与做法，都是错误的，没有意义的。同时，我们也应该明确，尊重个人爱好，鼓励人们各取所需，并不等于说穿衣打扮的美与丑没有客观的标准，更不是说穿衣打扮愈自由就愈能体现人的风度美。

《世说新语》中有个故事：魏王曹操欲接待匈奴使者，嫌自己矮小不够威武，便命令手下人假扮“魏王”，自己则操刀站于一侧。事后，曹操曾派人打听北国使者的印象，结果对方回答：“魏王雅量无比，但魏王背后那个操刀人才是真正的英雄。”

悬了！曹操之风度，居然如此引人关注——即便披上一张麻袋片，也绝对掩盖不住他那光彩照人的英雄气！

那么，究竟什么是风度？

应该说，风度绝非花枝招展的外观，首先是一种十分深刻的极内在的气质，这气质，绝不是贴标签似的贴上去的，而是来自人的心灵，它，千金难买，有形而无价。

不是吗？东施羡慕西施的风雅，曾那么悠然神往地模仿，可不仅没有成功，反而弄得不伦不类，成了一个千古的笑柄——这东施的动机肯定不错，比某些自以为是的人强多了，可惜，动机好绝不意味着效果好，她错就错在不懂这样一个道理——风度不能学，它只能属于拥有该风度的那个“特定的人”。

放眼人生，风度是历经人生百味之后的升华。仪态端庄而谈吐大方，聪慧机敏而举止优雅的风度，就如同晨曦和星光的交辉，季节如日月的转换，凝聚着自然得体之美，摄人心魄之力。

风度源于心灵而发于自然，就像黄鹂鸣于翠柳，白鹭翔于青天，有着云卷云舒的浪漫，花开花落的自在，而绝非是装腔作势之态，矫揉造作之行。只有热爱生活的人才会拥有风度。

风度是什么？是一种“个性”，是一种“精神财富”，它绝不是可以随意花钱采购的华丽“包装”。而且，风度总有其特定的内涵——它自然而然地显示着一个人的内心世界，它无须雕琢，也无须刻意追求，它代表着的乃是一个个各有特色的“人”。也许腰缠万贯的“款爷”可以拥有购买最高档小轿车的“阔气”，但他却绝对买不来那小轿车设计者所拥有的“才气”。

风度是什么？是一首只能属于心灵的诗，因此，一切意欲“风度翩翩”的人，都必须从充实自己的心灵做起。

但愿人人的心灵都能拥有这样的诗。

保持良好的体态

我们每个人从小就被家长和老师教导要“站有站相，坐有坐相”、“站如松、坐如钟”，一个良好的体态对一个人建立气场是很重要的。在社交中，不管你的身材怎样，保持良好的体态，会使你看上去更自信、更有气质和风度，给人留下仪表不凡、落落大方的印象，从而使他人更加愿意和你交往。

体态能够显示出说话者的思想和气质。抬头、挺胸、直背，会给人一种精神饱满、充满活力、自信坚定的印象；而一个内心缺乏勇气和自信的表达者，他通常呈现出站立不稳、不直、弯腰驼背、斜肩等不良的体态，这些都会给人留下胆小、怯懦、不自然、不雅观、缺乏魅力、缺乏自信心的印象，使人不愿意和这种人交谈和交往。

在中华民族的礼仪要求中，“站有站相，坐有坐相”是对一个人的体态最基本的要求。

1. 站姿

站立是人们生活、工作及交往中最基本的体态之一。正确的站姿要做到站得端正、稳重、自然、亲切。上身正直，头正目平，面带微笑，微收下颌，肩平挺胸，直腰收腹，两臂自然下垂，两腿相靠直立，两脚靠拢，脚尖呈V字形。女子两脚可并拢，肌肉略有收缩感。

还有一种站姿是一脚在前，一脚在后，两脚之间有点距离，重心稍靠前，身体稍微前倾，这种站姿显得精神自然、稳重潇洒，给人一种气宇轩昂的感觉。

站立时，如有全身不够端正、双脚叉开过大、双脚随意乱动、一副无精打采、自由散漫的姿势，都会被看做不雅或失礼。

2. 坐姿

优雅的坐姿传递着自信、友好、热情的信息，同时也显示出高雅庄重的良好风范。在社交场合，坐姿要自然大方。既不要放任随便，以致失礼；也不必正襟危坐，过于拘束。可以按照座位的条件和场合的不同，采取适当的坐姿，并可以根据交谈的需要，转化自己的体态。

坐姿包括就座的姿势和坐定的姿势。入座时要轻而缓，走到座位面前转身，轻稳地坐下，不应发出嘈杂的声音。坐下后，上身保持挺直，头部端正，目光平视前方或交谈对象。腰背稍靠椅背，在正式场合，或有位尊者在座，不能坐满座位，一般只占座位的2／3。两手掌心向下，叠放在两腿之上，两腿自然弯曲，小腿与地面基本垂直，两脚平落地面，两膝间的距离，男士坐的时候膝部可以分开一点，以一拳或二拳为宜，不要超过肩宽，也不能两腿叉开，半躺在椅子里。在非正式场合，双腿可以叠放或斜放，交叉叠放时，力求做到膝部以上并拢。

女士在落座时，要注意应在站立的姿态上，后腿能够碰到椅子，然后用手把裙子向前拢一下，轻轻坐下来，两个膝盖一定要并起来，腿可以放中间或放两边。如果想跷腿，两腿需是合并的，假如穿的裙子较短时一定要小心盖住。那些需要经常走动工作或要上高台坐下的女士，都不适合穿太短的裙子。

无论哪一种坐姿，都要自然放松，面带微笑。在社交场合，不可仰头靠在座位背上或低着头注视地面；身体不可前俯后仰，或歪向一侧；双手不应有多余的动作。双腿不宜敞开过大，也不要把小腿搁在大腿上，更不要把两腿直伸开去，或反复不断地抖动。这些都是缺乏教养和傲慢的表现。

在公共场合，我们经常会看到一些不雅的坐法，比如两腿叉开，腿在地上抖个不停，或者腿跷得很高，这些不良的坐姿实在让人不敢恭维。所以，要注意以下几个常见的不良坐姿：

（1）半躺在沙发座椅上，显得懒散、没精神。

（2）跷起二郎腿，还不断抖动自己的双腿，显得很没有素养。

（3）不要把头仰靠在沙发背上，仰着脸同别人交谈，显得很没礼貌。

3. 走姿

走姿是站姿的延续动作，是在站姿的基础上展示人的动态美。无论是在日常生活中还是在社交场合，走姿往往是最引人注目的身体语言，也最能表现一个人的风度和活力。

走的时候，头要抬起，目光平视前方，双臂自然下垂，手掌心向内，并以身体为中心前后摆动。上身挺拔，腿部伸直，腰部放松，脚步要轻并且富有弹性和节奏感。

走路时上身基本保持站立的标准姿势，挺胸收腹，腰背笔直；两臂以身体为中心，前后自然摆动。前摆约35度，后摆约15度，手掌朝向体内；起步时身子稍向前倾，重心落在前脚掌，膝盖伸直；脚尖向正前方伸出，行走时双脚踩在两条平行线上。

女士还要步履匀称、轻盈，端庄、文雅，显示出温柔和秀美。

如果你的走姿不规范甚至不是很雅观，可以尝试下面的练习：将一本书放在头顶上，放稳后再松手。接着把双手放在身体两侧，用前脚慢慢地从基本站立姿势起步走。这样虽有点不自然，但却是一种很有效的练习方法，关键是走路时要摆动大腿关节部位，而不是膝关节，才能使你的步履矫健轻盈。

总之，在社交中，保持良好的体态，做到站姿、坐姿、走姿自然优美，不但能展示出你良好的精神面貌和个人风范，还能使你的谈吐充满自信和动人的魅力。

举手投足，尽显端庄稳重

一个人的行为举止可以体现出自身修养，端庄的行为举止则是长年累月培养的结果，是习惯的产物，如果一个人能随时随地把端庄的行为举止展现在别人面前，这表示他已经将注重自身的行为举止当成了一种习惯。拥有这种好习惯的人容易获得他人的好感，更容易拥有强大的气场。

个人动作姿态应注意的事项有：

（1）当拾拣掉落的东西或取放在低处物品时，最好走近物品，上体挺直，单腿下蹲。这样既可轻松自如地达到目的，又能展示优美的体态。那种直腿弯腰翘臀或双腿下蹲的取拣物姿势都是不可取的。

（2）上楼或下楼时，上体均应保持直挺，且靠右行，勿低头看梯，双眼应平视正前方。落脚要轻，重心一般位于脚的前部，以求平稳。

（3）要进轿车时，一定要先侧身坐于车座上，而后将双腿、脚同时挪入车门，再将身体调整好，安坐待行。下车时，亦应将双腿先行移出，再侧身出来。一下车时也是先探头后钻身出车。

不正确的动作姿态从个人礼仪角度分析，会影响到一个人自身形象以及别人对你的总体评价。总之，对个人来说，保持良好的人体姿势将受益终身。

个人举止行为应注意的事项有：

（1）在众人之中，应尽量避免从身体内发出各种异常的声音，如咳嗽、打喷嚏、打哈欠等均应侧身掩面再为之。

（2）公共场合不得用手抓挠身体的任何部位。从文雅起见，不要当众抓耳挠腮、挖耳鼻、揉眼、搓泥垢，也不可随意剔牙、修剪指甲、梳理头发。若身体不适非做不可，则应去洗手间完成。

（3）公开露面前，须把衣裤整理好。尤其是出洗手间时，外观最好与进去时保持一致，或更好才行，边走边扣扣子、边拉拉链、擦手甩水都是失礼的。

（4）参加正式活动前，不宜吃带有强烈刺激性气味的食物（如葱，蒜、韭菜、洋葱等），以免因口腔异味而引起交往对象的反感。

（5）在公共场所里，高声谈笑、大呼小叫是一种极不文明的行为，应避免。在人群集中的地方特别要求交谈者放低声音，声音的大小以不引起他人注意为宜。

（6）对陌生人不要盯视或品头论足。当他人进行私人谈话时，不可接近。他人需要帮助时，要尽力而为。见别人有不幸之事，不可有嘲笑、起哄之举动。自己的行动妨碍了他人应致歉，得到别人的帮助应立即道谢。

（7）在人来人往的公共场所最好不要吃东西，更不要出于友好而逼着在场的人非尝一尝你吃的东西不可。爱吃零食者，在公共场所为了维护自己的美好形象，一定要有所克制。

（8）感冒或其他传染病患者应避免参加各种公共场所的活动，以免将病毒传染给他人，影响他人的身体健康。

（9）对一切公共活动场所的规则都应无条件地遵守与服从，这是最起码的公德观念。不随地吐痰，不随手乱扔烟头及其他废物。非吐非扔不可，那就必须等找到垃圾桶后再行动。

（10）在大庭广众之下，不要趴在或坐在桌上，也不要在他人面前躺在沙发里。走路脚步要放轻，不要走得咯咯作响。遇到急事时，不要急不择路，慌张奔跑。

以上这些不良的行为举止，除了令人生厌外，还从根本上与良好的个人礼仪相悖。因此，在日常生活中人们要做到有则改之，无则加勉。

端庄大方的行为举止，往往可以体现出一个人的修养与内涵，而保持端庄的行为举止则需要养成一个好习惯，只有在好习惯的作用下，才能给与你接触过的人留下良好的印象。给人们留下好的印象，这对自己将来的发展有很大的帮助。

控制好你的眼神

能否拥有气场，博得对方好感，眼神可以起主要的作用。言行态度不太成熟的人，只要他的眼神好，有生气，即可一俊遮百丑。反之，即使能说会道，如果眼睛不发光或眼神不好，也不能建立博得他人好感的气场。

不论你如何强烈地反驳对方都必须笑容满面，如果不笑就无法保持温柔的眼神。在生意人的“辞典”里，不应该有嘲笑的眼神、怜悯的眼神、狰狞的眼神或愤怒的眼神等字眼。只有一些需要克服的不当眼神：

1. 不正面看人

不敢正面看人可表现为不正视对方的脸，不断地改变视线以离开对方的视线，低着头说话，眼睛盯着天花板或墙壁等没有人的地方说话，斜着眼睛看一眼对方后立刻转移视线，直愣愣地看着对方，与对方的视线相交时立刻慌慌张张地转移视线等等。

大家都知道，怯懦的人、害羞的人或神经过敏的人是做不成生意的。哪怕你只有那么一点毛病也必须立刻改掉。不妨在和家人朋友谈话时，下工夫用眼睛盯着对方来进行训练，使自己能以平常心说话。

2. 贼溜溜的眼神

如果有一双贼溜溜的眼神可就麻烦了。有的人因职业关系访问客户时有目的地带着一副柔和的眼神，可是一旦紧张或认真起来则原形毕露，瞪着一副可怕的贼眼，反把客户吓一大跳。

带有贼溜溜眼神的人仅在工作时注意还不够，必须时时刻刻注意自己平时的日常生活，养成使自己的眼神温和的习惯。如果想从根本上解决的话，对一切宽宏大量是治疗这种眼神的唯一办法。

3. 混浊的眼

上了年纪的人眼睛混浊是正常现象。但是有的人年纪轻轻的却也眼睛混浊布满着血丝。这样的人给人一种不清洁的感觉，甚至被误认为此人的人格也是卑下的。作为一位商务人员来说这是非常不利的情况。

只要不是眼病，年轻人的眼睛本不会混浊。眼睛混浊的年轻人往往是由于睡眠不足和不注意眼睛卫生所引起的。因此，一定要注意睡眠和眼睛卫生。

4. 冷眼

心眼儿冷酷无情，眼睛也给人一种冷冰冰的感觉。有的人心眼虽然很好，可是两眼看起来却冷若冰霜，例如理智胜过感情的人、缺乏表情变化的人、自尊心过强的人或性格刚强的人等往往有上述现象。这种人很容易被人误解。

因此，上述这类生意人应对着镜子，琢磨如何才能使自己的眼神变得柔和和亲切及惹人喜欢，同时也要研究一下心理学。如果对自己的矫正还不太放心，可请教一下朋友。

5. 直愣愣的眼

出差访问客户时，环顾四周是件非常重要的事。眼不斜视直愣愣地朝着对方的办公桌走去，是没有经验的表现。那应该怎么办呢？首先，要环顾一下四周，视线能及的人就走上前去打个招呼，远的就礼貌地行个注目礼。

客户单位的主管、一般的工作人员即使与你的业务并无直接关系，也要诚心诚意地向他们打招呼，这样不但可以提高你的声望，而且在某些情况下他们还会给你意想不到的帮助。

另外，和很多客户说话时行注目礼也是很重要的事，要一边移动视线交互看着全体人员的脸，一边说话。一般来说大家比较注意发言多的客户，而往往忽视了不发言的人，这就有点失礼了。对一言不发的人也要注意到，这样一来气氛就大不一样了。

微笑的魅力

微笑，是一种美丽的心情；微笑，是一种坚强的意志；微笑，是一种人生的态度；微笑，是一剂拯救心灵的良药；微笑，是一座通向成功的桥梁。

1. 微笑能融洽交往气氛

在人的面部表情中，除眼神以外，最动人、最有魅力的是微笑。在人际交往中，微笑是人际关系的黏合剂，是“参与社交的通行证”，也是待人处世的法宝。正如著名作家高占祥在《微笑》一诗中所赞美的那样：

我赞美微笑，因为它有迷人的魅力；
我歌颂微笑，因为它有神奇的功效；
它像三月的春风，能将脸上的阴云扫掉；
它像明媚的阳光，能把心头的冰雪融消；
它像神秘的灵丹，能使人变得年轻而美貌；
它像人间的彩虹，能架起友谊亲善的金桥。
人类不能没有春光，生活不能没有微笑。
世上多一分微笑，人间少一分争吵；
脸上多一分微笑，心头少一分烦恼；
家庭多一分微笑，生活多一分美妙；
夫妻多一分微笑，恩爱多一分情调；
服务多一分微笑，财源多一条渠道；
微笑，无穷的给予，微笑，处世的法宝。

在社会交往中，微笑有一种天然的吸引力，能使人相悦、相亲、相近，能有效地缩短双方的心理距离，营造融洽的交往氛围。与人初次见面，友好微笑，可以消除双方的拘束感；与朋友见面打招呼，点头微笑，显得和谐融洽；洽谈达成协议，会心一笑，能消除芥蒂，增进友情；婉拒他人，淡雅一笑，近情近理，不让对方难堪；与亲友话别，倾心一笑，情谊融融，意味深长。可以说，微笑是社交成功的催化剂。

2. 微笑也能消除误解和隔阂

微笑的魅力，还在于它能拨动对方的心弦，架起友谊的桥梁，又像一双温柔的手臂，伸展它能驱散阴云，消除误解、疑虑和隔阂。“度尽劫波兄弟在，相逢一笑泯恩仇”（鲁迅《题三义塔》）。眼前一笑皆知己，举座全无碍目人。

3. 微笑能美化自我形象

有一位哲人说过：微笑是一个人最美的神态；长得再丑的人，只要一露出真诚的笑容，就会一下子漂亮起来。微笑作为一种表情，它不仅是外在形象的表现，而且也往往反映着人的内在精神状态，有着丰富的内涵。微笑是心理健康的标志，因为只有心境愉快、开朗坦荡、心地善良的人，才会笑口常开，对人发出真诚的微笑，表示对别人的尊重和友善。微笑是自信的象征，一个奋发进取、乐观向上的人，一个对本职工作充满热情的人，总是微笑着走向生活，走向社会，充满自信的力量。

4. 微笑是一种礼节

人们的交往一般是以微笑开始的。"面带三分笑，礼数已先到。"微笑是善意的标志，友好的使者，礼貌的表示。在人际交往中，微笑是送给他人的最好礼物。无论是熟人相见还是萍水相逢，只有慷慨大方地把微笑适时适度地奉献给对方，才会使之感受到待之以礼的盛情和美意。微笑在各种人际交往中，是不可缺少的，对人表示尊敬、友善、欢迎和赞赏的表情语言，是不用翻译的"世界通用语"。因而可以说，微笑是礼仪的基石，也是一个人礼仪修养的展现。

5. 微笑表情的规范要求

高占祥《微笑》一诗还写道：高山喜爱青松，大海喜爱波涛，鸟儿喜爱蓝天，人间喜爱微笑。

然而，我们需要的是——纯洁的微笑，温柔的微笑，和善的微笑，真诚的微笑。

我鄙视那种——装腔作势的假笑，冷漠轻浮的阴笑，得意忘形的狂笑，低俗的皮笑肉不笑。

我厌恶那种——幸灾乐祸的讥笑，放荡不羁的浪笑，狐假虎威的淫笑，笑里藏刀的奸笑。

作为礼节的微笑，自有其动作要领：一要额肌收缩，眉位提高，眼轮匝肌放松；二要两侧颊肌和颧肌收缩，肌肉稍隆起；三要面两侧笑肌收缩，并略向下拉伸，口轮匝肌放松；四要嘴角含笑并微微上提，嘴唇似闭非闭，以不露齿或仅露不到半牙为宜。

据心理学家研究，笑有180种。即使是微笑也因人而异其态，夫子"莞尔而笑"、美人是"嫣然一笑"、杨玉环则是"回眸一笑"。不同的人，因气质、修养不同，微笑时的神情也不一样。但有一点是相同的，这就是微笑不仅用面部肌肉，还得用心，要让微笑从心底发出，“笑出于心，方见其真”，“乐然后笑”，这样才笑得自然、真诚、热情、友善。并且注意声情并茂、气质优雅、表现和谐，使眉、眼、口、鼻、神情、姿势能协调行动。当然，笑也有禁忌，不可假笑、阴笑、冷笑、怪笑、窃笑，以及皮笑肉不笑，这些笑只能把你社交中的气场破坏殆尽。

把自己的内在美表现出来

你为什么要存在于人世间？是为了要把隐藏的才能展现？是为了要把弥盖的光芒闪烁于世间？或者为了追求一种属于自我的理想人生？

一般人认为成功者必定有其特殊的才能或高人一等的智商，其实并不然。因为才能与成功之间的关系是有限的，爱迪生有句名言：“天才是99%的努力和1%的灵感。”

在选美竞赛上，众人瞩目的总是亮丽鲜艳的面孔，婀娜多姿的体态。外在美是选美必备的标准，可是也有人相信内在美的焕发才是选美最重要的条件，而且这样的理念也得到证实了，至少在美国小姐唐娜·亚松珍身上，世人见识到内在美获得认同的实例。

唐娜出生在阿肯色斯的一个小镇上，她的青春期就像大多数的青少年一样，生涩、害羞，对自己的将来不知所从。那个时候她想象自己是只丑小鸭，并不是选美的皇后。可是唐娜有一些远比外在的美丽更要紧的特质，她的气质清新，风度稳健。从审美的角度来看，她是一块璞玉，稍加琢磨就能大放异彩。

她决定要把自己的内在美表现出来。她去练健身，学习仪态，然后报名参加一场选美比赛。那一场比赛她没进入决赛，可是唐娜并不灰心，接着又参加了好几场比赛，直到参加过16场选美比赛之后，她终于当选阿肯色斯小姐，然后又成为美国小姐。以后她带着同样那一份自然芬芳的内在美，以及辛勤努力的工作，踏入娱乐界，目前她已是一个出色的艺人，拥有自己的节目。

对我们每个人来说，这个故事透露的实在是一个好消息，因为每个人都拥有同样芬芳的内在美。最重要的是去找出自己的内在美，把它表现出来，你不见得会是另一个选美皇后，可是它能使你成为人生的赢家。

其实每个人都具有成功者的资格，亦即在起跑点上是一样的，至于起跑后的差距则是日积月累发展出来的。虽然每个人都有获得成功的机会，但是，结果如何，完全要看个人的本事了。

用气质提升气场

靠近气场强大的人会让你忘掉你原本的个性，完全被“吞没”！气场强的人，能对别人产生震慑力，他一定内心强大，有一定的社会成就，得到大家普遍认可。气质是一个人外在的谈吐、内在的修养，以及待人接物的方式等的总和。优雅大方、自然的气质会给人一种舒适、亲切、随和的感觉。

气质不是学来的，而是培养出来的。所谓气场，即是人的气质。当一个人的学识与自信达到一定程度的时候，人就会散发出无与伦比的气场，因为对事物的了解深刻，所以看待事物自然就会流露散漫和轻松的态度，举手投足间就会散发出人人难以逼视的气质。

气场是一个人的性格气质和价值观所体现出来的氛围，这种氛围能够投射出去。气场就是一种先天能量，强大的气场能够感染，甚至带动周遭人群的情绪，这种能量还是发光体，让周围人的注意力不自觉地集中到他身上。气场，是一种强大的内在吸引力，它就像是一种气势，有气场人的眼神是自然的，不拘束的，更不会被周围的环境所左右。有气场的人，别人尊重你、靠近你、被你吸引，不敢随意忽视你、轻视你。他们不需要刻意在人群中显示自己的不同和出色，甚至对于大家的目光也毫不在意，但是，越是这样，就越会吸引别人的目光。

气质具有内在的基本特征，气场则有较强的外延特征，是作为实体的外延物。一个人的气场，无论是扩张，还是收缩，是强，还是弱，其属性仍由气质所决定。

气质对气场的影响具有连贯性，相对长期而稳定。一个人的高矮胖瘦、性格相貌、气度，以及说话的语调、嗓音高低粗细等等，这些给社会带来的较为长期而稳定的感受和认知，就属于气质。

气场是围绕人体的巨大磁场，它吸收了你成长中所有的所得所失，包括你的性格、学识、教养、专业、品位、成长环境、家庭背景等，当然，还有你的外貌。这些物质经过各种方式的变化组合，形成一种独特的能量。这种能量以各种形态附着于我们，形成了独特的气质。

气场与先天无关，与气质有关，而气质则是内外兼修得来的。气场来自于内心的强大。气场有先天的成分，但这并不是不能培养的。你的一举一动，反映着你的人生观、修养和自信心；反过来它们也会充盈你，令你的气质饱满，并最终有自己的风格。

有礼走遍天下

关于礼，在《说文解字》的《释名》一篇里有这么一句话："礼，体也，言得事之体也。"换句话说，礼是做事的规范，是一个约定俗成的东西，甚至古往今来都没有多大变化，而且可以摆在明面上来，而不像潜规则那样偷偷摸摸。你符不符合"礼"，人们一眼就能看出来："这人说话、做事好像不大得体啊！"得到如此评价的人很难说是一个有气场的人。

所以，要想通过形象展示自己的气场，懂一点"礼"是必不可少的。

中国素有"礼仪之邦"之称，怎样以礼待人、妥善处事就成了不容忽视的问题。

老王是不善客气的人，又患有高度近视，十步以外，看不清来人的面貌，对于熟人，只会由听声音来辨别他是谁，因此不熟悉的人，往往误会他是自大成性。他为补救他的缺憾，就是对于小妹倒茶，也总是加上"请你"，或"谢谢你"，他们来到面前，有所陈述或要求，他总是起立，绝不坐在椅子上，有时还称他们"先生"。这些举动他们未必产生好感，但相信至少不会发生恶感。

礼就是敬重人。孔子说："以礼敬于人，人们就服从你；以礼敬于神，神就保佑你；以礼敬于天，天就会相助你。"

王某是某公司的最高领导，高级职员去见他时，他不但坐着不动，也不屑回应一声，而且不肯关注他人的陈述，来人只好站在旁边说话，有时碰到他不高兴，或认为他人说的话不对，他竟始终不开口，好像听而不闻，也始终不看人家，好像视而不见，让人落得一场没趣，只好悻悻退出。他对高级职员如此，对其他下属，当然可想而知。

就是对待朋友，同样也是爱理不理的神气，实在令人难受。当他得势时候，大家只敢在背后批评，当面还是恭维奉承，但心里都反感他。他制造了这种恶因，后来形势逆转，一时攻击他的人非常多，当然可能还有其他重要原因，然而平常待人傲慢，至少是原因之一。

《易经》说："相鼠有皮，人而无礼，人而无礼，不死胡为！"无礼取怨于人，真会咒人早死。人在社会上，要多结人缘少结人怨，而多礼便是一件必要的工具。礼是人为的，是后天的，必须要用心去学习。学习使人养成习惯，如此，多礼便能行无所碍了。

民间流传过这样的故事：

一个赶路的年轻人，遇到一位老者时，脱口问道："喂，老头！到 ×× 地还有多远啊？"老人回答说："不远了，还有两三百丈。"年轻人听了感到很奇怪，便又问道："喂，你们这个地方怎么不论'里'，而论'丈'呢？"老年人生气地说："小伙子，我们这本来也是讲'里'的，可自从来了个不讲'礼'的人就讲'丈'了。要论'礼'，就该给你两个耳光！"

故事中的年轻人，由于没有掌握起码的社会交往的礼规仪节，不懂得社会交往时何谓礼仪，因而导致交往受挫。这表明，约定俗成的社会交往礼仪一经形成，就深深地制约着个人的社会行为，影响着社会交往的结果。

孔子说："不学礼，何以立。"孔子的所谓礼，自不单指礼貌而言，但是礼貌必在其中是可以肯定的。言语行动、音容笑貌，都要注意。

一个新生来北京某大学报到，由于要到什么地方填表，随身的行李没地方放，感到非常着急。这时，他忽然看到一位踽踽独行的老人，于是，招呼也不打就说："帮我看着行李。"老人就这么看着行李直到这个小伙子回来。没想到他轻松地拎起行李就走，连个"谢"字都没对老人说。令他万万想不到的是，在开学典礼上，他又看到了这位老人，老人在台上看着莘莘学子，主持人介绍说，这就是我国文化泰斗、×× 校长 ×× 先生。

如果说在“象牙塔”里的某种无“礼”可以被宽容的话，那么走上工作岗位以后，再习惯性地做令人讨厌的事，恐怕就没有那么好运了。

礼貌是一种柔韧的智慧，这种平和内敛表达着对别人的尊重，不会引起对方的反感，也就自然地给自己拓宽了很大的回旋空间，这就是君子生活在人性丛林中必须遵守的法则，“有礼走遍天下，无礼寸步难行”。

第七章　习惯改变气场

揭开习惯的面纱

人们的日常活动大多数都已形成一种习惯，从几点钟起床、怎么刷牙、读报、吃早餐、外出上班……一天之内上演着几百种习惯。那么，到底什么是习惯呢？

《美国传统词典》是这样定义“习惯”的：①一种重复性的、通常为无意识的日常行为规律，它往往通过对某种行为的不断重复而获得；②思维和性格的某种倾向；③一种习惯性的态度和行为。

黑格尔说过：“人死于习惯。”杜威说过：“人基本上是一种由惯性铸成的动物。”习惯是人们在不经意间积累起来的思想和行为。它默默无声地生长、发芽、开花、结果。好习惯可以开出芬芳的花朵，长出香甜的果实，坏习惯或许会使花儿枯萎或是果实酸涩。

习惯在一定意义上反映着一个人的文化教养和精神追求，也体现着这个人的生活背景和自律程度。人的心里往往无意间采取这样一种价值取向，那就是在旧的习惯面前会采取一种惯性的因循态度，而一个新良好习惯的培养却需要一定的意志力来辅助完成。可见，习惯是评价个人气场是否具有能动性的主要因素之一。

人一旦做了某种选择，就好比走上了一条不归之路，惯性的力量会使这一选择不断自我强化，并让你不能轻易走出去，生活中的这种现象就被称为“路径依赖”。

我们都知道火车行驶的铁路两条铁轨之间的标准距离是四英尺又八点五英寸，为什么不是别的什么宽度，而要采用这个标准呢？原来，最早的铁路是由建电车的人设计的，而电车的标准轮距正是四英尺又八点五英寸。

那么，电车的轮距为什么要确定为四英尺又八点五英寸呢？这是因为最早的电车是由造马车的人设计的。

马车又为什么采用这个轮距标准呢？据说这是因为英国马路上的车辙痕

迹的宽度是四英尺又八点五英寸，如果马车用其他轮距的话，轮子很快会在英国的老路上被撞坏。

这些辙迹的距离又是怎样决定的呢？这些古老的马路大多是由古罗马人为他们的军队铺设的，而他们的战车的宽度就是四英尺又八点五英寸。而战车的宽度是由拉着战车的两匹马的屁股的宽度所决定的。

马屁股的影响还不止于此。就连美国航天飞机燃料箱两旁的两个火箭推进器的距离也是四英尺又八点五英寸。

马屁股的影响揭示了一条影响深远的定律，即“路径依赖”理论。

第一个明确提出“路径依赖”理论的是道格拉斯·诺思。他由于用“路径依赖”理论成功地阐释了经济制度的演进规律，从而获得了1993年的诺贝尔经济学奖。

诺思认为：“路径依赖”与物理学中的惯性类似，事物一旦进入某一路径，就可能对这种路径产生依赖，依赖的产生则是报酬递增和自我强化的机制使然。换言之，人们一旦选择走上某一正确的路径，就会在以后的发展中不断地自我强化，沿着既定的路径，经济、政治、个人，都可能进入良性循环的轨道，迅速优化。然而，如果一开始选择的路径是错误的，那么就有可能沿着错误的路径往下滑，甚至被“锁定”在某种无效率的状态下，从而导致停滞。而想要从“锁定”状态脱身是十分困难的。总之，习惯若不是最好的仆人，便是最坏的敌人。

其实，所谓的“路径依赖”和马屁股影响就是人们平常所说的“习惯”。

日常生活中，人们如果不断地重复某种行为，就会形成无意识的日常行为规律，即习惯性行为，它的长期积累便形成了思维和性格的固定倾向，最终在人们生活的方方面面起支配作用。

心理学研究指出，一个人的日常活动，90%已经通过不断地重复某个动作，在潜意识中转化为程序化的惯性。也就是说，不等你思考，它便自动运作了。这种自动运作的力量，即是习惯的力量。

一个人的气场是否具有活力和朝气，就在于他是否能够以一种积极的态度随时更新自己内心的能量构成，改变旧有的习惯，使好习惯像新鲜的血液一样在体内运行，以提升我们的气场魅力。

培养好习惯受益终生

看似不起眼的小习惯和习以为常的老习惯，有时是决定一个人气场乃至命运的关键。那么，怎样才能让自己具备通往成功的好习惯呢?

“习惯养得好，终身受其益”；“少小若无性，习惯成自然”。人出生的时候，除了脾气会因为天性而有所不同外，其他的东西都是后天形成的，是家庭影响和教育的结果。

美国学者特尔曼从1928年起对1500名儿童进行了长期的追踪研究，发现这些“天才”儿童平均年龄为7岁，平均智商为130。成年之后，又对其中最有成就的20%和没有什么成就的20%进行分析比较，结果发现，他们成年后之所以产生明显差异，其主要原因就是前者有良好的学习习惯和强烈的进取精神和顽强的毅力，而后者则甚为缺乏。

可见，习惯是经过重复或练习而巩固下来的思维模式和行为方式，例如人们长期养成的学习习惯、生活习惯、工作习惯等。当你不断地重复一件事情，最后就有了应该和不应该，并形成了所谓的真理。可见，习惯是由重复制造出来，并根据自然法则养成的，就如我们的一言一行都是日积月累养成的习惯。那么，习惯完全可以经过主动积极的改变而重新培养和形成。

在通往成功的路上，多一个好习惯，心中就会多一分自信；多一个好习惯，人生就会多一次成功的机遇；多一个好习惯，生命里就会多一种享受美好生活的能力。但要想培养良好习惯，就必须专注执著、持之以恒。

习惯问题专家周士渊说：“目标就像织女，是你所追求的漂亮的东西，而习惯则像是牛郎，很勤恳、踏实。目标和习惯加起来就是‘天仙配’。”周士渊在解释这一对“天仙配”时说道：“有了目标，你一定要为这个目标设定一些习惯，等习惯养成了，离目标的实现也就不远了。而有了好的习惯，你也可以为这个习惯找一个目标，使自己更有成就感。当然这时说的目标一定要切实可行，习惯也要数字化。因为习惯是抽象的东西，只有量化后才好执行，比如每天跑步半小时等。”“习惯就像烧开水一样，”周士渊说，“烧烧停停水永远不会开，刚热了又凉了，只有一股劲将它烧到100℃，你就成功了。所以，习惯要‘五动’，即启动、恒动、自动、永动和乐动。”简单的事天天做就成了不简单,容易的事认真做就成了不容易。当你的“好习惯”成为习惯后，一切规律都将改变，你也会自然而然地维持你的好习惯。

古希腊哲学家亚里士多德说过：“优秀是一种习惯。”既然好习惯可以通过培养来取得，我们便可以运用自己的智慧与毅力使我们的优秀行为习以为常，变成我们的第二天性，让我们习惯性地去创造性思考，习惯性地去认真做事情，习惯性地对别人友好，习惯性地欣赏大自然，即让优秀与成功成为我们的习惯。下面是培养良好习惯的过程与规则。

（1）在培养一个新习惯之初，把力量和热忱注入你的感情之中。对于你所想的，要有深刻的感受。记住：你正在采取建造新的心灵道路的最初几个步骤，万事开头难。一开始，你就要尽可能地使这条道路既干净又清楚，下一次你就可以很轻易地看出这条道路来。

（2）把你的注意力集中在新道路的修建工作上，使你的意识不再去注意旧的道路，以免使你又想走上旧的道路。不要再去想旧路上的事情，把它们全部忘掉。你只要考虑新建的道路就可以了。

（3）可能的话，要尽量在你新建的道路上行走。你要自己制造机会来走上这条新路，不要等机会自动在你跟前出现。你在新路上行走的次数越多，它们就越平坦，更有利于行走。一开始，你就要制订一些计划，准备走上新的习惯道路。

（4）过去已经走过的道路比较好走，因此，你一定要抵抗走上旧路的诱惑。你每抵抗一次这种诱惑，就会变得更为坚强，下次也就更容易抗拒这种诱惑。但是，你每向这种诱惑屈服一次，就会更容易在下一次屈服，以后将更难以抗拒诱惑。你将在一开始就面临一次战斗，这是重要时刻，你必须在一开始就证明你的决心、毅力与意志力。

（5）要确信你已找出正确的途径，把它当做是你的明确目标，然后毫无畏惧地前进，不要使自己产生怀疑。着手进行你的工作，不要往后看。选定你的目标，然后修建一条又好又宽的道路，直接通向这个目标。

“小恶习”让人敬而远之

在社交活动中，一些被我们忽视的小的坏习惯往往会使我们努力经营的气场土崩瓦解，让人对我们退避三舍。因此，下面这些习惯我们一定要戒除：

1. 当众掏耳和挖鼻

有的人，闲不住，一空下来就想干点儿什么，恰好挖鼻掏耳最方便，小手指一翘起就可以进行了。然而，在社交场合，这是相当不雅和失礼的，尤其是在餐厅。你可以试想一下，当你在吃东西或者喝饮料的时候，旁边有个人又是用指头钻鼻孔，又是用指头掏耳朵的，你难道不会觉得很恶心吗？

2. 当众打呵欠

当大家聚在一起讨论事情的时候，尤其是当别人热情洋溢、滔滔不绝地发表自己意见的时候，无论你有多么疲倦，都要按捺住性子，不要呵欠连连。

在社交场合中，打呵欠给人的印象是：你对他人的言行感到不耐烦，而不是单纯的疲倦。这无异于泼人冷水，对人不尊重。因此，一定要控制自己，不然，会惹人家不快、招人讨厌。

3. 当众剔牙

宴会席上，吃过东西以后，牙齿里卡有东西的确是很难受的事情，但是，如果你不拘小节地当众剔牙，剔出的碎屑又乱吐一番，就太让人反感了。事实上，我们完全可以通过嚼口香糖或者含一口水漱口来解决这个问题。

4. 当众双腿抖动

这种小动作，虽然无伤大雅，但由于双腿颤动不停，会让人视觉不舒服，而且会导致他人对你的负面看法，认为你是个没有定性的人、不足以让人信赖。同样，跷起二郎腿，钟摆似的荡来荡去也是我们应该避免的。

5. 留长指甲和指甲有污垢

时下，许多人喜欢把指甲留长，是为了漂亮，还是为了方便剥东西，又或是为了方便掏耳朵说法不一。但是这确实不是一种好习惯，一来，在与人互动，比如握手、拥抱的时候，长长的指甲容易误伤对方；再则，长指甲内容易积蓄污垢，在与人交往时会让自己陷入尴尬的境地。

6. 频频看手表

假如你不是要事缠身的大忙人，而且也没有其他重要的约会，那当你与人交谈时，最好少看自己的手表。这样的小动作会使对方认为你还有什么重要的事情，而不愿把谈话继续下去。同时，这个小动作可能引起对方的误会，他会认为你瞧不起人、不尊重人，认为你把同他谈话视为浪费时间，从而为彼此的人际交往增加不必要的麻烦。

7. 以“喂”来喊人

打电话时，我们都习惯“喂”一声之后再进行谈话，这看来也并无不妥。但是通电话与面对面的交往是两回事情。如果平时见到朋友也像接电话一样先来一声“喂”，这就有失礼貌了。对方会想：“我又不是小猫小狗，怎么用‘喂’来和我打招呼，这个人真差劲儿！”显然，这绝对不是我们乐意看到的。因此，要培养自己称呼他人姓或名的习惯，即使不知道对方姓名，也要用“先生”“女士”这样的称呼。

总之一句话，一定要警惕这些坏习惯，千万不要让它们把你苦心经营的良好形象给毁了。

六个习惯让你魅力无限

英国作家巴里说：“魅力仿佛是盛开在女人身上的花朵，有了它，别的可以不必要；没有了它，别的都管不了事。”事实上，魅力不仅对于女人很重要，对于男人也同样不可缺少。将魅力修炼提上日程是势在必行的事情。专家认为，以下这 6 个言行要领的修炼有助于我们提升魅力，增进气场。

1. 善于运用身体语言

在与人交往中，整个身体都是一个信息的载体。我们必须意识到，一皱眉、一抬眼、回眸顾盼、举手投足都是一种信息的传递方式。善用身体语言将使我们变得极富感染力，进而让他人乐于接纳我们、与我们合作。在交际中，外表、情绪、言辞、语调、眼神、姿态等都应被充分利用起来。

2. 做到表里如一

生活中，我们应该始终如一地展示自己最真实的一面，不论是进行亲切的私人交谈，还是发表公众性的演说，抑或参加求职面试，都应该一以贯之，抛弃矫揉造作之态，处处显露出最真实的自我。这样才能够显得亲切自然，而人们喜欢亲切自然的人。当然，如果你正在培养某个好习惯，或许你的言行看上去会有些怪怪的，这时，不妨坦白地告诉对方，对方会觉得你是一个既亲切自然又积极向上的人，何乐而不为呢？

3. 善用眼神和微笑

眼睛是一个人心灵的窗户，而看着你的谈话对象则是最基本的尊重。因此，无论谈话对象是多少人，都应注意交谈时一定要看着他们。若与人交谈时左顾右盼，则是非常失礼的，会令他人感觉很不舒服。

当我们迈进一个有人的房间时，目光应该随意自在——不躲闪也不咄咄逼人，并向所有的人示意微笑，这是一种轻松自若、易于接近的姿态。

微笑能够使人有如沐春风之感。怎样的微笑才是最具感染力的呢？不妨对着镜子自己去寻找，找到那个属于自己的最美的微笑。

4. 先听后说

先听后说，是给自己留出时间去了解情况感受氛围，了解人们当时的情绪：他们渴望了解你吗？他们对你的到来是否不悦？倘若能感受到这一切，便能更好地去接近对方，而不会做出不合时宜的举动。因此，与他人交往的时候，不妨为自己留出一分钟，先听听，然后再加入讨论。

5. 集中精力、充满热情

大家都听过这样的说法，“工作中的男人是最帅的，而认真的女人也是最美的”。这就是集中精力和充满热情给一个人的魅力带来的效应。在社交中，集中精力与人交往是一种真诚的表现，当一个人全神贯注地对他人讲话时，表明他相信自己所说的话。一个运用自己全部力量来与人交往的人会在身体周围形成一个巨大的磁场，牢牢吸引他人。人们可以不同意你的观点，却无法怀疑你的信念和真诚。

值得我们注意的是言辞必须确定。很多人开始时慷慨激昂，慢慢地，音调就会渐低，言辞也越来越含糊。要知道，没有人愿意相信一个飘忽不定的人。因此，声音可以是柔和的、谨慎的，但言辞绝不能模棱两可。

6. 关注他人

生活中，大家一定接触过这样的人：他们要么喋喋不休地抱怨，要么滔滔不绝地显露自我，要么频频插话……对这样总是以自我为中心的人，大多数人是不喜欢的。因为他的“太自我”侵扰到了别人的“自我”。因此，想要做个魅力达人，就一定要学会关注他人，而不是一切以自我为中心。

做习惯的主人

在你的生活中，当某一行为频繁出现时，这一行为就可能成为你的习惯，一旦遇到类似的情况，你的大脑神经就命令你做出相应的行为。鲁迅说：“世上本没有路，走的人多了也便成了路。”好习惯和坏习惯都是因为行为的多次出现而形成的。

习惯的力量是惊人的，它可以让你做出令人吃惊的事情。一旦某种行为变成了习惯，当你重复这种行为时，感觉很顺畅；当你做出违背习惯的行动时，你会觉得十分不痛快。好习惯、坏习惯都如此，可是有一句话说：“学好难，学坏易。”当你养成坏习惯，想改掉它是一件需要下工夫的事情。

1. 习惯的力量有多大

任何行为一旦成了习惯就很难改变，它让你必须遵照它的驱使来行事，违背它你会感到万分难受和不安。不过好习惯同样也有这样的力量，我们可以利用它，也正因此我们才会努力培养好习惯。只不过我们时常会觉得要改变好习惯是很容易的事情。比如，你养成了早上锻炼的习惯，某一天天冷，你不愿离开温暖的被窝，如果你不用自己的意志克服，你很容易就会被一时的懒惰打破你坚持好久的习惯。相反，坏习惯变成好习惯，不知道要花多大的功夫，抽烟的人就能深刻体会到这一点，大家都知道吸烟有害健康，但是要戒掉它却不是那么容易。

有的坏习惯并非是由你的恶习决定的，只是在日常生活中因为未加控制和注意而形成的。所以，改掉坏习惯是完全可能的。

那些甘愿做习惯奴隶的人，往往是意志薄弱、缺乏自信和魄力的人，他们甘心接受习惯的摆布，而从未想过通过自己的努力改变这种被动的状态。人最大的敌人是自己，改掉坏习惯也是战胜自我、征服自我的过程。生活永远属于那些能够战胜自我的强者，强者才能改变自己的命运。坏习惯的力量再大也大不过人的自制力，这是一场力量的较量，谁是赢家取决于你。

2. 你是习惯的主人

坐车时如果司机急刹车，我们的身体自然地就往前倾斜，这是惯性起了作用。惯性就是指在没有外力的干预下，仍保持原有状态不变的性质。这一规律是自然规律，也是客观存在的，我们只能遵循，不能想当然地改变它。

虽然习惯是属于社会科学中人类行为学的范畴，但它同样遵循这样的规律。习惯是因你的反复行为而成为你本能的一部分。当你重复你的行为，在大脑中对这种行为的印象便不断加深，刺激越多，印象越深。或许你在完全相同的条件下重复相同的行为时还没有意识到这种习惯已经养成，假如你换一个环境同样出现这样的行为时你就会感觉到这种习惯已经产生。

习惯最重要的特点是惯性，如果没有外界的干扰、影响或自己的控制，这种行为将保持不变。对于坏习惯而言，你要改变它，只能破坏它存在的前提条件——改变客观环境，不让坏习惯有滋生的土壤。有的人嗜好看电视，特别是小孩，自控力比较弱，有效的办法就是强行关掉电视机或将电视机放到别的地方。

习惯的形成有一个重要的特点是反复性，要养成好习惯必须让好的行为反复多次，改掉坏习惯也要让阻挠行为重复多次。

习惯是可以控制和改变的，认识习惯的目的就是让我们利用这些特点，为我们的学习、生活、工作服务，使我们成功。好习惯一经养成，我们实施好的计划和行动时就容易多了，而成功离不开积极的行动，好习惯让你不用经受内心的痛苦与煎熬，只要你的习惯与你的目标达成一致，成功自然是掌中之物。

你是习惯的主人，不要让自己成为习惯的奴隶和仆人，你完全可以改变坏习惯，养成好习惯。拿出你的意志、魄力和自信，好习惯最终会属于你。

坏习惯可以改掉

人应该支配习惯，而决不能让习惯支配人，一个人不能去掉他的坏习惯，那简直一文不值。

一条宽阔的马路，车来车往，川流不息。马路中间的栏杆已经被人扒开了一个缺口，尽管往两侧走上200米各有一座过街天桥，但许多人还是图省事从这儿穿越马路。久而久之，大家都习惯了从这里穿越而过。

终于有一天，随着刺耳的刹车声，一对手挽手的情侣倒在血泊之中……

这就是坏习惯惹的祸。坏习惯可以毁灭生命，也可能毁灭成功。必须改掉坏习惯，美国地产大亨欧文·亨利的经历告诉我们，坏习惯能够改掉。

欧文·亨利曾经是个瘾君子，嗜烟如命。有一次，他度假开车经过英国，开了几小时车后，有些累了，又值天下着雨，他就在一个小镇的旅馆停下来过夜。吃过晚饭，旅途的劳累使他很快入睡了。

凌晨三点钟，欧文·亨利突然醒来，很想抽烟。打开灯去找烟，不料烟盒空了。他把所有的东西都搜遍了，也没发现一支烟，而他确实很难受。这时候，旅馆的服务厅已经关门，大街上的商店肯定也早关门了。估计只有到几条街外的火车站去买了。

但这时烟瘾上来，的确很难忍耐。他感觉这时自己非吸上一支不可，哪怕就一支。当穿好了出门的衣服，拿雨衣准备出发的时候，他停住了。他想：我这是在做什么啊？一个所谓的知识分子，而且是一个相当成功的商人，一个自以为有足够理智对别人下命令的人，却要在半夜三更冒雨走过几条街，仅仅是为了吸一支烟。这是一个很恶劣的习惯，但这个习惯的力量怎么这么强大呢？我要抵制住这个习惯势力。过了一会儿，亨利终于下定决心，回到床上睡觉了。当时他就有一种战胜困难的感觉。

就从这次以后，欧文·亨利真的戒掉了吸烟这个习惯。

也许你认为这些生活中的小习惯很难改掉。其实，当你对这个习惯的认识提高到一定程度时，当你充分认识这种习惯的影响时，你可能就会想办法改掉它。其实改掉这类坏习惯也很简单，你可以制订一个计划，想一些简单的办法。下面就是改掉抽烟习惯的方法：

你首先花一些时间想想自己为什么抽烟。也许你说从小就抽，没什么原因，或者由于好奇，不管是什么原因，你都要找出来，才能从根本上解决。

你可以用类似下面的一些激励性的语言：

只有笨蛋才吸烟。

我恨透了吸烟。

烟正在谋杀我。

我正在慢性自杀。

坏习惯该结束了。

不再花钱自掘坟墓了。

你可以选择用其他食品或者零食代替吸烟，这个方法据说很有效。

当然你也不必为了改变而和自己作战。只做你想做的，只要保持一天三次温习你制订的计划，每次花些时间去体验那种戒掉烟的感觉，就是重新塑造自己了。

还曾看过这样一则故事：

经过8年的奋斗，冉终于在北京买了自己的新房，刚刚装修完毕，感到无比的轻松。过了一段时间，终于可以搬进新家了，告别租房的生活。

搬家那天，一只蟑螂也进了他的新家，并且在那里安居了。没过多久，冉就发现自己的新家简直成了蟑螂的天下。蟑螂的繁殖能力真是惊人啊，冉不由得惊叹。

蟑螂们常聚集躲藏在房间缝隙角落、厨房、餐厅的柜橱、抽屉及杂物堆里，它们在食物上到处乱爬、啃咬衣物、书画，真是到处都会出现它的踪影。它不仅传播疾病，还会使人造成过敏反应，如皮炎等。

简直太可怕，太令人生厌了。

冉开始想办法来消灭它们，他开始喷药，投放灭蟑饵剂，还把水管里的水排空，灌入滚烫的开水，把那些可恶的蟑螂烫死。也根据同事告诉他的办法，据说这个办法是最好的灭蟑方法，那就是堵住排水管的两头，灌入灭蟑螂的杀虫剂，这样蟑螂就会彻底完蛋。

冉几乎采取了所有能想到的手段，还是没能彻底消灭家中的蟑螂。

据说蟑螂在地球上居住已经有上亿年的历史，可以说比人类还要早来到这个世界。蟑螂之所以能延续到现在，而没被灭绝，是因为它们有极强的生命力。一旦生存环境较好，它们就会迅速繁殖。一颗卵可以产生40～50只的蟑螂，而一只蟑螂一次可以排无数的卵，其繁殖的速度，实在是惊人。

你的坏习惯就像蟑螂一样，也是一种很难根除的慢性虫害。一个人要立大业成大事，都必须从改变和培养习惯开始，因为成功始于习惯。如果你想成功，好吧，现在就开始研究分析一下自己的习惯，看看你自身有哪些要不得的坏习惯，一旦存在一些坏习惯，你就要立即行动，像戒烟一样赶紧把它戒掉。

用习惯去克服习惯

人们通常说，坏习惯很难根除。其实，坏习惯是可能被根除的，只要你坚持用一种习惯去代替另一种习惯。这里当然是指用好习惯去代替坏习惯了。

图根前半生大多数时间都在和自己的体重作战，最终战胜了贪吃的坏习惯，减去了30千克，取得了令人瞠目的胜利。

1999年，图根开始意识到自己体重超重对健康的不良影响。那年他36岁，他母亲被确诊患了乳腺癌。他说："我意识到我和母亲都应该吃得理智些了，我要减肥，母亲要挽救自己的生命。"

图根那时体重达125千克，他开始看有关健康、营养和健身的书籍，想在自己的生活中贯彻这些保健知识。在营养方面，基本上要多吃水果和蔬菜，戒掉那些让人发胖的食物，一周至少去健身房锻炼三次。

他坚持了一段时间，赘肉消失了。但是体重问题并没有根本解决。当他情绪不好时，他就开始暴饮暴食那些高脂的食物。他经常去快餐店、比萨店，通过吃东西解决情绪问题，回家后立即上床呼呼大睡。这样不但没有解决情绪问题，反而更糟，图根陷入了恶性循环。

有一天，图根情绪又不好，他朝着快餐店走去。在途中，他突然想起几个小时以前在收音机里听到的一首歌，决定先去最近的一家音像店逛逛。在那里，他选了一张CD，是20世纪70年代的歌曲，包括他最喜欢的《生生不息》，这首曲子充满高昂、欢乐的情绪。这样的节奏鼓舞了图根。于是他没有去快餐店，改去健身房了。

就是从那时起，图根一直坚持这个习惯。当坏情绪来临时，他就开始听音乐或者去健身房。

到2001年，图根身上多余的30千克赘肉消失了。他已经是一个健康的、积极的人了。他还希望再减去一点。他母亲现在也好多了，他们都比以前生活得健康。

图根用音乐代替吃东西，取得了减肥的胜利。你也可以像图根一样，遇到挫败或者情绪低落的时候，想出更好的排遣和调整办法，去掉那些导致恶性循环的不好的习惯。

有目的地培养和构建某种好习惯，其实也在同时取代其他坏习惯。只要对自己有信心，找到某种合适的置换，一切坏习惯自然会离你而去的。

让别人监督你

利用别人监督自己，可以使自己在意志最薄弱的时候坚持下去。在这个时候，别人起到了刺激自己的作用。如果食言，便意味着自己这个人言而无信，这在很多人看来，是最大的耻辱。因此，他们也就能够调动自己所有的积极性，去为自己宣称的目标而努力。

美国心理学家曾对一千多名智力超常的儿童进行长达50年的追踪调查。发现其中有些人后来在事业上获得了很大的成就，声名显赫，有些人却一事无成，默默无闻。心理学家根据被调查者成就的大小，把他们分为“有成就组”和“无成就组”，进行比较研究，发现这两组人之间最大的差异在于意志品质方面。那些获得较大成就的人，常常把自己的行动目标告诉别人，在别人的目光监督中取得一个个成就；而“无成就组”的那些人，大多性格内向，不敢说出自己的目标，以至于在时光中悄悄磨灭了自己的理想。心理学家由此得出结论：人们能否取得事业上的成功，在很大程度上取决于是否有人关注着他，监督着他。

俄罗斯伟大作家列夫·托尔斯泰在青年时期曾一度沉湎于奢华和挥霍，荒废了学业，还留过级。后来，他决心同自己的意志软弱作斗争，制订了《发展意志守则》，并将这个规则向自己的家人和朋友通告，宣称自己要“使肉体的需要完全接受意志的鼓励”。他强迫自己完成每天该完成的工作，终于写出了一系列世界名著，成为俄国历史上最伟大的作家。

可见，利用别人监督自己，可以促使自己在条件艰苦的时候继续奋斗，从而使事业得到发展。

学会利用他人监督自己。你可以将你的目标告诉他人，这样你就会把自己放在别人注目的位置。为了使自己免于堕入“吹牛家”的恶名，我想你会竭尽全力奋斗的。

战胜坏习惯要靠潜意识

诺贝尔奖获得者艾利克斯·卡莱尔博士曾说过："如果缺乏某种强加的后果，人们将很难重塑自己，因为，他既是大理石，也是雕刻家。"我们知道，习惯和我们的潜意识是唇齿相依的，因此，要想改变习惯，就必须将我们的潜意识调动起来、与潜意识沟通交流，再对它进行必要的培训，最后调整好它的新程序，这样便将我们的习惯做了一次更新。那么我们应该怎样调动起潜意识呢？事实上，不论是正面的还是负面的结果，都能引起潜意识的注意，将它调动起来。比如：看书的时候，我们习惯把头放得很低，如果只是等我们的潜意识偶尔注意到才抬起头，那么这个习惯将很难改变。如果我们能够采用"头悬梁"之类的办法，只要一低头就会使身体感觉到疼痛，那么，这种"疼痛"的后果便能引起潜意识的注意，立刻抬起头来，这样就调动起了潜意识，使习惯更容易改变。

1. 负面结果

许多人都知道，纠正小孩吸手指的好办法，便是在小孩的手指上涂上某种会让人感觉到难受的东西。于是，只要小孩一吸手指，就会与"感觉难受"这一负面的结果联系起来。这便是为习惯设计了一个负面结果。

一旦我们将习惯和不良后果之间建立起了联系，对潜意识的训练就开始了，等到潜意识最终将坏习惯（或者说没有养成好习惯），与那些负面的结果紧密联系起来，并且确认了这样的联系，我们也就开始走上了改掉坏习惯的道路。

当然，无论我们是否人为地添加不良后果，坏习惯导致负面后果都是必然的。但是，这些自然发生的不良后果往往不足以充分地调动潜意识，不能阻止坏习惯的继续。因此，对于改变习惯来说，人为地设立负面后果是非常有必要的。然而，由于这种人为的负面结果往往能使人的精神或肉体明显地感到痛苦，因而，很容易自己为自己找出"你只是个人，不是神""人无完人"等种种借口来逃避，进而让我们为改变坏习惯而做出的努力功亏一篑。

在改变习惯的过程中，没有卧薪尝胆的精神是不可能成功的。因此，我们要把人为的"痛苦"当做是一种历练，是成功所必须要走的路。

2. 正面结果

与负面结果一样，正面结果，也就是令人愉快的事物，也能引起潜意识的注意。比如：我们希望训练小狗学会听指令，像坐下、大声叫、摇尾巴等，那么，你完全可以利用奖励或是爱抚来进行正面的强化教育。对于潜意识来说，正面强化（正面结果）是一顿美餐，能够让潜意识产生愉悦的感觉，进而将正面结果和习惯联系在一起。

父母们都很清楚正面激励的效果。在孩子还小的时候，如果孩子早晨起来主动收拾了床铺，父母便会为孩子准备一份丰盛的、热乎乎的早餐。反之，则是一份冷冰冰的麦片粥，那么，孩子长大些以后，即使没有丰盛的早餐，早晨起床后，孩子还是会收拾床铺。这时，好习惯已经养成。同样的，对于坏习惯的克服也可以通过正面结果来达到目的。每次在自己终于成功地忍住坏习惯时，便给自己一个奖励，比如自己喜欢吃的东西。久而久之，我们就能克服坏习惯了。

正面激励之所以能如此有效，一个很重要的原因便在于人都有追求快乐的本能，人的潜意识是向愉悦靠拢的。潜意识明白，除非自己成功地阻止了坏习惯，否则，潜意识将阻止自己享受快乐。坏习惯在潜意识追求快乐的过程中便被克服了。

第八章　气场的敌人是自己

你是什么样的人，就会拥有什么样的气场

杰米与卢西奥是双胞胎兄弟，杰米比卢西奥早一个小时出生，因此做了哥哥。两人打小便生活在美国一个不幸的家庭中，家里一贫如洗，而父亲又是一个瘾君子，动不动便对母亲拳脚相加。母亲伊丽莎白因为不能忍受家庭的贫困与父亲的残暴，便与父亲离婚，抛弃了家庭和两个孩子。有一天，天还未亮，两个孩子便被一阵吵闹声惊醒。小哥俩偷偷往门缝里看出去，只见父亲被两个警察押上车，警车呼啸而去。两天后，小哥俩才从邻居那里得知，父亲昨晚因为没钱买毒品，去一家夜店打劫，杀死了一个女孩，被判了终身监禁。

不到 5 岁的小哥俩只好流落街头，以乞讨为生。15 岁那年，哥俩决定分开谋生，相互发誓混好之后再相聚，告别的场景催人泪下。然而，世间万事孰能料？谁也没有想到，曾经相依为命，处境相似的两兄弟从此已经天差地别，再也不可同日而语。

杰米吃喝嫖赌，五毒俱全。最后在一次抢劫中杀死了所挟持的人质，被判处终身监禁，走上了父亲曾经走过的路。

卢西奥则完全与杰米相反，勤勤恳恳工作，踏踏实实做人，凭借锲而不舍的努力，自学成才，考入宾夕法尼亚大学，顺利拿到毕业证书。毕业后，他在一家电视台做节目主持人，结婚生子，家庭幸福美满。

两兄弟如此巨大的差异引起了社会的关注，于是有好事的记者决定分头采访这两兄弟。出人意料的是，杰米与卢西奥都把自己的境遇归结于他们的父亲。杰米认为，自己天生便受父亲坏的一面影响，带上了犯罪的种子。并说："尽管我与弟弟发誓要混出个人样，但我很快便发现我是不可能改变这种命运的。我之所以沦落到今天的处境，命运早已安排好了。"

卢西奥则认为自己之所以能过上好日子，是因为他从小就知道不能指望父亲，只能靠自己不断努力方可改变命运。他回忆说：“与哥哥告别后我又继续流浪了一段时间，在流浪的过程中我不停思考如何改变自己的命运。我相信天道酬勤，也相信命运掌握在自己的手中。我之所以有今天，是因为我一直坚守这两个信念。”

同样的成长经历，因为人生理念不同，换来不同的人生结果。

在漫长的人生旅途中，只有认清自我才能获得不断前行的动力。人，最大的敌人不是你人生中的对手，而是自己。即使你拥有财富、学历、家世和天赋等方面的优越条件，但是没有意识到自己真正擅长的方面和掌握的处世技巧的话，也只能成为一个平庸的人，也只能白白浪费强大的气场能量。每一个人都应该扪心自问的不是“你懂得什么”，或者“你是什么人”，而是“你应该做什么”或者“你能够做什么”。

英国著名诗人乔治·赫伯特说过，意识到我们是什么人比我们已经做了什么重要得多。如果不能够十分确定选择的目标是否合乎正义、个性需求或者具有合理性，就应该及时放弃那个目标。今天人们很容易将错误、不当的事物加以粉饰，不断地伪装，使其看起来很像正确的事物。这种做法现在已经成为习以为常的事情，也是一种令人感到司空见惯的现象。一个人在面对压力和挑战的时候，那种镇定自若的理性竟然能够战胜天然的是非观念，真是令人惊叹啊！

一位著名的科学家说过，有的人能够为了实现个人极力追求的目标，用理性说服自己做出一些背离曾经努力维护的尊严和体面、违背自己天性的举动来。于是，那些错误的举动和观念就这样左右着一个人的正常选择，诱使他千方百计地将错误的行为粉饰为那些看似十分正确的事情。但是任何错误的事情中都蕴涵着失败的种子。那种失败不仅会给实际生活带来严重的后果，而且也会让个人付出惨痛的代价。

毫无疑问,每一个人都在找寻着适合自己的生活方式。但是只有一部分人，可能就是我们称之为天才的一些人，在他们很小的时候，就充分意识到了自己在人生中的特定位置。

当你意识到了自己是什么样的人，你就能成为什么样的人，你就会拥有什么样的气场，你便会有什么样的人生。

自知者明

古人云："知人者智，自知者明。"如果说人生是从自我认识开始的也许不准确，但成功的人生始于自我认识则确凿无疑。

一个人最不了解的其实是自己。我们只了解自己的欲望，不了解自己的本性；只了解自己的所缺，不了解自己的所有；只了解自己的容貌，不了解自己的形象。为此，我们要学会认识自己。

中国有句俗语："当局者迷，旁观者清。"当一件事情发生在别人身上时，我们很容易看到它的利弊；如果是发生在我们自己身上，那就难说了。这也就是说，我们了解的往往是别人，而不是自己。别人的优缺点，我们能一目了然，自己的优缺点却总是模糊不清，甚至有时缺点也被我们认为是优点。

这个时候，我们就需要静下心来，问问自己真正的爱好是什么，有哪些长处值得发扬，有哪些缺点应该改正。每天抽出一段时间反省自身，定能受益匪浅。

一个从小就生长在孤儿院里的孩子常常悲伤地问院长："像我这样没人要的孩子，活着究竟有什么意思呢？"院长总是笑而不答。

有一天，院长交给孩子一块平平常常的石头，说："明天早上，你拿这块石头到市场上去卖，但不是'真卖'。记住，无论别人出多少钱，你绝对不能卖。"

第二天，男孩儿真的听从院长的指示，蹲在市场一角卖石头。令他感到非常意外的是竟有许多人向他问价，而且价钱愈出愈高。

回到孤儿院后，男孩儿兴奋地向院长报告。院长笑笑，要他明天拿到黄金市场上去卖。在黄金市场上，奇迹发生了，竟有人出价比昨天高十倍。更由于男孩儿怎么都不卖，这块普通的石头竟被传扬为"稀世珍宝"。

生命的价值就像这块石头一样，在不同的环境下就会有不同的意义。一块不起眼的石头，由于我们的珍惜而提升了它的价值，被说成是稀世珍宝。

我们每个人不就像这块石头一样吗？只要看重自己，自珍自爱，生命就有意义、有价值。

每一个人都有属于自己的“沉香”，但人们往往不懂得它的珍贵，认识不了自己，反而对别人手中的一切羡慕不已，最终只能让世俗的尘埃蒙蔽了自己智慧的双眼。

一个人以放牧为生。每天，他觉得自己很幸福。他不知道什么是贫穷，也不晓得什么是富贵。

一天，他看到海上来了一只大船。船上面载满了各式各样珍贵的东西，码头上堆满了大量的各色货物。船主雍容华贵得让这个牧人非常羡慕，他开始急切地想去碰一碰运气。于是，他卖掉了他的羊群，买了一条小船，从港口出发了。

他的冒险经历出奇的短促！小船刚走不远，海上就刮起了可怕的风暴。小船失事了，他好不容易才挣扎着游到了岸边。

这个人又重新当起牧羊人来了。不过，有一点与从前不同——他现在只能重新开始，因为他已经一无所有了。他在这方面节省点儿钱，在那方面节省点儿钱，终于又养了一群羊，过起了平淡且愉快的日子。

大海可能是风平浪静的，也可能是波涛汹涌的，其中有财富，也有风险，它可能助你成功，也可能毁了你的前程——关键要看你是不是一个能够经受住考验的“水手”。

并非每个人都适合“下海”，也并非每个人都会在“下海”后捞到财富。如果你喜欢淡泊的日子，如果你缺乏冒险的准备和能力，如果你对自己现在的工作和生活感到满意，就不必为了追逐幻想而抛弃手中的一切。要知道，如果你是一个牧人，你的财富就不在海上。

的确，人生不得意的事真的太多了。但同样确定无疑的是，有时候不是环境出了问题，而是我们自己出了问题，比如我们没有能够选择正确的人生方向，我们对自己能力的认识存在偏差，等等。只要我们能正确地认识自我，社会总有我们的立足之地。

“人啊，要认识你自己！”这句镌刻在古埃及德尔菲神庙门前的一句话告诉我们，生命是自己的，生活是个人的，生存方式更是自己选择的。只要我们认识自己，把握好自己，就一定可以塑造出一个璀璨的自己。

不要被不合理的标签所左右

曾经看过这样一个寓言故事：

有一只狮子一觉醒来后发现自己尾巴上被贴上了驴的标签，标签上还有公章、签名、编号，它想把这标签撕下来，可是怎样也办不到，于是它对自己怀疑起来，便到处询问自己到底是不是狮子，得到的回答各不相同，虽然也有同情它的，却没有谁愿为它撕去标签。最终这只狮子真的变成了驴，发出了驴的叫声。

这个故事多么可笑啊！明明是一只狮子却被贴上了驴的标签，这不是"指狮为驴"吗？更可悲的是，狮子却不能坚持自己本是狮子的事实，对此产生了怀疑，最终变成了驴，也就失去了作为狮子的气场。究其原因是什么？是因为自己尾巴上贴上了那个驴的标签。

类似的标签在现实社会中也存在着。不正确的评价，不公平的地位和待遇，不对等的职位等不都是标签吗？这些标签并不符合事实，被贴上这些标签的人如果也像那只狮子那样去做，毫无疑问，他的结局也比那只狮子好不到哪里去。反之，如果他们能认清自己，正视自己，坚守自己的价值，不被标签束缚，那么，他们就会走出一条不一样的路。

有一位亿万富翁小时候家庭贫困，他依靠努力学习，最终考上了美国的一所著名大学。为了能付清高昂的学费和维持基本的日常生活，他主动担负起打扫校园的任务，能够每月挣得一些钱来解决困难。有一次，他居然在一个月内从地上捡起了多达50美元的硬币，他为此很担忧，觉得这是一种极大的浪费，就给美国的财政部写了一封信，说明了这种现象并要求解决，但财政部并未对此有何回应，他只好将这些硬币捡起来用掉。当时因他很贫困，人们知道这件事后就称他为穷小子，并天天这样呼喊着他。等到他毕业后，他回想起这件事，从中看到了商机，便开了一家叫"硬币之星"的上市公司。

他购置了很多硬币兑换机放在大超市的旁边，由于人们兑换硬币的欲望很强，他的生意很红火，他与多家超市签约，要求把兑换硬币所得来的利润的9%给他。就这样过了短短五年，硬币之星公司就在全美拥有了几千家大型商场的网点，他也由穷小子变为了亿万富翁。

如果他当时不决心撕去“穷小子”的标签，没有认清自己的价值，他能取得这么大的成功吗？

可惜，我们虽然可以时时把认清自己挂在嘴边，但真正认清自己、正视自己又谈何容易。有时候，我们认不清自己的长处，以为自己废料一块儿；有时候，我们又认不清自己的短处，总以为自己无所不能，竭力想用跛着的那一只脚踏开一条成功之路；更要命的是，有时候我们认清了自己，却不能正视，仍旧依然故我，在老路子上前行。

在认清自己的时候，有的人选择了自卑。他们羡慕那些走红的影视明星、著名的作家、知名的科学家、富足的商人等，谈起来头头是道、一脸羡慕，但一谈到自己就会说：“我不是那块料，我肯定不会像他们一样成功的。”或者说：“我可没有他们那么好的机会。”这些人自己把自己打入了另册之中，给自己的前途蒙上了一层灰色的纱幔。

也有另一些人对自己认识过头而招致失败，这样的例子也举目皆是。如战国时期那个著名的赵括，他虽熟读兵书但只知纸上谈兵却不联系实际，赵王封他为将时，他飘飘然没有认清自己的弱点，就带领几十万大军与秦军作战，最终只落得几十万大军全军覆没，自己身死沙场的结果。

认清自己、正视自己吧！不要被社会、他人等贴上的不恰当标签所左右，也不要过高地估计自己，为虚名所累。坚守自己的价值，正确评价自己的能力，撕去不合理的标签，你就能走上一条实现自己的价值的正确道路。

嫉妒是柄双刃剑

有嫉妒之心的人，内心自然难以平静。有人问大哲学家亚里士多德：“为什么心怀嫉妒的人总是心情烦躁呢？”亚里士多德回答道：“因为折磨他的不仅仅是自身的挫折，还有别人的成就。”有嫉妒心的人，可以自己长进，却不允许别人长进。自己不长进，就更不允许别人长进。正如鲁迅先生所说的拖人下水的办法：我不行，而你和我一样，大家都活不成，拉倒大吉。于是因嫉妒而产生的种种心态便表露出来，或消极沉沦、委靡不振，或咬牙切齿、恼羞成怒，或铤而走险、害人毁己。你居我之下，一好百好；超我而上，谁都不好；你有了名声，我脸上无光。见别人比自己强，便有一种万箭穿心之感，非把人家挤倒方消心头之恨。这除了损人不利己之外，还会有什么结果呢？他只能如尼采所说的："为嫉妒的火焰所围困着的人，如同蝎子一样转动了毒尾刺杀了自己。"这样的人自然也失掉了自己的气场。

某地一所著名的医科大学发生了一起严重的伤害事件：一名即将毕业的医学研究生用水果刀将自己的导师刺伤，随即举刀自杀未遂。而造成这种恶果的根本原因是这个研究生的嫉妒性格。当时，那位导师所在的医科大学获得一个去德国深造的名额，鉴于他的学识和威望，校方决定由他指定出国人员。该教授权衡考虑了整整一周，最后还是决定将另一个很优秀的研究生的名字报给了学校外事办公室。这个研究生知道此事后，先是与导师大吵大闹，一定要让导师把那名字换成自己。在哭闹不成之后，就以刺杀的方式来发泄自己的嫉妒之火……

这个研究生可以说也是一名优秀的学生，本来拥有无限美好的前程，可是，因为她那根植于心的嫉妒，使一切都葬送在了自己手中。美丽的梦想，被嫉妒的欲火吞噬，所有的希望都已烧毁。等待她的，只剩下法律的严惩。嫉妒将一个本可以成为国家栋梁之材的优秀学生沦为了阶下囚。可见，嫉妒不仅无法使人走向成功，还会将唾手可得的成功化为乌有。

生活中，羡慕强者，你就会成为强者，甚至比他更强；羡慕成功者，你也会成功，或者更加成功。但嫉妒，则会令你在强者面前感到渺小，在成功者面前感到失败，并且从心底里嫉恨他们的强大和成功。

一个人要想取得成功，成为赢家，就一定要调节好自己的心态。如果发现自己在嫉妒别人，就应赶紧将心态放正，那样，你才能正确面对身边的得失。

多一份计较就会少一份气场

在生活中，斤斤计较的人是很难有气场的，而且还时时感到烦恼，因为他们不懂得用一颗宽容之心待人。不懂得多一份计较就会少一份气场，凡事寸步不让，得理不饶人的人注定只能被烦恼所左右。

仲由是大教育家孔子的学生，一天孔子叫他到集市上去买些东西，谁料却惹上了一身麻烦。那日，仲由来到市上，见两个人正在为买布吵架，便好心地前去劝阻。

“我的一尺布要价三钱，他要八尺，三八二十四个钱，他少给，我坚决不卖！”卖布人首先向仲由诉说。

买者争辩道：“明明是三八二十三，你多要钱不是欺负人吗？”

仲由听后笑了，对买布人说：“三八二十四是对的，他并没多收你的钱。”买者一听仲由替卖者说话，更为光火，便撇下卖者，和仲由争执起来，并要和仲由打赌。仲由年轻性烈，把刚买到手的衣冠押为赌注。买者也是位性如烈火之人，非要拿自己脑袋做赌注。二人取保击掌，一致同意找大学问家孔子来仲裁此事。

孔子听完二人诉说的事情的原委后，笑着对仲由说：“仲由啊，你怎么这么糊涂呢？不会连数都不会数了吧？你输了，将衣冠给人家吧。”这下乐坏了买者，连夸孔子圣明，抱着仲由的衣冠高兴而去。

丢了脸面又损失了衣冠的仲由非常恼怒，觉得孔子昏庸便负气回家了。

仲由走后，别人问孔子：“明明是仲由对，您为什么要说他输了呢？”

孔子笑道：“仲由输了，说三八二十三的人是个缺少知识的人，为了一个钱死争的人是个斤斤计较的人。而仲由作为一个明白人，反而为了这种争执用脑袋和衣冠做赌注，岂不是自寻烦恼吗？人生何必为了这种小事而生气呢？”

孔子的话，后来传到了仲由的耳朵里，使他感到非常羞愧，从此得到了老师的感化，师生感情笃深，愈久弥坚。

生活中，总是充斥着无数的烦恼与忧愁，如果事事关心，斤斤计较，必然会被忧愁所淹没。但是，你如果懂得宽容和忍让，便会多一份气场，少一份烦恼。

狂妄自大是气场的敌人

狂妄，指极端的自高自大。

人为什么狂妄自大呢？这要从“狂”字的本意谈起。“狂”字本谓狗发疯，如狂犬。因而“狂”字与“人”字结合，便会失去人的常态，会产生不文雅的名声。

人们称狂妄轻薄的少年为“狂童”，称自高自大的人为“狂人”，称狂妄无知的人为“狂夫”，称放荡不羁的人为“狂客”，称举止轻狂的人为“狂者”，称不拘小节的人为“狂生”，称狂妄放肆的话为“狂言”，称放荡骄恣的态度为“狂妄”……

从这里可以看出，狂妄的人是难以得到别人的“亲近”的，自然也毫无气场可言。因此，我们应该加强文化修养和道德修养，做到终生戒狂、忌狂。

狂妄，有时是因为太自大，有时却是因为太自卑。

面对一个狂妄而骄横的人，我们无须与之理论，时间自会证明他的实际价值，事实自会惩戒他的可笑无知。狂妄的人常常在无意中伤人，也常常因为这种无意而受伤。

有一些人，并不一定没有才华，他之所以不能施展才华的原因，是因为太狂妄。没有多少人乐意信赖一个言过其实的人，更没有多少人乐意帮助一个出言不逊的人。

狂妄之人，多是无礼之人；无礼之人，多是孤立之人；孤立之人，多是最终失败之人。大凡具有大家风度的人，多具有谦逊的品德，而狂妄之人，骨子里实在是透着一股小家子气。

最糟糕的要算是既狂妄又无能的人，狂妄使他什么都敢干，无能使他把什么都弄糟。狂妄使荣誉受损，成就减半。从近处来说，狂妄会限制发展；从远处来说，狂妄会断送前程。

在科学上，你若是爱因斯坦，你或许有资本狂妄，而爱因斯坦只有一个；在哲学上，你若是柏拉图，你或许有资本狂妄，而柏拉图只有一个；在音乐上，你若是莫扎特，你或许有资本狂妄，而莫扎特只有一个；在文学上，你若是莎士比亚，你或许有资本狂妄，而莎士比亚只有一个；在美术上，你若是米开朗基罗，你或许有资本狂妄，而米开朗基罗只有一个……

世界之大，伟人之众，即使一天 24 小时掰着指头不停地数，也不知什么时候才能数到我们头上呢！我们又有多大的本事和成就可以狂妄呢？

狂妄与无知常常联在一起，俗话说：“鼓空声高，人狂话大。”凡是狂妄的人，都过高地估计自己，过低地估计别人。他们口头上无所不能，评人论事谁也看不起，总是这个不行，那个也不行，只有自己最行；在他们眼里，自己好比一朵花，别人都是豆腐渣。

有的人读了几本书，就自以为才高八斗，学富五车，无人可比，现时的文学大家、科学巨匠全部不在话下；有的人学了几套拳脚，就自以为武功高强，身怀绝技，到处称雄，颇有打遍天下无敌手的气势；有的人演过一两部电影，就自以为演技超群，名扬四海，俨然当代影视圈中最耀眼的明星……

狂妄的结局是自毁、是失败，这是被无数事实证明了的客观规律。综观历史，只有虚心谨慎、求真务实的人，才能在事业上有所成就。

在现实生活中，无知者狂妄，当然令人鄙夷，就是有一些本事的人，狂妄起来也毫无益处。有了本事自视过高，并进而发狂，表面看来，似乎狂得有点“道理”，其实，这是不知天高地厚的浅薄气在作怪。他们不懂得天外有天、山外有山的道理，妄自尊大，总想出人头地露一手。殊不知，等待这些人的只能是摔大跟头。

人生在世，总是谦虚一些、谨慎一些，多一点自知之明为好。人们常说“天不言自高，地不言自厚”。自己有无本事，本事有多大，别人都看得见。

看看那些成绩斐然、为人类社会做出重大贡献的科学名家们，看看那些功力深厚、饮誉世界的艺术大师们，他们当中，绝少有人因为自己具有足够资本而狂一狂的。他们倒是非常自知而又非常谦虚的。所以，我们的行动准则，应是戒骄破满，为人不可狂妄。

诚实认错，坏事可以变成好事。

姑且不论犯错所需承担的责任，不认错和狡辩对自己的形象有强大的破坏性，因为不管你口才如何好，又多么狡猾，你的逃避错误换得的必是“敢做不敢当”，“没担当”之类的评语。之后，别人不敢信任你，甚至“怕”你三分，更因怕哪天你又犯了错，把责任推得一干二净，于是抵制你，拒绝和你合作。而更可怕的是，不敢承担的错误会成为一种习惯，也使自己丧失面对错误、解决问题和培养解决问题能力的机会。所以，不认错的弊大于利。

那么诚实认错呢?

你会说，诚实认错，那不是要立即付出代价，独吞苦果吗？有时候碰到没有担当的上司，的确会如此，但绝大多数的上司都会“高抬贵手”——人家都认错了，还要怎么样？而且在心理上，你认错，已明显标示出上司与你的位置的高低，上司受到尊重，再怎么说，都要替你扛一部分的责任。何况你犯错，他也有“督导不周”的责任，所以，在现实中，认错的后果并不如想象中的那么严重。

诚实认错还有间接的好处，例如：

（1）为自己塑造了“好汉做事好汉当”的形象，无论领导、同事都会欣赏、接受你的作为，因为你把责任扛了下来，不会诿过于他们，他们感到放心，自然尊敬你，也乐于跟你合作，更乐于替你传播你的形象，这是你的无价资产。

（2）可借此磨炼自己面对错误的勇气和解决错误的能力，因为你不可能一辈子做事没缺点，趁早培养这种能力，对你的未来大有好处。

（3）你的认错如果真的招来别人的责骂，那么正可塑造你的弱者形象，弱者往往是引人同情，也能引来助力的，你会因此而获得不少人心。而且大部分人在骂过人之后，都会不忍心，就算要处罚你，也不会下手太重，人同此心，心同此理。

尊重是赢来的，而不是逼来的

有气场的人容易受人尊重，被人尊重是一种幸福，也是一种幸运。人敬我一尺，我敬人一丈。每个人都希望得到别人的尊敬。但是，尊重是赢来的，而不是逼来的。

1. 想得到尊重，先学会尊重别人

要想让别人尊重你，你首先便要尊重别人。一个不尊重别人的人，是绝不会得到别人的尊重的。在人们的交往中，自己待人的态度往往决定了别人对自己的态度，就像一个人站在镜子前，你笑时，镜子里的人也笑，你皱眉，镜子里的人也皱眉，你对着镜子大喊大叫，镜子里的人也冲你大喊大叫。所以，我们要获取他人的好感和尊重，首先必须尊重他人。

有个寺院的小沙弥，在化缘的时候与一个农妇发生了争吵，最后两个人互相厮打起来，结果两个人把彼此的脸都给抓破了。后来寺院的其他和尚赶来，把他们劝开，并把受伤的小沙弥送回寺院。

老法师了解情况后，并没有对小沙弥进行教训，而是张罗着在供品里为那个农妇寻找布匹，然后亲自带着小沙弥去给农妇赔礼道歉、送布匹。

从农妇家回来的时候，天已经很黑了。老法师一个没注意，被一块石头绊倒了。小沙弥扶起法师后，狠狠地朝那块石头踢了几脚。老法师对小沙弥说："石头本来就在原地，它又没动，是我不小心踩上它的，一点儿也不能怪它，这次磕绊是自找的，我理应向石头道歉……"

人生旅途中，大部分泥泞坎坷都是我们自己踩上去的。工作和生活中的磕绊挫折，也多是由自己各种各样的原因造成的。多数时候，不是社会找了我们的麻烦，而是我们找了社会的麻烦。尊重也一样，我们总是固执地认为自己没有受到别人的尊重，其实是我们没有尊重别人。

2. 尊重，没有高低贵贱

学会尊重，在你尊重别人的同时，别人会同样地尊重你，甚至在以后的日子里向你提供方便，或许也正是因为这种尊重，将会给你的事业提供一个广阔的平台。反过来也一样，你不尊重别人，也不会赢得别人对你的尊重。那么，你做起事情来，不仅不会有人帮你，还可能因为你的无礼，导致自己自毁前途。

吴先生是某公司的总经理助理，他最大的特点是善于察言观色，领会总经理的意图，不仅对老总毕恭毕敬，对公司的副总和各级主管们也非常尊重，所以，一度很得老总的信任和喜爱。

但是对待身边的同事，吴先生可没有那么好的态度，不但对同事爱理不理，说话的口气也颐指气使，所以，其他同事都对他印象不好。

这天，公司传达室的一位女工上楼来送报纸，不小心报纸在办公桌上没有放稳，滑落到地板上。还没等女工弯腰捡，吴先生就严厉地命令道："怎么搞的，给我把报纸捡起来！"但是，女工不吃他这一套，回击道："请你把态度放尊重点！"

吴先生冷笑道："一个送报纸的，还要怎么尊重你？"女工气得一时说不出话来，摔门而去。

但是，吴先生没有想到的是，送报纸的女工恰好是老板的表妹。这件事自然很快被老总知道了。

不久，一纸调令就送到了他的手上。他被调到基层部门去工作了。

你不尊重别人，也就是不尊重自己。不懂得尊重别人，也就没有具备做人的基本道德和品行。不懂得尊重别人的人，无论身份地位有多高，都不会得到别人的敬仰和尊重。

人与人之间本是平等的，没有高低贵贱之分，有时候，因为地位或贫富的差别，会让人有一些区别。但是，那也只是外在条件上的差异，我们不能以此为理由来衡量一个人的品格，更不应该因为一个人的贫穷或地位低而去轻视他。自尊是每个人都有的，只有你尊重别人，你才能够得到别人的尊重。

作为职场中人，同事之间互相尊重，创造融洽的工作气氛，自然有利于工作。反之，彼此之间就容易形成隔阂，不但得不到对方的支持和帮助，还会降低团队的战斗力。不尊重同事的员工，在公司里往往是“孤家寡人”，没有人愿意跟他交往。而一个失去人脉基础的人，上司也是不会让他担当重任的。

可以被毁灭，但不可以被击败

大部分人在一生中都不会一帆风顺，难免会遭受挫折和不幸。但是成功者和失败者之间非常重要的一个区别就是，失败者总是把挫折当成失败，从而使每次挫折都能够深深打击他夺取胜利的勇气。成功者则是从不言败，在一次又一次挫折面前，总是对自己说：“我不是失败了，而是还没有成功。”一个暂时失利的人，如果继续努力，打算赢回来，那么他今天的失利，就不是真正失败。相反地，如果他失去了再战斗的勇气，那就是真输了！

美国著名电台广播员莎莉·拉菲尔在她30年职业生涯中，曾经被辞退18次，可是她每次都放眼最高处，确立更远大的目标。最初由于美国大部分的无线电台认为女性不能吸引观众，没有一家电台愿意雇佣她。她好不容易在纽约的一家电台谋求到一份差事，不久又遭辞退，说她跟不上时代。莎莉并没有因此而灰心丧气。她总结了失败的教训之后，又向国家广播公司电台推销她的清谈节目构想。电台勉强答应了，但提出要她先在政治台主持节目。

“我对政治所知不多，恐怕很难成功。”她也一度犹豫，但坚定的信心促使她去大胆地尝试了。她对广播早已经轻车熟路了，于是她利用自己的长处和平易近人的作风，大谈即将到来的7月4日国庆节对她自己有何种意义，还请观众打电话来畅谈他们的感受。听众立刻对这个节目产生兴趣，她也因此而一举成名了。

如今，莎莉·拉菲尔已经成为自办电视节目的主持人，曾两度获得重要的主持人奖项。她说："我被人辞退18次，本来可能被这些厄运所吓退，做不成我想做的事情。结果相反，我让它们鞭策我勇往直前。"

如果一个人把眼光拘泥于挫折的痛感之上，他就很难再抽出身来想一想自己下一步如何努力，最后如何成功。

一个拳击运动员说："当你的左眼被打伤时，右眼还得睁得更大，才能够看清敌人，也才能够有机会还手。如果右眼同时闭上，那么不但右眼也要挨拳，恐怕命都难保！"拳击就是这样，即使面对对手无比强劲的攻击，你还是得睁大眼睛面对受伤的感觉，如果不是这样的话一定会失败得更惨。其实人生又何尝不是这样呢？

大哲学家尼采说过："受苦的人，没有悲观的权利。"已经受苦了，为什么还要被剥夺悲观的权利呢？因为受苦的人，必须要克服困境，悲伤和哭泣只能加重伤痛，所以不但不能悲观，而且要比别人更积极。

在冰天雪地中历险的人都知道，凡是在途中说："我撑不下去了，让我躺下来喘口气"的同伴，很快就会死亡，因为当他不再走、不再动时，他的体温就会迅速地降低，跟着很快就会被冻死。在人生的战场上，如果失去了跌倒以后再爬起来的勇气，我们就只能得到彻底的失败。

著名的文学家海明威的代表作品《老人与海》中有这么一句话："英雄可以被毁灭，但是不能被击败。"英雄的肉体可以被毁灭，可是英雄的精神和斗志则永远在战斗。有一句名言则这样说过："成功是指最终实现了目标，但并不意味着从不受到挫折。成功是赢得了整场战争，而不是赢得每一场战斗。"

展现独特的自我

在这个世界上，每一个人都是独一无二的存在，都具有与众不同的特殊性。

这种特殊性可以表现在一个人的生理素质和心理素质上，也可以表现在一个人的社会阅历和人际关系上。与众不同的特殊性是一个人走向成功和自由的基础，也更利于营造自己的气场。

尽管宇宙间美好的东西比比皆是，可是，不在烙有自己特殊性印记的那片土地上付出艰辛的人，终将一无所获。

有些人在生活和事业上循规蹈矩、谨小慎微，权威怎么说，他们也怎么说；众人怎么做，他们也怎么做。他们随波逐流，毫无主见，毫无个性，只知道跟着潮流跑，根本不管潮流的方向如何，也不在乎自己究竟能随大流跑出什么名堂。

有些人自惭形秽，对自己独特的存在价值缺乏信心，对自己的特殊性感到害羞和不安。他们总想成为别的什么人，而不是他们自己。他们总是羡慕别人，模仿别人，总希望自己长得像别人，吃得像别人，住得像别人，甚至连言谈举止、说话腔调都要效仿别人。

然而，要成为一个有价值的人、一个可以享受成功和自由的强者，必须展现自己独特的存在，必须发掘自己的特殊性。在生存竞争激烈的现代，不展示自己的独特性，不拿出点自己的绝活儿来，连生存都困难，更别谈发展和成功了。

卓别林在进入演艺圈的最初一段时间，煞费苦心地去模仿当时一个闻名遐迩的喜剧大师，结果自己始终默默无闻。后来，卓别林根据自己独有的特殊性创造出了自己的表演风格，这才使他成为有史以来最伟大的电影明星之一。

爱默生曾经说过："羡慕就是无知，模仿就是自杀。"无论是历史上，还是现实生活中，不知道有多少天赋非凡的模仿者，由于遗忘或者故意掩饰自己的特殊性，最终都一事无成，沦为追随他人的牺牲品。

当然，模仿别人并不是完全不可以。有时候，模仿一些成功者的想法和做法是十分必要的。但是，除非根据自己的特殊性去模仿，在模仿的过程中融入一些真正属于自己的东西，否则，成功是不可想象的。

生命的意义在于创新的刺激，人生最重要的欢乐在于创造的欢乐。首先必须和别人干得不一样，然后才能比别人干得好；首先必须为这个世界带来一些新的东西，然后才能实现自己的成功和自由。

你就是你，不是别人；你不需要成为别人，你也不可能成为别人。无论你想在哪一个领域中获得成功和自由，你都必须保持自己的本色，培养自己的风格。

毋庸置疑，保持和发扬自己的特殊性并不是轻而易举的。在你的生活和工作中，总有一些人会对你与众不同的特殊性看不惯，他们可能会劝告你，也可能会指责你，甚至还会打击你。所以，在一些无关紧要的方面，你决不应该故意与众不同、标新立异。故意与别人不一样虽然会一时惹人注目，但却会为你真正的成功和自由埋下祸根。

正确的做法应当是：在次要的地方，你不妨从众，不妨做出一些妥协和让步，以减少那些不必要的麻烦；而在决定成败、决定前途和命运的关键时刻，务必像雄狮和苍鹰那样独立，坚持自己的独特性，高扬自己的特殊性，决不为任何外在的压力所折服。

走自己的路，让别人说去吧

“走自己的路，让别人说去吧！”是的，自己做事为什么要听别人的，而不按自己的主观意愿进行呢？既然是自己走的路，那自己一定认为是正确的，那就坚持下去，勇于走下去。不能思前想后，考虑别人怎么议论、评判。

大凡有成就的人都不会去在意别人的看法，只是坚定自己的目标，一路走下去罢了。这样的人才拥有强大的气场。

李阳——疯狂英语的创始人，众所周知，也是一个典型的不在意别人看法的人。在他读大学的时候，他在学校里的烈士亭大喊英语，很多人都认为他是疯子。李阳也曾在《我疯狂我成功》中写到，当他闭着眼睛摇头晃脑地把一篇英语文章复述出来的时候，睁开眼睛，发现很多人在看他，很多人都认为他不正常。但他完全不在乎别人的看法，自得其乐。

记得听过这样一个故事：

一个老头带着儿子牵着驴去赶集，驴驮着一袋粮食。他们刚出门不远，道边便有人对老头说：“你真傻，为什么不骑着驴呢？”于是，老头便骑上了驴。可走不多远，道边又有人对他说：“这老头心真狠，他自己骑着驴，让儿子走着。”老头听后，赶紧从驴上下来，让儿子骑了上去。

可走没多远，又有人对他们说：“这个孩子真不懂事，自己骑驴，让老人走着。”

于是，两人干脆都骑到驴上。没走到集上，又有人对他们说：“这两人心真坏，让驴驮着东西，人还骑上去。”

老头不得不又从驴上下来，连驴驮的粮食他也自己背上了。

故事到这儿肯定还没完，指不定过一会儿又有人笑他们傻，放着驴不用，人却背着粮食，再过一会儿还会有人说他们傻，放着驴不骑。总之，人没有主见，永远也不得安宁。

无独有偶，还有一个类似的故事：

从前，有一位画家想画出一幅人人见了都喜欢的画。画毕，他拿到市场上去展出。画旁放了一支笔，并附上说明：每一位观赏者，如果认为此画有欠佳之笔，均可在画中做记号。

晚上，画家取回了画，发现整个画面都涂满了记号。画家十分不快，对这次尝试深感失望。

画家决定换一种方法去试试。他又临摹了同样的画拿到市场展出。可这一次，他要求每位观赏者将其最为欣赏的妙笔都标上记号。当画家再取回画时，他发现画面又涂遍了记号，一切曾被指责的笔画，如今却都换上赞美的标记。

“哦！”画家感慨地说道，“我现在发现一个奥妙，那就是我们不管干什么，只要使一部分人满意就够了。因为，在有些人看来是丑恶的东西，在另一些人眼里恰恰是美好的。”

所谓众口难调，一味听信于别人，便丧失了自己，便会做任何事都患得患失，诚惶诚恐。这种人一辈子也成不了大事。他们整天活在别人的阴影里，太在乎上司的态度，太在乎老板的眼神，太在乎周围人对自己的看法。这样的人生，还有什么意义可言呢？一个心宽的人一定是一个活在自己世界里的人。

人各有各的原则，各有各的脾气性格。有的人活跃，有的人沉稳，有的人热爱交际，有的人喜欢独处。不论什么样的人生，只要自己感到幸福，又不妨碍他人，那就足矣，不要压抑自己的天性，失去自己做人的原则。太在乎别人的看法只会让自己活得沉重。我们不妨我行我素，不为别人的眼光违背自己的心意，尊重自己生活的行为方式，做你真正想做的事情，做想做的人，才会达到快乐自在的人生状态，如燕子一样轻盈飞行！正像但丁说的那样：“走自己的路，让人们去说吧！”

人生百态，每个人都有选择的权利，随波逐流也好，逆流而上也好，模仿他人也好，独辟蹊径也好，都是一种活法。但我们自己要在自己的人生里活出质量，活出潇洒，活出个性，活出宁静，只有走自己的路。

第九章　交际气场修炼

活学活用为人处世的基本学问

为人处世也是一种学问。

学习物理学，可以使人明物象、知物理，从而能够对周围环境中的现象做出解释，并在掌握有关原理的基础上，指导人们通过发明创造科学技术成果，造福自身，造福社会，造福人类，使我们的物质生活更加丰富多彩。比如人们掌握了有关电的知识，就会知道夏天的雷电是怎么回事，而且我们还可以从摩擦可以生电，动力可以发电，进而运用电磁原理制成发电机，从而满足生活照明、取暖、生产、通讯等各个方面对电力的需求。

同样的道理，为了有效地办事，我们要学会为人处世（以下简称“事理学”）的学问。

那么，我们学习事理学有什么意义呢？因为我们周围时刻都有许多的事在发生，这些事需要我们去认识，需要我们去处理。有人说了，不研究和学习事理学，人们不是照样去做各种各样的事吗？话虽如此，但研究和学习事理学，运用事理学的原理，我们可以更好地认识这些事情，处理好这些事情。学习和研究事理学，可以使我们对事情的认识更有理性，做事情成功的可能性会更大。

首先，学习事理学可以使我们明事象、知事理，提高自己的“懂事”“识事”能力，从而能够更好地理解和认识我们周围环境中发生的各种各样的事情。一件事情发生了，它为什么会发生？为什么会在此时此地发生，而不是在另外一个时间和地点发生？该事情将会发生什么样的演变，呈现出什么样的事态？会导致什么样的结果？你将学会在掌握一定的有关信息资料的基础上，对事情做出全面系统的分析，并根据事理对事态的发展做出准确预见，从而料事如神，具有对事情发展的先见之明。只有这样才能处事不惊，临事不惑，从容不迫地把事情办好。

其次，学习事理学可以使我们能做事、会办事，提高自己的“做事”能力。怎样才能把事情办好？只有通过掌握事理，增强按事情发展规律办事的自觉性，才能提高我们的办事能力和办事效果。人们逢年过节，赠送贺卡，有一句话写得最多，就是“万事如意”。人们过春节写对联，横批中出现次数最多的四个字，也是“万事如意”。“万事如意”，作为一句吉祥用语，在贺词和祝词中的经常使用，表现了一种人们普遍存在的共同心态，即人们都希望自己有较强的办事能力和较好的办事效果，对自己所办的事，希望事事如意，件件顺心。但愿望归愿望，现实归现实。人们之所以希望自己万事如意，正是因为现实中充满了不如意、不顺心的事情。“人生不如意事十之八九”。事非所愿的情况太多了。因此，所谓万事如意，只能是一个理想而已。宋人袁采在《袁氏世范》中对此曾有论述：“人生世间，自有知识以来，即有忧患不如意事。小儿叫号，皆其意有不平，自幼至少至壮至老，如意之事常少，不如意之事常多。虽大富贵之人，天下之所仰羡以为神仙，而其不如意处，各自有之，与贫贱人无异，特所忧虑之事异尔。故谓之缺陷世界，以人生世界，无足心满意者，故适此理而顺受之，则可少安。”

现实生活中，人们所办事情不如意、不成功的原因，概括起来，往往有两个方面。一是人的意愿不符合事理，意中之事根本就没有成功的现实可能性，如水中捞月，梦中摘花。二是人们没有认识事情发展的规律，没有按事理去办事。要想使愿望变为现实，事如所愿，人们就必须认识事理，自觉遵循事理，使自己的意愿符合事理并严格按事理去办事，只有这样才能提高自己的办事能力，取得良好的办事效果。

长期以来，人们往往只注意对周围环境有关知识的学习，只注意掌握诸如数学、物理学、化学、天文学、地理学、生物学、社会学、历史学等“硬科学”的知识，而不注重对有关人的活动本身的知识的学习。而“硬科学”的知识本质上是“死”的东西，它解决的是有关人的环境事物“是什么”、“怎么样”和“为什么”的问题。而诸如事理学和人学等“软科学”才是“活”的东西，它解决的是人应该怎么样，人应该做什么，人面对周围环境事物“应怎样”和“怎么做”的问题。我们学习的“死”东西，关键是要把它转化为“活”的东西。否则学了东西不会用，那就只能是一个两脚书橱或书呆子，不管他学的东西有多少，如果不能利用他学的东西解决现实生活中的问题，不能利用他学的东西创造一定的社会价值，那么他所学的东西就是毫无用处的东西。

必须克服的性格缺陷

每个人都有自己的习惯与性格，性格决定了行为模式，好性格能带来身心的愉快以及和谐的人际关系。相反，不好的性格则会影响人际交往。以下几种不良性格是应该克服和改变的。

1. 自负

只关心个人的需要，强调自己的感受，在人际交往中表现为目中无人。与同伴相聚，不高兴时会不分场合地乱发脾气。高兴时则海阔天空、手舞足蹈讲个痛快，全然不考虑别人的情绪和别人的态度。另外，在对自己与别人的关系上，有些自负的人过高地估计了彼此的亲密度，讲一些不该讲的话。这种过于亲昵的言语，反而会使人出于心理防范而与之疏远。

2. 多疑

这是人际交往中的一种不好的心理品质，可以说是友谊之树的蛀虫。正如英国哲学家培根说的："多疑之心犹如蝙蝠，它总是在黄昏中起飞。这种心情是迷惑人的，又是乱人心智的。它能使你陷入迷惘，混淆敌友，从而破坏人的事业。"具有多疑心理的人，往往先在主观上设定他人对自己不满，然后在生活中寻找证据。带着以邻为壑的心理，必然把无中生有的事实强加于人，甚至把别人的善意曲解为恶意。这是一种狭隘的、片面的、缺乏根据的盲目想象。这种想象对人际关系的负面影响极大。

3. 自卑

自卑是人类特有的一种消极属性，是人际交往中常见的一种心理现象，是人们由主观或客观原因而造成的认为自己在某些方面不如他人的一种自我意识。人自母体分离而成为一个独立的生命个体,它的成长就是一个由小到大、由弱变强的复杂过程。但是，因为多种先天和后天的因素，人与人之间就出现了强弱、贫富、贵贱、优劣等差距。自蒙昧时期进入谙事阶段，我们无时无刻不在面对这些差别，所以，自卑心态是一种近似人类本源的天性，人人都会有，只是程度不同，超出常态的严重自卑就会影响到人际交往。

4. 干涉

心理学家研究发现，人人都需要一个不受侵犯的生活空间。同样，人人也需要有一个自我的心理空间。再亲密的朋友，也有个人的内心世界。有的人在相处中，偏偏喜欢询问、打听、传播他人的私事，这种人热衷于探听别人的情况，并不一定有什么实际目的，仅仅是刺探别人隐私而沾沾自喜的低层次的心理满足而已。

5. 羞怯

羞怯心理是绝大多数人都会有的一种心理。具有这种心理的人，往往在交际场所或大庭广众之下，羞于启齿或害怕见人。由于过分的焦虑和不必要的担心，使得人们在言语上支支吾吾，行动上手足失措。长此下来，会不利于与他人的正常交往。

6. 敌视

这是交际中比较严重的一种心理障碍。这种人总是以仇视的目光对待别人。这种心理或许来自童年时期的家庭环境，由于受到虐待从而使他产生别人仇视我，我仇视一切人的心理。对不如自己的人以不宽容表示敌视；对比自己厉害的人用敢怒不敢言的方式表示敌视；对处境与自己类似的人则用攻击的方式表示敌视。使周围的人随时有遭受其伤害的危险而不愿与之往来。

当然，除了上面列举的，还有很多不利于人际交往的性格缺陷，只有战胜这些缺陷，才能获得良好的人际关系。

不轻易吐露失意事

失意是一种痛苦，搁在心里不找人倾吐更是痛苦。而且把失意事放在心里还会造成一些心理疾病，所以找人倾吐也可以。但根据社会经验，你最好别随意去吐露自己的失意事，不能见谁就向谁去吐露，因为这会损毁你的气场。

轻易吐露失意事，不管是主动吐露或被动吐露，都有很多负面作用。

1. 无意中塑造了自己一种无能、软弱的形象

虽然每个人都会有失意事，但如果你在吐露失意事时，别人正在得意，那么别人会直觉地认为你是个无能或能力不足的人，要不然怎么会“失意”？嘴巴虽然不会说出来，但心里多少会这样去想。而且失意事一讲出口，有时会因情绪失控而一发不可收拾，造成别人的尴尬，这才是最糟糕的一件事。如果你的失意情绪引来别人的安慰，温暖固然温暖，但你却因此而变成一个“无助的孩子”，别人只会对你作出一种评价——唉，可怜！

2. 别人对你的印象分会打折

很多人凭印象来给他人打分，一般来说，自信、坚定的人，他所获得的印象分数比较高，如果他还是个事业有成的人，那就更会获得他人的“尊敬”，

这是人性，没什么道理好说。如果你的失意事让别人知道了，他们下意识地会在分数表上扣分，本来可打八十分，一下子就可能不及格了，而他们对你的态度也会很自然地转变，由尊敬、热情而变得不屑一顾、态度冷淡。

3. 形成一种固定的社会印象

你的失意事如果说得次数太多，或是经听者传播得太多，让你的朋友都知道了，那么别人会为你贴上一个“失败者”的标签，当别人谈到你时，便会联想到这些事。在现实社会中，失败者只能自己创造机会。尤其传言很可怕，明明一点小小失意，却被传成大失败，这都会对你未来的人生造成或大或小的阻碍！谁管你是怎么失意，而失意的实情又如何呢？

当然，我们并不是说失意事就非得闷在自己心里，你也可以找人去谈，但必须看看时机和对象。

只能对好朋友说。好朋友知道你的情形，你的坚强、软弱，优点缺点他都知道，跟这种朋友说能“确保安全”，甚至倒在他怀里、肩上大哭一场也无妨。至于初见面的人、普通朋友，一句也不可说。对于你的对手，那更不能说。

只能在得意时说。失意之时谈失意，别人会认为你是弱者，而得意时谈失意事，别人会认为你是勇者，并由衷地从心里涌出对你的“敬意”，而你由失意而得意的历程，他们甚至还会当成励志的榜样，这又比一辈子平顺得意的人“神气”了。

还有一种人，必须在此提醒你。有些人专门打落水狗，落井下石。你失意，也正是你最脆弱的时候，碰上这种心存恶意的人，你可能就要倒霉了。

所以，碰到失意事，最好还是自我安慰、自我解除吧！

言谈举止恰如其分

生活中，人是各种各样的，要见什么人说什么话是非常必要的，否则你与人的交流就是“对牛弹琴”。“见人说人话，见鬼说鬼话”，通常用来形容一些人说话没立场，会见风使舵，这种人常常被人谴责没有道德。可是认真分析下来，“看什么人说什么话”这句话是有道理的，试想，如果见人说鬼话，或者见鬼说人话，这势必造成语言障碍，沟通出现问题。我们从这“鬼话”扩展开来，这“鬼”其实就括指各种的形形色色的人，这“话”包括说话时的语气、方式、风格，还有说话内容。比如：

一个人和家里的人说话，会觉得谈话很是自由，也能侃侃而谈，东拉西扯也无须顾忌。可到了单位，对上司和同事又是两种截然不同的说话方式了，在上司面前你是严肃的；在同事面前你又是自由的；在陌生人面前你说话会多少带点防备；在熟人面前，你不但觉得亲切且话语充满轻松。“见人说人话，见鬼说鬼话”，在这里真正的意思是要一个人看什么人说什么话，这样能使一个人更好地与人沟通。

靠自己去成功，就需要你“见人说人话，见鬼说鬼话”，要根据周围的环境随时转变自己的角色，见什么人说什么话，看什么人下什么菜碟。

说话要看对象，是一个常识，也是一个原则，说话有没有效果，就看你对这两方面的把握。正如射箭要看靶子，弹琴要看听众，写文章要看读者群，说话更要看听众，为了顺利达到说话的目的和效果，就不能不考虑因人而异了。

传说孔子所乘的马车压坏了农民的庄稼，他们的马被农民扣下，孔子的弟子去理论若干次也不能讨回，就算是赔了钱，农民也不把马还给他。最后孔子让马夫去找那农夫说说。那马夫只对农夫说道：“你不是在南海耕种，我不是在北海行走……”农夫听了，一文钱也没要就把马还给了马夫。那几句话的意思就是：舌头哪有不碰牙的……就这么简单的几句话，就收到了最佳的效果。孔子的弟子去理论，之乎者也的，农人肯定听不懂，也听不进去。

所以，当着什么人说什么话太重要了。一般说来，“言谈举止恰如其分”要考虑以下几个方面：

（1）性别差异。对男性采取直接较强有力的语言，对女性则采取温柔委婉的态度。

（2）年龄差异。对于年轻人应采用煽动性强的语言，对中年人应讲明利害关系让其自己斟酌，对老年人要用商量的口吻以示尊重。

（3）文化差异。学识渊博的高雅之士，你不妨引经据典，使谈话富有哲理色彩，但言辞应表现出含蓄和文雅。

另外，对于不同地域的人说话也要有所区别，因为一方水土养一方人，一方人有一方人独特的性情特点。对于北方人可采用粗犷直率的态度，而对于南方人则要细腻得多。与不同职业的人交往，要针对对方职业特点，运用与对方掌握的专业知识关联较紧密的语言，增强对方对你的信任度。对文化程度较低的人采用的语言要简洁，多使用一些具体的例子和数据。而对于文化程度较高的人，则要尽可能表达出专业性。

此外，性格差异是不分年纪和职业的，所以要特别注意，若对方性情豪放、粗犷，则他喜欢听耿直、爽快的话，那么你就应忠诚、坦白，知无不言，对美丑、善恶，爱憎要分明。办事严谨、诚实、老练的人，最喜欢听稳重的话，这时，你说话要注意态度，既不能高谈阔论，也不可巧舌如簧，而应朴实无华。话语简单，给人以老实敦厚的印象。

人与人的心理特点，脾气秉性、语言习惯各不相同，也决定了他们对语言信息的要求是不同的。所以，不能用统一的通用的标准语的说话方式来交流。见什么人说什么话，因人而异地开口才能与不同的人相处好。

太“自我”的人不会有气场

有些人在处理人际关系时，往往过于看重自己，把自己放在最中心的位置，以自己的情绪为情绪，自己的意志为意志，凡事都只希望满足自己的欲望，要求人人为己，却置别人的需求于度外，不愿为别人做半点牺牲，不关心他人痛痒，要求所有的人都以他为中心，恨不得让地球都围绕他转，服从于他。他们只要集体照顾，不讲集体纪律，否则就感到委屈、受不了，却不愿从客观实际出发，不能服从他人及集体。这种人强烈希望别人尊重他，却不知道自己也得尊重别人。总之，这些人心目中充满了自我，却唯独没有他人，信奉的是人不为己，天诛地灭。这样的人是永远没有气场的。

无疑，这种自我中心意识于他自己是极为不利的。这会严重影响一个人的自我形象，也影响良好品格的形成，以致被人厌恶、瞧不起。由于一门心思都放在蝇头小利的追逐与意义不大的个人得失上，没有崇高的理想、远大的目标。因而也不可能拥有好的人际关系。试想想，谁愿意与这样的人长期合作共事或终生为伴呢？很“自我”的人由于过分看重自己，往往又完全失去了朋友，最终失去了自己。可以说，这种人到头来得到的只是芝麻，而失去的是西瓜，真是得不偿失。

一个过分自我的人是根本不懂得去尊重别人的。其实尊重别人的人格是赢得别人喜爱的一个重要因素。人格，对每个人来说，都是最重要、最宝贵的。对每一个人来说，都有这样的一个愿望：那就是使自己的自尊心得到满足，使自己被了解、被尊重、被赏识。如果你不尊重别人的人格，使别人的自尊心受到了伤害，当时，他或许会一笑了之，但是，你却严重地伤害了他。事实上，如果你表示出了对他的不尊重，即使他当时对你还是很友善，但是，如果他不是一个精神境界极高的人，他以后是不会很喜欢你的。

相反，如果你满足了他的自尊心，使他有一种自身价值得到实现的感觉，那么，这表明你很尊重他的人格。你帮助他获得了自我实现，他也会为你所做的一切表示感激。他对你有一种感激之情。他会因此而喜欢你。

那么，这些人如何才能逐渐克服这种自我中心意识呢?

（1）改变自己的认识。你要正视社会现实，社会上的每个人都有其各自的欲望与需求，也都有其权利与义务，这就难免会出现矛盾，不可能人人如愿。这就要求人人正视客观现实，学会礼尚往来，在必要时做出点让步。当然应该承认自我的权利与欲望的满足，但也不能只顾自己，忽视他人的存在。如果人人心目中都只有自我，那么，事实上人人都不会有好日子过的。

（2）从自我的圈子中跳出来，多设身处地地替其他人想想。以求理解他人。并学会尊重、关心、帮助他人，这样才可获得别人的回报，从中也可体验人生的价值与幸福。一些高明的政治家为了笼络人心，赢得别人的拥护和支持，他们绝不轻易伤害别人的自尊和感情。一位评论华盛顿政治舞台的专家指出：“许多政客都能做到面带微笑和尊重别人，有位总统则不止如此。无论别人的想法如何，他都会表示同意。他会盘算别人的心思，并且能掌握这些心思的动向。”

（3）加强自我修养。充分认识到自我中心意识的不现实性与不合理性及危害性。学会控制自我的欲望与言行。把自我利益的满足置身于合情合理、不损害他人的可行的基础之上。做到把关心分一点给他人，把关心留一点给自己。

办公室应遵守的“小规则”

我们有很多的时间都是在办公室中度过，每天都会面对不同的人和事，其中有些烦心事又是你不得不面对的。导致同事关系不够融洽的原因，除了重大问题上的矛盾和直接的利害冲突外，平时不注意自己的言行细节也是一个原因。有些言行会影响你的气场并影响同事间的关系。

1. 明知却推说不知

同事出差去了，或者临时出去一会儿，这时正好有人来找他，或者正好来电话找他，如果同事走时没告诉你，但你知道，你不妨告诉他们；如果你确实不知，那不妨问问别人，然后再告诉对方，以显示自己的热情。明明知道，而你却直通通地说不知道，一旦被人知晓，那彼此的关系就势必会受到影响。外人找同事，不管情况怎样，你都要真诚和热情，即使这样没有起实际作用，外人也会觉得你们的同事关系很融洽。

2. 有好事不通报

单位里发物品、领奖金等，你先知道了，或者已经领了，却一声不响地坐在那里，像没事似的，从不向大家通报一下；有些东西可以代领的，也从不帮人领一下。这样几次下来，别人自然会有想法，觉得你太不合群、缺乏共同意识和协作精神。以后他们先知道了某事，或有东西先领了，也就有可能不告诉你。如此下去，彼此的关系就不会和谐了。

3. 可以说的私事

有些私事不能说，但有些私事说说也没有什么坏处。比如你的男朋友或女朋友的工作单位、学历、年龄及性格脾气等；如果你结了婚，有了孩子，就说说有关爱人和孩子方面的话题。在工作之余，都可以顺便聊聊，它可以增进了解，加深感情。倘若这些内容都保密，都不肯与别人说，这怎么能算同事呢？无话不说，通常表明感情之深；有话不说，自然表明人际距离的疏远。你主动跟别人说些私事，别人也会向你说，有时还可以互相帮帮忙。你什么也不说，什么都不让人知道，人家怎么信任你？信任是建立在相互了解基础之上的。

4. 进出不互相告知

你有事要外出一会儿，或者请假不上班，虽然批准请假的是领导，但你最好要同办公室里的同事说一声。即使你临时出去半个小时，也要与同事打个招呼。这样，倘若领导或熟人来找，也可以让同事有个交代。如果你什么也不愿说，进进出出神秘兮兮的，有时正好有要紧的事，人家就没法说了。有时即使知道也懒得说，受到影响的恐怕还是你自己。互相告知，既是共同工作的需要，也是联络感情的需要，它表明双方互有的尊重与信任。

5. 经常和同一个人说悄悄话

同办公室有好几个人，你对每一个人要尽量保持平衡，尽量处于不即不离的状态，也就是说，不要对其中某一个特别亲近或特别疏远。在平时，不要老是和同一个人说悄悄话，也不要总是和一个人进进出出。否则，你们两个也许亲近了，但疏远的可能更多。有些人还以为你们在搞小团体。如果你经常在和同一个人“咬耳朵”，别人进来又不说了，那么别人不免会产生你们在说人家坏话的想法。

6. 不肯向同事求助

轻易不求人，这是对的，因为求人总会给别人带来麻烦。但任何事物都是辩证的，有时求助别人反而能表明你对别人的信赖，能融洽关系，加深感情。比如你身体不好，你同事的爱人是医生，你可以通过同事的介绍，诊断得快点，看得细点。倘若你偏不肯求助，同事知道了，反而会觉得你不信任人家。你不愿求人家，人家也就不好意思求你；你怕人家麻烦，人家就以为你也很怕麻烦。良好的人际关系是以互相帮助为前提的。因此，在一般情况下是可以求助他人的。当然，求助他人要讲究分寸，尽量不要使人家为难。

7. 拒绝同事的小吃

同事带点水果、瓜子、糖之类的零食到办公室，休息时分吃，你就不要推辞，不要以为难为情而一概拒绝。有时，同事中有人获了奖或评上了职称，大家高兴，要他买点东西请客，这也是很正常的。对此，你可要积极参与，不要冷冷地坐在旁边一声不吭，更不要人家给你，你却一口回绝，表现出一副不屑或不稀罕的神态。人家热情分送，你却每每冷漠拒绝，时间一长，人家有理由说你清高和傲慢，觉得你难以相处。

8. 喜欢嘴巴上占便宜

在同事相处中，有些人总想在嘴巴上占便宜。有些人喜欢说别人的笑话，占人家的便宜，虽是玩笑，也绝不肯以自己吃亏而告终。有些人喜欢争辩，有理要争，没理也要争三分。有些人不论国家大事，还是日常生活小事，一见对方有破绽，就死死抓住不放，非要让对方败下阵来不可。有些人对本来就争不清的问题，也想要争个水落石出；有些人常常主动出击，人家不说他，他总是先说人家。虽然嘴巴上占了便宜，但却在同事关系上吃了亏，因为自尊心和自信心受到打击，对谁来说都不是件高兴的事。

9. 热衷于探听隐私

能说的人家自会说，不能说的就别去挖它。每个人都有自己的秘密。有时，人家不留意把心中的秘密说漏了嘴，对此，你不要去探听，不要想问个究竟。有些人热衷于探听别人的隐私，事事都想了解得明明白白，这种人是要被别人看轻的。你喜欢探听别人的隐私，即使什么目的也没有，人家也会忌你三分。

从某种意义上说，爱探听别人的隐私，是一种不道德的行为。

适时营造自己的霸气

有气场的人有的看起来好像有一些“霸气”，但所谓霸气，并不是叫你蛮横、不讲理，而是要人做事时能把“胆”与“智”结合在一起，体现的是一种敢拼敢闯的精神，是一股唯我独尊的大气。综观古今中外，成功登顶的人心中都有一股霸气，如果缺少霸气，你可能怯于行动而与机会失之交臂，也可能在紧要关头自乱阵脚。

“霸气”会改变我们的命运，它让我们出人头地，自古以来，胸怀霸气者往往能比其他胸怀大志者取得更多的成功，因为成功者心中有股势不可挡、坚不可摧的干劲，由于这种非凡力量的支撑，他们敢在惊涛骇浪中扬帆起航，敢在狂风暴雨中昂首前行。没有一股霸气就会使人缺了志气，增了媚气，少了威信，多了小气……

一个人平时的一言一行，一举手、一投足都会折射出他的内心世界，影响到别人对他的看法。是猥琐的，还是高大的；是小气的，还是大气的；是霸气十足的，还是懦弱有余的……别人对你的评价好与坏，都是根据他自己的视听来进行判断，你内心的一切都可以从你的言行中尽收眼底。

有时我们确实感觉到有一种人，无论出现在哪儿，立即就会成为众人瞩目的核心，即使他们不言语，就那儿站着或坐着，也带给人一种特别深刻的印象和威慑的感觉，甚至还能令人不由自主地对他产生依赖感和安全感。这种人会用抖擞的精神、丰富的情感、自如的表情显示出超人的才干赢得他人的喜爱和青睐。有的人则不然，他们会显得窘迫不安、语无伦次或面部表情麻木，让人看到了会感觉到他内心的懦弱。因此，虽然霸气与外貌漂亮与否并没有什么关系，可是能通过人的面部表情、形体动作、语言等来展示其霸气。

每一个人都具有一种理想的自我形象，这就是心理学上所说的“理想自己”。但是，不管“理想自己”是多么完美，都必须通过自己的一言一行来表现，在表现自己的魅力的过程中，能把霸气也发挥得淋漓尽致。那么，怎样才能发挥霸气这种独特的气质呢？

首先一个想展现霸气的人就要会包装自己，营造自己的霸气是展现自己魅力的有效手段，它会给你的事业推波助澜。

比如，人们在生活中做事时在自己的头上冠上职务，如公司董事长、总经理、厂长、助理等，这些头衔是事业成功的象征，它还在一定程度上衬托出拥有者的威信和霸气，显示出人的特殊资格和影响力，这能使很多工作上的困难迎刃而解。

日本的一个财团与美国一家公司因为产品销售问题发生意见分歧，不得不走到谈判桌前来。日本派出的是一位年轻小伙子，头衔是副总裁，而美国公司参加谈判的是总经理以及他挑选的一批精兵强将。当双方互报头衔时，美国公司总经理大惊失色，他没有料到一个副总裁会如此的年轻，又会这样能言善辩，机智果断，会有这样大的魅力。在这种心理的作用下，谈判没有几个回合美国公司便败下阵来，这就是头衔的作用，它能使一个人在他人的心中提升到很高的地位，会令对方肃然起敬，在潜意识里开始作出让步。

其次，还可以通过我们的身体来体现霸气，如站姿或坐姿，走路的姿态，说话抑扬顿挫或诙谐幽默，与他人谈话时的专注程度，等等。所有这些都要求自然而不做作，随和而又充满机敏，由此所透露出来的权威感会产生一种无形的魅力，一点一滴地渗透到对方的心田，在他们的心里产生连锁反应，使对方在不知不觉中被吸引、被征服。

在表现霸气时，一个重要的方面就是自信。自信是基础，它是使人情绪定位的核心，对能否发挥霸气的作用至关重要。当双方彼此面对面，互相注目时，也许因为环境的原因引起一些紧张感，在这种情况下，你要进行自我调控，绝不能流露出半点的不安和胆怯。但由于时间、场合的变化，有时会出现突发的难题，这时头脑就应作出迅速的判断和反应，并且针对突发的事件具体灵活地加以处理。

当今社会是一个竞争激烈的社会，在生活过程中会遇到许多竞争对手，为了战胜竞争对手，就要学会介绍自己，会把自己的特长、各方面的能力和知识水平作一定的放大，且恰到好处地介绍给他人，用能力和技巧去编织你的霸气，这才能使人欣赏你，并对你引起注意，还可以令你在气势上压倒对手。切不可羞涩、窘迫，忸怩作态，否则在底气上就先输了。

留给自己的余地越大越从容

尼波在一家单位当会计，平时不爱多说话，默默地做着分内的事。

一次，市里举办歌咏比赛，尼波所在单位的报名者寥寥无几，领导很着急，发动职工踊跃参加，可是能一展歌喉的人实在很少，领导心有余而力不足。

这时，尼波说："我报个名。"同事们都惊讶了，问她："你行吗？我们可从没听你唱过歌。"

尼波笑笑说："我就是个业余水平，凑个份而已。"

令单位的同事震惊的是，尼波在歌咏比赛中鹤立鸡群，水平超出所有参赛选手一大截，获得了第一名。立刻，尼波气场骤增，成了市里的明星人物。

同事们惊讶而佩服地说："我们同尼波在一起工作这么多年，怎么一直没发现她还有这么好的歌喉。"

"大智若愚，大巧若拙。"明智之人不会夸诞炫耀，只会以自己的成绩让人信服。

相反地，自满自得、自我感觉良好的人实际上是最平庸的人，他们的小聪明总让自己陶醉在令人可怜的幸福中。

总说自己行的人，要么因为太自大，要么因为太自卑。

任何人都希望自己的聪明能得到人们的认可，但施展聪明要适可而止，不要给人狂妄的感觉。话说得过多，就是一种噪音；事做得过头，就是一种卖弄。

邹杰新到一家公司上班，总担心领导和同事们小瞧自己，时不时拐弯抹角地夸耀一下自己的才能。

邹杰从上班的第一天开始，就把复读机挂在腰间。同事们问他英语水平怎么样，他大言不惭地说："以我现在的英语水平足可以和外国人流利地交谈。"

邹杰为了让同事们相信他的英语口语好，总是在和别人说话时夹杂一些英语单词。

一次，公司来了位美国人谈业务，刚巧翻译出去办理业务，经理英语又不是特别好，正在着急之际，有人推荐让邹杰来试试。经理找到邹杰，邹杰满口答应，一个劲地保证绝对没问题。

结果生意没做成。原因是美国人说的每一句话，邹杰都得让他重复好几遍，而且还要琢磨很长时间才能大概理解。美国人认为和这样的公司打交道太累就告辞了。随即，邹杰也被解除了。

“大胆傲慢的人常为生活的不幸所打倒。”动辄口出狂言、言过其实的人，会把自身的知识欠缺、思想贫乏暴露得一览无余。过犹不及，夸大其辞，反而使自己说的话变成了谎言，这会销毁你原本的智慧和品位，使你成为昙花一现般的人，落入狼狈不堪的境地。

“一个懦夫穿着英雄铠甲，这有什么光荣？”不要成为一个自高自大的人，那将会孤立自我，失去别人对你的尊重，断送你的前程。摆正与他人的关系，有张有弛地展现实际价值，虚心接受真理，把持人生的航道不偏离，这样，你才能从从容容。

虚心不是无能和自我封闭，而是在坚信自己力量的同时所表现出来的宽厚。知识渊博的成功人士往往虚怀若谷。他们所具备的冷静、敏锐、谦逊是成功的前提和基石。

守愚是建立气场的上乘功夫

老子是第一个推崇“愚”的含义的人——宽容、简朴和知足的最高理想。林语堂认为，这种教训包括了“愚者的智慧、隐者的利益、柔弱者的力量和真正熟识世故者的简朴”。他还写过一首诗把这种弃智守愚的智慧概括起来为：

愚者有智慧，
缓者有雅致，
钝者有机巧，
隐者有益处。

这种境界的达到，往往是一个高尚的智者在人生的迷恋中翻然悔悟后得来的。

即使在儒家思想中，也没有任何东西比炫耀、漂亮、熟巧、有意显示更遭批评的了。例如，自己总是赞许自己的名气有多大，成绩有多么的骄人，他的成就与名气往往不会有他说的那样大。自己总是夸奖自己有多少财富，而且花起钱来大手大脚，百般挥霍，他的财富一定没有实际上的那么多，而且同时也表明他不是一位真正富有敬业乐群精神的人。所以能把自己的非凡能力渗透在如愚如拙、如钝如鲁的表面，看似平淡的行为中就受到前所未有的赞扬。而且，人们认为一种令人钦佩的“愚”，是真正自发创造行为产生的自然的结果，是比“聪明”更难得到的品质。“机巧”，是损害纯洁之心的一种污染剂。要变得聪明并非是一件多难的事，而变成一个远非聪明所能企及的“愚者”，更不是一件容易的事。现在的人的学历比以往的人的学历都要高得多，所以无论是在聪明的程度上，还是在伶俐的程度上，也都超过以前的人。然而，他们的生活，却未必比以前的那些没有学历的人幸福。这是怎么一回事呢？

查尔斯·兰姆是没有任何学历的人，但是他的生活却是那么幸福。“我爱愚者”是他最爱说的话。崇拜他的梁遇春在《兰姆评传》中这样写道：

……只要我们能够虚心，人们的各种错误，我们全能找出可原谅的地方。因为我们自己也有做各种错事的可能，所以更有原谅他人的必要。真正的同情是能体谅别人的苦衷，设身处地去想一下，不是仅仅容忍就算了。用这样眼光去观察世态，自然只有欣然的同情，真挚的怜悯，博大的宽容。而只觉得一切的可爱，自己的生活也增加了无限的趣味了。兰姆是有这种精神的一个人。

只有自己先原谅别人，别人才能原谅自己，古语说：“水至清则无鱼，人至察则无徒。”即过于精明的人是不会有太多的朋友的，所以，只有能宽容别人，别人才宽容你。

有一回，有人问兰姆恨不恨某个人，他说：“我怎能恨他呢？我不是认得他么，我从来不能恨我认识过的人。”这正是一种与“人至察则无徒”相反的愚者的精神之体现。日本的中郎董一郎曾说：“彻底愚直的愚，这最大的美德，现在已丧失了。”当别人要得到某种东西时，自己就会唯恐在这方面损失了什么利益，而千方百计地去阻挠别人得到这样东西，却认为这才是“精明”。实际上，完全不是这样的。

从这个角度上来说，所谓的“守愚”，实际上是培养自己的超凡的智慧与美德。

在另一方面，“守愚”也象征着踏实工作的精神，即不为讨好谁而工作，而是为了实现自己生存的意义而工作。洞山良介《宝镜三昧》的最后一句是：“潜行密用，如愚如鲁”，意思是暗中行事，而不为人知，这样才具有人生的真实性。也就是说，守愚是世间最为高尚的美德，即不为名利，自发地只为“做事”。

进而言之，做事欲为人知，或想做得漂亮，只不过是利己主义或小我私欲的表现，只是求其私心之满足而已，而我们所说的“守愚”，就是将机巧、炫耀之心剿杀殆尽，把所欲所求的虚妄之心，一概予以否决，才能变得无心，变成愚，使人生的道路上充满真正耀眼的光辉，而在人生的实践之中追求一种踏踏实实的生活态度。

守愚，是真精明，是建立气场的上乘功夫。

好脾气是交际的通行证

在我们生活着的每一天，总是发生着这样或那样的事情。可能也会因为一件小事而影响了原本极为美妙的氛围，瞬间让我们失去气场，享受的快乐也荡然无存。然而人生短暂，聪明的你千万不要浪费时间，去为小事而烦恼。当我们过于注意微不足道的一点点小事时，实际上就是在一点点地浪费我们的时间。

怒气犹如人体中的一枚定时炸弹，随时都可酿成大祸。古人说的“怒从心上起，恶向胆边生”就是这个道理。

一位新毕业的大学生，花费了很大精力找到了一个海上油田钻井队的对口工作。在海上工作的第一天，领班要求他在限定的时间内登上几十米高的钻井架，把一个包装好的漂亮盒子送到最顶层的主管手里。他拿着盒子快步登上高高的狭窄的舷梯，气喘吁吁满头是汗地登上顶层，把盒子交给主管。主管只在上面签下自己的名字，就让他送回去。他又快跑下舷梯，把盒子交给领班，领班也同样在上面签下自己的名字，让他再送给主管。

他看了看领班，犹豫了一下，又转身登上舷梯。当他第二次登上顶层把盒子交给主管时，浑身是汗，两腿发颤，主管却和上次一样，在盒子上签下名字，让他把盒子再送回去。他擦擦脸上的汗水，转身走向舷梯，把盒子送下来，领班签完字，让他再送上去时他有些愤怒了，他看看领班平静的脸，尽力忍着不发作，又拿起盒子艰难地一个台阶一个台阶地往上爬。当他上到最顶层时，浑身上下都湿透了，他第三次把盒子递给主管，主管看着他，傲慢地说：“把盒子打开。”他撕开外面的包装纸，打开盒子，里面是两个玻璃罐，一罐咖啡，一罐咖啡伴侣。他愤怒地抬起头，双眼喷着怒火射向主管。

主管又对他说："把咖啡冲上。"年轻人再也忍不住了，"叭"他一下把盒子扔在地上，"我不干了！"说完，他看着扔在地上的盒子，感到心里痛快了许多，刚才的愤怒全释放了出来。

这时，这位傲慢的主管站起身来，直视他说："刚才让您做的这些，叫做极限训练，因为我们在海上作业，随时会遇到危险，所以要求队员身上一定要有极强的承受力，承受各种危险的考验，才能完成海上作业任务。前面三次你都通过了，可惜，只差最后一点点，你没有喝到自己冲的甜咖啡。现在，你可以走了。"

承受痛苦压抑了人性本身的快乐，但是成功往往就是在你承受常人承受不了的痛苦之后，才会在某个方面有所突破，实现最初的梦想。可惜，许多时候，我们总是差那一点点……

因为一点点的不顺而怒火中烧，正是很多年轻人的缺陷，正如上例，一点小事都承受不了，最后的结果只能是丢了自己的第一份工作。

有时，你的愤怒情绪将会阻止你做不好事情。成大事者是不会让愤怒情绪所左右的——他们懂得如何克制、疏通自己的情绪。

一天，陆军部长斯坦顿来到林肯那里，气呼呼地对他说一位少将用侮辱的话指责他偏袒一些人。林肯建议斯坦顿写一封内容尖刻的信回敬那家伙。

"可以狠狠地骂他一顿。"林肯说。

斯坦顿立刻写了一封措辞强烈的信，然后拿给总统看。

"对了，对了，"林肯高声叫好，"要的就是这个！好好训他一顿，真写绝了，斯坦顿。"

但是当斯坦顿把信叠好装进信封里时，林肯却叫住他，问道："你干什么？"

"寄出去呀。"斯坦顿有些摸不着头脑了。

"不要胡闹。"林肯大声说："这封信不能发，快把它扔到炉子里去。凡是生气时写的信，我都是这么处理的。这封信写得好，写的时候你已经解了气，现在感觉好多了吧，那么就请你把它烧掉，再写第二封信吧。"

林肯总统这种控制情绪的办法值得我们借鉴。

我们也会经常因一些烦琐的小事而影响心情，甚至是影响到一个原本鲜活的生命。轻易击垮人们的并不是那些看似灭顶之灾的挑战，往往是那些微不足道的极细微的小事左右了人们的思想，改变了原来的意志，最终让大部分人的一生一事无成。生活是忙忙碌碌的，所以要求人们去清点那些无须劳神去忙的无谓的琐事，然后果断地将那些无益的小事抛弃，没有必要去理会它们。

"人生一世，草木一秋"，短短的几十年人生，何不让自己活得快活一点，潇洒一点，何必整天为一些鸡毛蒜皮的小事生闲气呢？如果遇到中伤或误解的事，气量大一点，装装糊涂，他人气我我不气，一场是非之争就会在不知不觉中消失，你也落得潇洒，而等到终于水落石出，人家还会更加敬重你这个人。

第十章　领导气场修炼

以身作则，以德服人

一个有气场的管理者必定是具有优秀品质的人。优秀品质的首要体现是诚实，对人真诚，对企业有比较高的忠诚度。诚实的主要表现是：在是非面前坚持原则，与员工敞开心扉沟通；在工作中实事求是，出现失误勇于承担。如果你一直这样做了，你就有可能成为优秀的管理者。诚实是做人最起码的道德水准，如果一个管理者连诚实都不具备，对员工的承诺不兑现，以所谓聪明的“管理技巧”蒙骗员工来取得工作绩效，那么这个管理者终有一日会落得众叛亲离的下场。

管理者在工作的过程中，如果过分依赖手中的权力，就无法在团队中获得员工的支持。管理者应该具有很强的亲和力和人格魅力，人格魅力是得到别人尊敬和支持的最有效的因素，比拥有权力和财富都有效果，这是经过实践检验的真理。

1. 分清红与白

优秀的管理者应该是一个以身作则的人。无论做什么事都应该身先士卒，做一个领头羊，自己做错了事，又不去改正，也不在下属面前表态，是很难服众的。如果能够做到以身作则，率先垂范，下属也会跟着做，即使他们做错了，你还可以指导他们改正错误。但是在指正错误时应该注意细节，注意方法。

有的管理者习惯了在权力的光环下工作，工作中出现了问题，不分青红皂白，先把负责的人找来大骂一顿，然后再调查工作的细节问题，最后才发现原来不是员工的错。先找出真正的问题，然后把这个问题解决掉，这才是管理的真正目的。即使真的要批评，找到真正的原因后再批评责任人也不迟啊！当管理者发现自己的批评错了之后，也会感到不应该，但是这个不应该对员工未来的工作热情和积极性都是有很大的伤害的，是非常不理智的。

2. 与下属一起分享面包

一个高明的管理者，不仅能与下属一起分享面包，即分享功劳，有时还会故意把本属于自己的那份功劳让给下属。试问，这样做以后，还有哪个下属不肯全心全意替他卖命呢？

这是最有效的用人术。身为上司有时候有必要将自己的功劳让与下属。或许你会认为这样做对自己损失太大而不愿意，但若自身实力雄厚，足以建功立业，即使吃点亏也是无所谓的。

犹太民族把富有者施惠予贫穷者看成是天经地义的事，不仅如此，据说施惠的富有者还必须感谢受惠的贫困者，“因为你们才使我有机会做善事”，“我之所以能够施惠是托您的福。谢谢！”在宗教上，他们深信“施惠”的行为可以得到神的庇佑。因此，施惠者必须对给予自己机会的人——贫困者抱有感谢之心。施惠者有时也会被对方要求道谢：“因为我，你才能获得幸运，所以你必须感谢我。”犹太民族的这种做法不容易被我们所接受，不过，仔细思考之后，就会发现其中并非毫无道理。虽然在层次上有一定的差异，但是上司和下属之间不也存在着类似的关系吗？

当你将功劳让给下属时，切勿要求下属感恩戴德，或者摆出威风凛凛的姿态。因为下属可能会因此而羞愧难堪，甚至感到受到了侮辱，进而会采取反抗行动。如此一来，反而得不偿失。你应该心甘情愿地把功劳让给下属，并且对其表达感谢之意。换言之，你该换个角度想，由于你身在一个可以使你“施惠”的公司，并且拥有值得你“相让”的下属，才能让你尝到满足的滋味，这一切都是值得感恩的。

如果你能持有这种心态，相信你所得到的喜悦将无可限量。而在如此充满和谐气氛的公司里，上司与下属是不会发生摩擦的。即使仅有一次类似经验的下属，也必定会将此恩惠牢记在心。把功劳让给下属不过是小恩小惠，但这滴水之恩，却可以令下属以涌泉相报。孰轻孰重，人人自明。与此相反，在必要时管理者也可以把过错一人揽下来，其效果有异曲同工之妙。

宰相肚里能撑船

古代有位宰相，请理发师来给他理发修面。那理发师给宰相修面修到一半，忽然停下刮刀，两眼直愣愣地看着宰相的肚皮。

宰相见他这样，心里纳闷：这肚皮有什么好看的呢？就问道："你不修面，却光看我的肚皮，这是为什么呢？"

理发师说："人们常说宰相肚里能撑船，我看大人您的肚皮并不大，怎么能撑船呢？"

宰相一听，哈哈大笑："那是说宰相的气量最大，对一些小事，能容忍，不计较。"

理发师听到这话，"扑通"一声，跪倒在地上，哭着说："小的该死！方才修面时不小心，将大人您的眉毛刮掉了，大人您气量大，请恕罪！"

宰相听说他的眉毛给刮掉了，不禁勃然大怒，正想发作，转念一想：自己刚才讲宰相气量最大，我怎能为这事就给他治罪呢！于是，只好说："不妨，去把笔拿来，把眉毛画上去算了！"

这个小故事体现了说话的技巧，也说明了一个道理：心胸宽广是人的美德，人的身份和地位越高，心胸就应该更宽广。

作为一个管理者，领导着一个企业或团队，就应该具有宽广的胸怀和包容之心。对于下属"触犯"自己尊严和权威的事情，及时给予原谅、宽容，并积极寻求沟通，互相达成谅解。尤其是关于企业发展大计的问题，更要以企业大局为重，抛弃个人恩怨。这是一个优秀管理者建立气场必须做到的。

美国福特汽车公司的创始人亨利·福特虽然后来变得刚愎自用，犯下了错误，但早期却是心胸宽广的人，并因此招揽了很多人才。

道奇兄弟是福特公司最早的股东之一，但由于福特实行限制股东红利的做法引起了道奇兄弟的强烈不满，并对福特提起了诉讼，要以法律来维护自己的权利。

在亨利·福特与道奇兄弟发生诉讼纠纷时，凯勒的朋友史蒂文森曾是道奇兄弟的辩护律师，对福特百般羞辱，而凯勒自己则在诉讼中参与案件的复审工作，法院最后做出了对福特不利的判决。

然而，福特认为凯勒的判决完全就事论事，而不是出于个人的好恶。当时福特公司正处于起步阶段，亟须富有非凡才能的人。诉讼结束后，福特对凯勒说："您何苦要仰人鼻息屈就律师的职位呢？您应该到我这里来，我会欢迎您的。"福特的态度是：只要愿意加入，都既往不咎。

凯勒起初拒绝邀请，后来终于接受了福特的建议，加入了福特公司。

在一战后的困难时期，凯勒提出了一项节约开支的方案。战争期间他在管理工厂的过程中就发现，额外的供应在生产前引入工厂，不但占据了工厂有限的空间，而且积压了上百万的资金。他重新拟订了减少这项开支的进货计划，规定原材料和零部件只能按计划购买，运送货物的车辆卸货后立即将产品装运发售。

由于工厂的储备已经到了饱和点，存货积压了不下8800万元的资金。凯勒又开发了数条新的流水线，加快内部运转，迅速将积压物资变为成品运送出厂。

凯勒提出的上述措施，在1920年的萧条与危机中，对挽救福特公司起到了关键性的作用。

心胸狭窄的人是很难原谅别人的，自然也很难得到别人的原谅。谁愿意跟这样的人共事呢？他又怎能吸引优秀的人才呢？管理者一定要胸怀宽广，善于宽容别人。在管理中同样如此，要允许别人犯错误，对于下属和员工的过失，只要没有造成严重的后果和不良影响，就不要抓住不放。

索尼公司属下的一家公司的总经理曾对盛田昭夫抱怨说，公司里有时会出点差错，但又找不出该负责任的员工。

盛田昭夫赶紧说，“找不出是好事。”他的理由是：如果真的找出是哪位员工，会影响其他员工。他说：“我们不可能不犯错误，何况从长远来看，这些错误也不至于动摇整个公司。而如果一个员工因犯错误而被剥夺升迁机会，也许就一蹶不振，更别说为公司做更大的贡献。”所以，只要把犯错误的原因找出来了，公之于众，无论是犯错误的人，还是没犯错误的人都会牢记在心。

盛田昭夫还对这个总经理说：“即使你找出了犯错误的人，你也不好处理。这个人已经在公司里干了一些时间，即使你把他开除了也于事无补，你还得另外找一位熟悉情况的员工接替他。如果他是一位新员工呢，那犯点错误更不奇怪，你就像对待小孩犯错误一样，要帮助他而不是抛弃他。特别要耐心帮他找出犯错误的原因，以免他或者别人重犯。这不但不是损失，反而获得了经验教训。在我多年的领导生涯中，还真找不出因犯错误而被开除的人呢！”

盛田昭夫的宽容和明智，深深地触动了这位总经理。为了追究一个错误，又犯另一个错误，这其实是两个错误了。索尼公司总是流动着自由豁达的空气，这种独特的人事管理哲学使公司充满活力，大批人才不拘一格脱颖而出，新产品不断问世，为公司带来了巨大的财富。

宽容、豁达，是管理者建立气场必备的素质。当你宽容地对待你的对手和下属时，他们也宽容地接纳了你，你才有更多的机会施展你的抱负，展示你的能力，个人和企业才能取得成功。

胆小不得将军做

作为一个上司，你必须表现得比下属更富有勇气和胆量，才能拥有强大的气场，让下属围着你转。如果一个领导者畏畏缩缩前怕狼后怕虎，还怎么指望下属听他的？

其实，地球上的每个人都害怕某样东西，大部分恐惧感都是遗传的。但你必须先克服你的恐惧感，然后才能在你的生命中获得任何有价值的成就。

地球上的每一个人，或多或少都受到这些见不到的恐惧感的控制。要想消灭这些敌人，第一步就是找出它们究竟在何处，并认识它们。

它们通过两个遗传方式，占据你的身心。第一种是所谓的肉体遗传（达尔文对此做过很多研究）；另一种是所谓的社会遗传。生存在黑暗时代的人们，用这种遗传方式，把他们的恐惧、迷信及信仰，一代一代地往下传，一直传到现代。

让我们研究肉体遗传在创造恐惧时所扮演的角色。

从一开始，我们就发现大自然一直是个残酷的创造者。从最低等的生命到最高级的生命，大自然一向默许较强壮的动物捕食弱小的生物。

鱼类捕食虫类，吃掉它们的身体；鸟类捕食鱼；较高等的动物则捕食鸟类，如此残酷地循环上去，一直推展到人类。然而，人类不但捕食其他较低等的动物，甚至还捕食“人类”。

整个进化论就是弱肉强食的最佳例证。难怪比较虚弱的动物都会“恐惧”强壮的动物。“恐惧”的意识，天生就存在于每一个生物的脑海中。

大多数的恐惧本能，都是经肉体遗传到我们人类的身上。

现在，让我们来研究社会遗传，并找出它所扮演的角色。

“社会遗传”这个名词指我们所学习的任何事项，也就是我们从其他人那儿观察到或经历到的每一件事。

你须先把自己的任何偏见抛开，那么你也许就可知道有关你的“六个最危险敌人”的真相。

（1）恐惧贫穷。要述说这个人类大敌的历史真相，是需要勇气的，而要听取这项真相，更需要勇气。对贫穷的恐惧起源于人们习惯在经济上捕食他们的同伴。只有本能，而没有思想能力的动物，只会在肉体上捕食其他动物。人类拥有高度的感觉，并具有更具力量的武器——“思想”，因此，并不吃其同伴的身体，而是从经济方面“吃掉”同伴，可获得更大的乐趣。

从这方面看来，人类是个大罪犯，因此，每个国家都不得不运用法律以保护弱者，使其不致受到强者的侵害。每一条法律都证明了，人类具有在经济上侵害其弱者兄弟的天性。

（2）恐惧衰老：造成这项恐惧感有两种主要的原因：第一，人们认为，衰老会带来贫穷。第二个原因，则是宗教派系一些残忍而虚弱的教诲。教导人们认识地狱的可怕情形，使人们认为，人在衰老之后，等于接近了另一个更可怕的世界，因此导致人们对衰老产生恐惧。

（3）恐惧生病。这项恐惧是经肉体及社会遗传而来，每个人天生就有这种恐惧感。从出生到死亡，每个人的肉体内部即不断进行永恒的战斗——细胞群之间的战争。一群细胞是所谓有利的“身体建造者”，另一群则是破坏者，或称之为“病菌”。恐惧的种子诞生在人类肉体中，造成这种结果的是大自然的残酷计划：允许强壮的细胞生命捕食较弱的细胞。缺乏清洁及卫生知识，使得社会遗传发挥了它的影响力。

（4）恐惧失去心爱的人，这项恐惧使疯人院中充满疯狂的嫉妒，因为嫉妒本身就是一种疯狂的形式。它同时也充满在离婚法庭，并导致离婚及其他形式的残酷惩罚。它是上一代人经社会遗传方式所传下来的，因为，在石器时代，人类往往以武力抢走同伴的伴侣，而达到打击他人的目的。这项方法到目前已有所改变，但其实施方式则没有太大的变化。人们不再强行夺走他人心爱的人，而改以五颜六色的漂亮缎带、快速跑车、醇酒、闪闪发亮的宝石，以及宏伟的住宅诱惑猎物。

人类确实大有进步。以前强取豪夺的方式，现在改为“利诱”。

（5）恐惧批评。人类从何处获得这项恐惧感，现已无法考据，但可以确定人类确实有这种恐惧感。但人类并不是因为这项恐惧才变成秃头的。秃头是因为帽子内缘太紧，阻碍了发根的血液循环。女人很少秃头，因为她们所戴的帽子比较宽松。但为了恐惧批评，人们把帽子放在一旁，以保持他们的头发。成衣制造商一直投资在这项人类的基本恐惧上。服装式样在每一季节皆有所改变，因为成衣制造商知道得很清楚，没有几个人有此勇气穿上比常人落后一个季节的衣服。如果你对这种说法表示怀疑，你（男士）可以戴上去年流行的窄边草帽（今年流行宽边帽），沿着大街走下去。或者，你（女士）也可以戴着去年流行的帽子式样，在星期天的早晨，漫步于繁华街道上。你们必定觉得极不舒服，这都应该感谢你那位听不见的敌人：对批评的恐惧。

（6）对死亡的恐惧。几万年以来，人们不断地问着迄今无法回答的两个问题——“从何处来？”以及“往何处去？”对于这个永远存在的问题：“我从何处来，死后又将到哪儿去？”比较狡猾的人立即提出他们的答案。某位领袖说：“到我的帐篷里来，死后你将进入天堂。”这时，天堂被描绘成一个美好的城市，街道的两旁都是黄金，并镶满珠宝。他又说：“不进入我的帐篷的，将直接坠入地狱。”这时，地狱被描绘成是一个发热的大熔炉，不幸坠入地狱的人，将永远饱受煎熬的痛苦。

难怪人类恐惧死亡。

正因为这六种基本恐惧普遍存在于人们心中，而且又由此派生出形形色色的其他恐惧，所以，当有人“表现”出来对此毫不害怕的时候，这个人就有了领袖群伦的一种魅力。

如果你想当“这个人”的话，那么，请抛弃恐惧吧！至少，把恐惧深藏在心底，表面上装出一副无所畏惧的样子来。

提升自身的语言艺术

语言是管理者开展工作的前提和条件。语言艺术的实质是语言智慧的传播和延伸。语言的基础在于智慧，更在于管理者才智的高低。一个优秀的管理者能将普通的语言化作精辟的语言，在管理中，便可以化为巨大的气场力量。

要想锻炼好自己的口才，有很多种方法，但是在管理中，所谓的语言并非夸夸其谈，管理中的语言艺术自有其特点，因为在管理中，语言的表达是一种集政治性、知识性、艺术性为一体的技巧。

1. 讲原则、讲实话

管理者讲话不能信口开河，要讲原则，讲实话，才能收到“言必信”的效果。谎话像雾，大话像雷，空话像云，唯有实话才像滴滴春雨。讲真理，说真话，道真情，不吹牛，不护短，才能取信于下属。这在管理者表扬下属的时候经常用到，首先，管理者不能对任何一个人都进行表扬，这即是原则。在表扬下属时，所用语言要真实，管理者表扬要实事求是，恰如其分，掌握好表扬用语的分寸。不能任意夸大情节，评价失实，随意拔高。

2. 掌握分寸与度

列宁说，真理超过一步即为谬论。正确与错误之间没有不可逾越的鸿沟。特别是管理者在讲话时，要处处体现出政策性和导向性。出言要慎重，力求准确，要有分寸，并量体裁衣，不可言过其实。

管理者在与员工沟通时要找到“接受的适度点”。任何说服，本质上都是要使对方放弃自己原来的观点和立场，作出某种程度上的退让和改变。因此，必须找到对方能够接受的适度点。如果找不到这个点，那很可能使自己的语言付之东流。周恩来同志在调停“西安事变”的过程中，就对当事各方，作了深刻的分析，从而找到了各方都能接受的适度点：放蒋抗日。在这个基础上，说服工作才能奏效，从而成功地解决了“西安事变”的调停难题。

3. 掌握激励内涵与节奏

管理中的激励包括物质激励与精神激励两方面，而语言激励是精神激励的重要内容。哲理深刻、语言生动、节奏和谐自会使人有精神振奋之感。在激励时，要使声调抑扬顿挫，切忌呆板，要高低起伏，声情并茂，这才能使听者有心，而说者有“利”。

4. 掌握“避重就轻”的艺术

所谓“避重就轻”是指对非原则性问题不必纠缠，完全可以避开，另外对当时难以解开的问题死结也可以“放弃”，不必正面强攻，可以避重就轻，再迂回而来，一举“歼灭”。掌握好这项语言艺术，在说服时是很有效果的。

5. 语言要有时代感

当今时代需要当今时代的理念，具有时代感的管理者才是一个走在前列的优秀管理者。有时代感的人就必须要有时代感的语言。

语言是人类生活实践的产物，随时代发展而发展，具有鲜明的时代特征。不同时代的语言反映不同时代的特点。“下乡”“下海”“下岗”这三个词，就反映出社会发展的三个不同阶段所出现的三种不同现象。身为管理者在语言交往中，要与时俱进，跟上时代发展的步伐，讲话时观点要鲜明，用词要体现时代的精神风格。

总之，在信息时代，语言传播是最直接、最准确、最迅捷、最有效的传播方法之一。无论是当面传播还是电话传播，语言都快速敏捷。人们用语言一传十、十传百，能迅速传到每个角落，发挥信息快速传播的作用。管理者之所以有高见和远见，能站得高，看得远，有先见之明，就是由于在信息的收集和传播上占有优势。

一句精辟的话，一段形象的广告词，一场激动的演讲，都会在人们的心里产生震动，激发人们的动机，改变人们的行为。“时间就是金钱，效率就是生命。”“快一步海阔天空，慢一步时不再来”正激励全国人民抓住机遇，加速发展的步伐，保持经济的高速增长，使中国经济在全世界一枝独秀。同时，语言也是管理者形象的窗口，“开口看素质”，管理者的语言水平是素质能力的综合体现，是给员工留下第一印象的直接感受。所以，语言水平一定要锻炼，才能使领导力增加。

做一个谦逊的领导者

在现代人看来，谦逊似乎已经变成领导者的一种缺点，很多人认为它会妨碍领导者实现自己的宏伟目标。而实际上，谦逊有着令人难以置信的气场力量。一个谦逊的领导能无声地、持续地创造惊人业绩，因为他着眼的是比个人一时得失更远大的事业。

没有人能全知全能，这是我们需要合作的原因。作为一个领导者，你或许很有能力和天赋，但是你必须把你的才智与谦逊结合起来。

我很欣赏富兰克林说过的一段话：“我定了一条原则，避免与别人在情绪上发生直接冲突，避免说绝对的话。我不用那些代表绝对的词和表达方法，比如肯定、毋庸置疑等。取而代之的是我感觉、我理解、我想。当别人做出我认为错误的断言，我不会幸灾乐祸地马上反驳，而是对他说，在某种情况或环境下，他的说法可能是正确的，但现在的情况不是这样。这种作风让我尝到了甜头，我参与的谈话都变得很愉快。我以谦逊的态度提出的意见让人很容易接受；当我错了的时候，很少受到嘲笑；当我碰巧对了的时候，很容易让别人放弃错误的立场来支持我。最初我强迫自己运用这种方式，后来发现这很容易坚持，到最后就变成了习惯。也许在过去的半个世纪里，从没有人听我说过武断的话。”

作为领导者，权力往往使你具有比平常人更大的人性弱点：不能正确听取别人对你的意见。虽然你可能经常让下属多提意见，但是，当意见真提出来的时候，你可能会不以为然，也可能会心里不高兴。多数情况下，你会假装有兴趣，点头听着，然而，你不会因为别人的建议有任何行动。古罗马元老院议员在演讲时，有专门的仆人站在他身后，对他不断耳语“记住，你是凡人”。同样，现代的领导者也需要经常告诫自己，或时常有人提醒你。

谦逊首先表现在语言上，因此，领导者的话语要以缓和的语气开始，这表示你要创造一个中立的、可靠的气氛，让大家放弃对立情绪。虽然语气和缓，但是你的话语要直接、清晰，并尽量从别人的话题切入。要进行友好的探讨，不要针锋相对，不要炫耀自己的知识和才能，以下是一些缓和语气的句子，正确地使用它将使你受益匪浅。

我的看法与你相同。但是……

感谢你的提问。当你说到……

谢谢你提到那一点。我能问一下……

你的论点很好。是否介意我提一个问题……

那一点我根本没有想到。如果可以，我问一下……

我很乐意回答那个问题。你能不能帮我说明一下……

做一个善于自制的领导者

领导者通常都会认为，在很多情况下，他们的本能是坚持真理。例如，当某一上司、某一同事或某一下属做了违背法律、道德或行为规范的事情的时候，他们很自然的反应是大叫一声：“不对，你不能这样做。”

但是，成功的领导者不会马上说出他们的真正想法。他们知道，大多数时候马上泄漏自己的想法，于事情毫无帮助。当然，也不要压抑自己的感觉，而是尽量采取合理的方式来有效地控制和引导它。因为，强硬的行为可能是解决这些问题的最简单的办法，但绝不是最有效的方法，它很可能使情况变得更糟。

在紧要关头善于克制自己，不仅能避免出错，还能给你时间和精力去思考，去发现分歧，去研究问题的原因所在。自我克制往往是以创造性的方式解决难题的先决条件。要知道“拔剑容易收剑难”，在事情没有准确结果时，轻易在公众面前对出现的问题下定义，不仅会引起你工作的被动，甚至会动摇下属对你的信仰。

虽然自我克制看上去好像是一条很好的脱身之道，但却常常很难做到。例如，我的一位朋友，作为一个高级经理，他发现有时候很难自我克制，于是在某些分歧很大的会议上，他会把一根手指放在嘴唇中间。这样听起来比较可笑，但的确很管用。

善于克制自我的领导者并不认为在人生的课堂中，最早举手回答问题的学生是最聪明的。他们相信自己的直觉，但他们同时想要区分正确的直觉和简单的冲动。即使在他们认为有些事情显然是错误的时候，他们也能平息下来，详细了解情况。因为他们知道，强烈的反应，有时是瞬间的顿悟，有时却是一种偏见或误解。而靠着耐心和克制的习惯，人们可以得到更充分的时间来对二者加以区别。

与员工同乐

松鼠、针和手套在一起，它们生活得很和睦。有一天，它们一起到森林里去找好东西。松鼠和手套并排走着，针跟在它们后面一蹦一跳地往前赶。

它们走了很久很久，没有找到任何好东西，三个朋友很不高兴。突然，针发现了一个小水塘，它高兴得叫了起来：

“松鼠、手套，你们快来呀！我找到了一个好东西，你们快来看呀！”

松鼠和手套飞快地跑过去，以为针找到了什么好东西。可是过来一看，原来是个小水塘。它们非常失望，对针说：

“你就找了这么个东西？”

“是啊，”针回答说：“难道你们还嫌少吗？”

“哎呀，你也太古怪了，就为了这么一个小水塘还把我们叫过来看！”松鼠和手套带着一肚子怨气回去了，针也跟在它们后面一蹦一跳地回了家。

第二天一早，它们又一起到森林里去。松鼠和手套在前面走，针跟在它们的后面。它们走了很久很久，后来，针发现了一个树桩，又像昨天一样叫了起来：

“松鼠、手套，你们快来呀！我找到了一个好东西，你们快来看呀！”

松鼠和手套以为针真的找到了什么好东西，就急急忙忙跑过去，没想到原来是一个烂树桩。它们火冒三丈，真想把针敲扁了！后来，它们总算和解了，松鼠和手套在前面走，针跟在它们后面，又一起回了家。

又过了一夜，天刚蒙蒙亮，三个朋友就在一起商议：它们已经扑了两次空，还值不值得再到森林里去一趟呢？商量来商量去，决定还是再去试一试。松鼠和手套还在前面走，针还是一跳一蹦地在后面跟着。前面的伙伴又是什么都没有找到。针独自在后面东找找，西看看，它跑到一大片沼泽地，用它的一只眼睛细心地观察，终于发现了一头鹿，它立即躲到草丛里。鹿过来吃草了，针也被它吞到了肚子里。针在鹿肚子里到处戳，这头鹿终于疼死了。针又从鹿肚里爬了出来，大声地喊道：

“松鼠、手套，你们快来呀！我找到了一样好东西，你们快来看呀！”

松鼠和手套听到针又在叫它们，生怕再次受骗，互相商量说：

“要是它真的找到了好东西，我们就去看。可是，谁知道它这次是不是又在撒谎呢？”

它们翻来覆去地商量，认为还是眼见为实，决定还是再去看一看。到了那里，看到一头死鹿，使它们喜出望外。手套围着这头鹿看了又看，松鼠溜溜圆的眼睛也转个不停，对针找到的这件好东西赞叹不已。针对它们说：

“我已经把鹿戳死了，现在该你们去煮了！”

松鼠和手套连连点头，开始忙碌起来。松鼠咬碎了老树桩，手套提来了塘里的水，针找到的三样东西都派上了用场。篝火熊熊，不一会儿，鹿煮熟了，它们一起吃了一顿美餐。

针前两次找到东西不但没得到朋友的支持，反而受到朋友的厌恶，当它第三次找到吃的后，它还是把朋友一起叫来分享，针是很讲“哥们义气”的。

在企业管理中，管理人有快乐，别忘了与员工一起分享，善于与员工分享快乐的领导，才能形成巨大的气场，让员工簇拥在你周围。

以下一些因素能达到和员工一起分享的目的：

（1）如果员工的工作单调，试试给工作添加些乐趣和花样。

（2）对于如何做工作，只给出一些提议，由员工自己选择去做。

（3）在公司里提倡并鼓励责任感和带头精神。

（4）鼓励员工之间的互动与协作。

（5）有很大的庆祝活动，别忘记也让员工参加。

（6）日常闲谈中多表示赞赏，让员工知道管理人是关心他的。

（7）在员工生日时，给他一份礼物或让其休息，员工自然会对公司产生一种亲切感。

海因茨去佛罗里达旅行，这是他公司所有的员工都知道的事情。

大家对他说："好好玩一玩，你太累了，一年到头也难得轻松那么一回，这会就放松地玩吧，公司的事大家顶着。"

不久，他就回来了，而且没玩几天。

"怎么这么早就回来了？"大家以为他在外面碰到不愉快的事。

"你们也不在，没有多大意思。"他对大家说。

他指挥一些人在工厂中央安放了一只大玻璃箱，员工们纳闷地过去看，原来里面有一只大家伙，是短吻鳄，重达800磅、身长14.5英尺、年龄为150岁。

"怎么样，这个家伙看起来还好玩吗？"

"好玩。"许多人都说从来就没有看到过这么大的短吻鳄。

海因茨笑呵呵地说："这个家伙是我佛罗里达之行最难忘的记忆，也令我兴奋，请大家工作之余一起与我分享快乐吧！"

这个海因茨就是亨利·约翰·海因茨——一个伟大的领导者。

1844年，亨利·约翰·海因茨出生于美国的宾夕法尼亚。他8岁的时候，就具备了领导才能。他在家中是最大的孩子，于是，他带领着弟弟妹妹们在父亲砖厂的空地上开垦了一小块菜地，种植西红柿、洋葱、土豆等蔬菜，到了收获季节，他们就挎着菜篮子向邻居和砖厂的工人兜售蔬菜。弟妹们把这事当成了一个游戏，玩了一阵子就没有了兴趣。但海因茨却对此非常上心，他不但坚持了下来，

10 岁时就开始推着独轮车走街串巷去叫卖，到了 16 岁，他已经成为了一个小老板，手下有了好几个伙计替他种菜和卖菜。

后来，这个海因茨创建了 H.J. 亨氏公司，有人说：这个食品王国里的“国王”是从宾夕法尼亚的菜地里走进商界的。因为从 1888 年他的公司更名为 H.J. 亨氏公司以来，海因茨不但是“酱菜大王”，到了 1900 年，亨氏公司的产品种类超过了 200 种，跃居美国大公司的行列。又经过几代人的努力，亨氏公司的产品不只是人们印象中的婴儿营养奶粉、婴儿营养米粉，只就美国而言，亨氏公司的产品已经渗透到美国人的每一间厨房、每一张餐桌——装状金枪鱼、青豆罐头、泡菜、芥末粉等，成为美国人生活的组成部分。现在亨氏公司的分公司和工厂遍及世界各地，是一个年销售额高达 60 亿美元的超级食品公司。

那么，那个 8 岁就带领弟弟妹妹种菜的小男孩是如何创立这个超级食品公司的呢？应该说，海因茨在经营过程中有很多招法，但建立一个融洽的劳资关系应该是他一个经营秘诀。他是个身材短小的家伙，可员工们都认为他很高大，因为他总是与大家谈笑风生，往来于他们之间。他还特别善于用自己的热情来打动员工，使大家非常感动和振奋。

亨氏公司的劳资关系被认为是全美工业的楷模，被誉为“员工的乐园”。

可见，愉悦的老板肯定会有一个快乐的企业。

善待每一个员工

两个旅客遭受到太阳的炙晒。正午时，他们在一棵大槐树下休息。一个旅客对另一个旅客说：“槐树真是百无一用啊，既不能结果实，对人类又没有什么实际的利益。”槐树非常生气地说：“真是忘恩负义的家伙，你在我的树荫下乘凉，享受我送你的好处，嘴里却说我毫无益处！”

槐树的树荫可以给两个旅客防晒，但结果却遭忘恩负义的旅客说百无一用，这给管理者一个启示，对待属下员工，切记要善待，特别是功劳赫赫者，更不能忽视。善待员工的领导才能建立自己的气场，笼络住员工的心。善待员工就是要和他们多沟通，多给予奖励，给他们良好的工作环境。

一个企业需要上下一心、荣辱与共的精神，在激发公司员工上下团结一致时一定要采取善待下属的策略，以下几点应该注意：

（1）善待下属，领导人在行为上要表现出来，要让他们懂得你是为他们着想的。

（2）多参与员工们的活动，了解他们的苦衷，及时与员工们沟通。

（3）给下属创造良好的工作环境，让他们知道你处处体贴他们。

（4）认同下属的表现，要向下属表示赞赏，不仅要口头肯定，还要适当加薪，让他们知道你随时在肯定他们的贡献。

（5）容忍每位员工的个性与风格，使他作为一个活生生的人存在，不要把他们管理成仅会说话的机器。

（6）面对危机，企业领导人应做到指挥自如，并以自己这种稳如泰山的姿态来稳定员工的情绪。

艾柯卡从福特公司的经验教训中指出，领导的缺陷最主要的是居高临下、独裁专制的傲慢。在许多企业中一言堂的领导作风常常不断出现。居高临下的领导方法来源于军队中上级对下级吼叫命令的原型。它表现了这样一种情形：“我在这儿是老大，尽快搞清楚这点对你有好处！”

有时，上级领导为了权威拒绝下级意见，而如果他们听了下属的意见，在工作中会省掉许多麻烦、误解和相互伤害，因为显而易见，上级的看法是错误的。

有人认为在领导身上不存在“私”，只有“公”，似乎公私混淆是在普通人中间产生的。其实这种看法是十分错误的,企业管理者为了巩固自己的地位，否决下属有创意的计划是常有的事。在福特公司，亨利二世就是为了避免艾柯卡再度获得像“野马之父”这样的美称而多次否决了艾柯卡提出的研发新车型的建议，结果是福特公司失去了广大的汽车市场。

因此，艾柯卡指出，如果企业管理者将自己的好恶作为工作好坏的标准之一，这种做法实在是愚蠢的，这种居高临下的做法必然会失去民心。

艾柯卡进一步指出，要达成企业上下的一致，还必须采取人性化管理的方法。对于企业管理者来说，企业虽以营利为目的，但光讲求营利却忽视人性就不见得能赚得了钱。而艾柯卡采取的人性化管理则很见成效。今天，艾柯卡推行的这种人性化的管理已是现代企业所重视的课题。例如瑞典的沃尔沃汽车生产线的厂房设计，就很注重“人性化设计”，如卫生间、休息室、停车位都在工作场所附近，生产线的机器符合“人体工程力学”要求，管理上也尽量使员工能参与，可见，沃尔沃汽车能达到世界一流水平，除技术原因外，其人性化的管理相信也是成功的重要因素。

艾柯卡认为领导是权力的拥有者，凡是管理者或领导，不论其职位高低都有相应的、法定的权力。领导功能的发挥如何，从某种意义上来说主要取决于权力运用艺术水平的高低。

他说，权力运用要取得比较好的效果，就必须正确掌握权力运用的原则，这是权力运用的生成与实现的必备因素之一。为此，他总结出了权力运用的七个原则。

1. 谨慎使用权力

艾柯卡认为，管理者虽然大权在握，但一定要谨慎使用，权力宁可备而不用，也不要轻易炫耀自己的权力，更不可滥用权力。管理者在运用权力时，要做到三戒：一戒以权谋私；二戒以权徇私；三戒义气用权。

2. 遵纪守法

艾柯卡认为，管理者在运用权力时，一定要熟知相关法纪，强化法纪观念和法治观念。没有法纪的保证，管理者就很难正常开展领导活动。执法本是管理者的责任和一种权力，但法律和纪律面前人人平等，管理者要模范地遵纪守法，丝毫不能例外，这也是正确运用权力的前提。如果管理者置法纪于不顾，以权代法，以权代纪，那只能失去自己的尊严，失掉自己的威信，最终失去自己的领导权力。

3. 讲究实效（效用原则）

艾柯卡认为，管理者运用权力，必然会产生其应有的效用。要想取得好的效用，必须做到：

要把握权力发挥效用的最好时机。一般来说，强制性权力发挥效能的最好时机不一定在实际行使之时，而往往是在强制性权力行使之前。因此，运用强制性权力时采取事前诱导、宣传教育或事先警告等手段，让下属知道管理者提倡什么？反对什么？什么是对的？什么是不对的？使下属形成对领导的敬畏感、崇敬感，对促进人们自觉行动和预防越轨行为作用更大，比发生问题时行使惩治权效果更好。

要善于使用影响力，千万不要炫耀权势，玩弄权术。高明的管理者，是十分善于利用影响力推动工作的，他们实权在握，宁可备而不用，而靠影响力去推动。这样会增强下级的主人翁感，减少被驱使的感觉，从而心悦诚服地按规定行事，有利于调动下级工作的积极性。

4. 对下级尽量以发问代替命令

艾柯卡认为，只会发号施令的管理者，自以为很权威，实际上并没有得到下级的认可，反而会扼杀下级的创造性和进取心。以发问的方式布置工作，以商量的口吻下达任务，往往比简单地下命令有效得多，它可以激发下级一些不寻常的创见和有价值的建议，而且能使下级在平等友好的气氛中愉快而自愿地接受指令，并竭尽全力去完成任务。

5. 运用强制性权力要果断坚决

艾柯卡认为，在原则问题上或遇到紧急情况时，管理者使用权力必须果断坚决。下属一旦违反纪律，要不计亲疏，不徇私情。如果没有运用这种权力，就会在转瞬之间造成重大灾难或全局性的损失和失败。惩罚违犯者要把握恰当的时机。一般地讲，惩罚违犯者的最好时机是：事实真相弄清，领导激情消失，错误尚未扩大，部下记忆犹新。要“冷”处理，切记考虑尚未成熟，不急于“热”处理，但也不能一拖再拖，到头来不了了之。

6. 恰当运用奖励权

艾柯卡认为，领导干部要恰当地使用奖励权去激励下级或群众的进取心和创造精神。使下级认识到，如果能够服从管理者的意愿并作出相应的贡献，就会受到奖励。奖励要拉开档次，对作出重大贡献者应给予重奖。奖励最好采取公开的形式，同时还要防止随意乱奖。

7. 实事求是

艾柯卡认为，管理者是一定范围内事业发展的能手，在行使权力时，如果不实事求是，其影响面及损失同普遍群众大不一样。如奖惩过头、表扬批评失当，会招致相反结果；再如，不顾主客观可能性提高指标、加快速度，会打击群众积极性。只有求实，才会得到被管理者的信任和拥护。

尊重员工的想法

俗话说“三个臭皮匠，顶个诸葛亮”，其意思就是说，把每个人微小的力量合起来，就是无穷大的能量。对于现代管理者来说，从中要汲取的智慧就是：重视每个人的能力，尊重每个员工的意见和想法。

每个人的思想都是有局限性的，再聪明的人也会有考虑不周到的地方，再无能的人也会有正确的时刻。“智者千虑，必有一失；愚者千虑，必有一得。”管理者要善于吸收员工的意见，借此补充完善自己的想法，从而达到最有效、最大化的管理。这是一种弥补自身不足的技巧，也是一种建立气场的好方法。

对于优秀员工的想法，要引起高度的重视。我们要承认，管理者所拥有的是杰出的管理才能，在具体事务上，他们不见得比员工出色。这时，善听优秀员工的意见，便能帮助管理者作出正确的判断。

唐太宗李世民就是一个尊重贤臣意见的典型人物。有次朝廷征兵，大臣建议：“不满十八岁的男子，只要身材高大，也可以征。”唐太宗同意了。但是诏书却被魏征扣住不发，李世民连催几次也不起作用。他大发雷霆，魏征却不慌不忙说道：“把湖水放干捉鱼，第二年湖中就会无鱼可捞；把树林烧光了打猎，第二年就会无兽可捉。如果连不满十八岁的男子也征来当兵，以后的兵源怎么办呢？国家的租税杂役，又由谁来负担呢？”良久，李世民承认：“这的确是我考虑不周全啊！”于是重新下诏，免征不满十八岁的男子。

李世民非常尊重魏征的意见，他常说，矿石要经过匠人的打磨，才能成为有用之物，他自己就像是山中的一块矿石，魏征就像是打磨他的匠人。当魏征去世之后，李世民还非常怀念他，因此说出了那句千古名言：“以铜为镜，可以正衣冠；以史为镜，可以知兴替；以人为镜，可以知得失。”意思是说：“用铜作为镜子，可以看出衣帽是否端正；用历史作为镜子，可以参照出政治的兴衰；用人作为镜子，可以看到自己的功过。现在魏征去世了，我少了一面镜子啊！”

尊重贤臣到了这种程度，李世民也算得上是前无古人，后无来者。在他统治的时期，政治非常清明，百姓安居乐业，形成了对世界影响巨大的大唐盛世。这一切都和他重视纳谏、广开言路是分不开的。连唯我独尊的皇帝都懂得采纳臣子的意见和想法，更何况是现代的管理者呢？

但是，有些管理者只重视优秀人才的想法，对那些普通员工的想法却往往忽视，这也是错误的。即使不是公司最有价值的员工，他们的想法也会有可取之处，切不可厚此薄彼，要一视同仁，善于从中发现闪光点。

某公司的总经理在这方面就做得很好。他的公司已经成立了很长的一段时间，当初为他出力的老部下们一直兢兢业业地待在普通员工的位置上。现在，公司发展了，招进来很多年轻有为的新员工，他们才华横溢，雄心勃勃，给公司带来了无尽的活力。很快，其中的多数人就凭着自己的能力成为了主管、经理，管理着这些老部下们。

有一次，公司内部对于是不是应该开拓海外市场发生了争议，双方壁垒分明：年轻管理者们引经据典，说开拓海外市场是适应形势，是公司持续发展的主要推动力；老部下们则觉得公司目前的情况不适合做这样大的举措，希望能稳妥地、逐渐地扩大规模。

显然，年轻的管理者们占据着优势。他们能力强，又富有开拓性，进入公司后做出的成绩令大家有目共睹。而老部下们呢，则普遍被认为思想上有些僵化，做事放不开手脚，而且在公司的地位不如年轻管理者们重要。"他们的大好时光已经过去了，现在是重用年轻人的时候。"公司内部普遍都这么认为。

总经理明白年轻管理者们的话是有道理的，但他也没有忽视老部下们的意见。在无法抉择的情况下，他便把它作为一个实验，让主张得最激烈的那个年轻管理者所负责的部门去开拓，而没有把全公司的精力投入进去。很快，这个部门就接到了大量的海外订单，这位年轻管理者十分得意，主张立即让全公司开拓海外业务，老部下们依然反对。总经理出于对他们想法的尊重，尽管自己也动摇了，却仍然没有完全采纳年轻管理者的意见。

没过多久，该部门就因为生产的产品不合国际标准而被退了回来，紧接着又因为公司能力跟不上，无法按期完成海外订单而遭到客户投诉。事实证明，公司目前的确没有发展海外业务的能力，老部下们的意见是正确的。年轻的管理者们沉默了，他们从此也学会了尊重这些老部下的想法，知道了普通员工的想法也有其价值。由于对总经理尊重普通员工的钦佩，公司上下对公司更加忠诚了，同时也增强了团队凝聚力。

不颠覆自己建立的原则

无规矩则不成方圆，这是人人都明白的道理。在公司企业之中，管理者不是万能的，他不能要求自己对每件事都过问，出现什么问题都要靠自己亲自解决，对每个环节进行具体的管理。这种时候，建立相关的原则以作为公司企业内部的行为准则，对员工和自己进行约束的方法便应运而生。它满足了管理者这方面的需要，成为了管理者提高效率的有效手段。可以说，每一家运转良好的公司企业，都有着这类原则；每一个成功的管理者，都是善于树立这种原则，用原则来规范员工行为，增进他们工作成效的人。

既然原则如此重要，那么管理者就要带头维护自己建立的原则，将它贯彻到底，言行举止不要违背，更不要颠覆它。只有这样，才能建立权威的气场，让员工信服并遵守。

想想也是如此。如果连建立原则的管理者自己都不能尊重这一原则，今天这样说了，明天就换一套说法，或者用行动来推翻它，却还希望员工能受其约束，照章办事，这是很荒谬的。员工们只会无视原则的权威性，视原则有如无物，该怎么着还怎么着。如果追究起来，他们还会说："您也是这样做的啊！"管理者还有什么好说的呢？要怪就怪自己颠覆在先，怪不得员工。

让自己建立的原则变成空白条文，变成无意义的符号，这对公司来说，属于管理不善，让制定的决策得不到落实，损害了公司的利益。对管理者本人来说，要么是失去员工的信赖，建立的原则再无价值，要么是引起员工的不满，认为管理者"只许州官放火，不许百姓点灯"。无论哪一种后果，都是管理者不愿见到的。

曹操割发代首的故事，就是一个管理者不颠覆自己建立的原则的好例子。

那时正值乱世，老百姓谁也没有心思种田，大片的良田变为了荒地。于是，曹操实行屯田，并很快收获了大批的粮食。这样，不仅老百姓安居乐业了，军队也有了充足的军粮，为进一步征战全国提供了物质保障。曹操十分高兴。为了保护庄稼，他下了一道命令："践踏庄稼者斩！"

不久，曹操率军队经过麦田。突然从路旁的草丛里"扑喇喇"窜出几只野鸡，把曹操的马惊得狂奔起来，跑进了附近的麦子地。等到他勒住马时，地里的麦子已经被踩倒了一大片。于是，曹操把执法官叫来："我的马踩坏了麦田，违犯了军纪，请你按照军法给我治罪吧！"

执法官犯难了：虽然这是要砍头的大罪，但曹操是主帅，军纪也是他制定的，怎么能砍他的头呢？所以他说："丞相，自古'刑不上大夫'，您是可以免罪的。"“这怎么行？如果地位高就可以不遵守规定，那命令还有什么用处？何况这是我自己定下的规矩，如果我不执行，怎么能让将士们去执行呢？”

执法官迟疑了一下说：“是您的马受惊冲入麦田，并不是您有意违犯军纪，我看还是免于处罚吧！”“不行！规定就是规定，不能分什么有意无意，如果大家违规之后都找出理由来免于处罚，那规定不就成了一纸空文了吗？既然人人都得遵守，我怎么能例外呢？”

执法官头上冒出了汗：“丞相是全军的主帅，如果按军令受罚，那谁来指挥打仗呢？再说，朝廷不能没有丞相，老百姓也不能没有您啊！”众将官也纷纷上前哀求，请曹操不要处罚自己。

曹操见大家求情，沉思了一会儿说：“我是主帅，治死罪是不适宜。那就割下我的头发来代替首级吧！”说完他拔出了宝剑，割下了自己的一把头发。

经过这件事以后，将士们都知道了曹操军令如山，令出必行，决不姑息宽容。从此军纪变得十分严明，军队战斗力也大大增强。很快曹操就消灭了其他强大的军阀割据势力，统一了中国北方。

曹操肯定是不会让自己被砍头的，但他的一番表演，确实强调了自己所建立原则的约束力，向将士们传达了“即使是主帅自己无意触犯也决不可轻饶”的观念。他的行为，无疑是给底下的人敲响了警钟：“忽视我建立的原则，就一定要承担相应的后果！”

原则是没有折扣可打的。管理者应当知道，一种规范建立之后，它就是庄严的，既不能朝令夕改，也不能容忍行动上的触犯。即便是根据形势需要修改，也要事先跟员工阐明原因，然后再以新的原则作为准则，而不要随便颠覆它。

不批评自己导致的失误

管理者在实施管理的过程中，也会因为各种各样的原因，而产生一些决策上的失误。但是，员工却全然不知，仍然照旧行事，最后终于出了岔子。面对这种情况，管理者往往有两种态度：一是归咎到员工的执行细节方面，怪员工忽略了分析而自己把握的大方向；二是明知要从自身找根源，却因为怕影响自己在员工面前的权威，仍然怪到员工身上，自己回头再悄悄改。

这两种态度都不是一个拥有强大气场的现代管理者所应有的。成功的管理者应该抱有豁达的态度和宽容的胸襟。本来面对员工犯的错误,就要以包容、引导和教育为主，更何况是自己导致的员工失误呢?

日本“企业经营之神”松下幸之助是个火气很大的管理者，他信奉一句话：“挨骂是进步的原动力。”就是这种想法，让他的下属不知道多少次被愤怒的松下骂得狗血淋头。每当他的员工做错事情的时候，最害怕见到的人就是松下。

有一次，他的员工在征得松下同意之后签了一笔业务，数目还不小。但是，货是顺利送出去了，对方却因为资金周转困难，不能马上付款。这名员工觉得对方信誉一向不错，又是多年的合作伙伴，虽然这次不守信用，但也算情有可原，就同意先交货。没有想到的是，这家公司的经营出现了问题，导致债务缠身，随时可能宣布破产，根本拿不出钱来还清欠款。该员工十分着急，他多次前去催款，但都无济于事。随着时间的推移，这笔大额货款收回的希望已经变得越来越渺茫了。

在公司的年终会议上，这笔烂账被重点提了出来。因为数目大的关系，看起来这个员工所在的部门是无法盈亏平衡了。部门主管无可奈何，只好据实向松下做了汇报。大家都想着：这个年轻人要被松下狠狠地骂一顿了！可出人意料的是，松下想了一想，居然没有发作，也没有在会议上点名批评。

大家都不明白了，这名员工更是惴惴不安，害怕等待自己的会是更严重的后果——被公司辞退。可是，什么也没有发生。部门主管坐不住了，他跑去问松下，是不是应该让自己或者那名年轻人受点处罚？不然怎么向公司交代啊！

结果，松下很认真地说：“这笔业务，是我决定签下的。我作为管理者，对对方的经营情况了解不够就作出决策，出了问题就是我的责任。我对此觉得非常羞愧，已经反省过了。你说，我怎么还好意思去责怪那不过是照我意见行事的年轻人呢？”部门主管听了非常感动，对松下不推诿责任、不盲目责怪员工的作风十分钦佩。

这件事情传出去之后，松下公司的员工们无不庆幸自己遇上了一个明理的管理者，他们更加敢于放手去干，做事也更加用心了。对于公司作出的任何决策，他们不再怀疑，不再存有顾忌，公司“上令下达”的效率大大提高。而那名年轻的员工因为感激，工作得更加卖力。他一方面尽力追回了部分货款，降低了公司的损失；另一方面签到了其他的业务，为部门和公司创造了效益。后来，他甚至成为了公司的业务尖子。

我们不妨来分析一下：如果松下明明知道是自己导致的错误，却还严厉地批评员工，让员工为此承担责任，会有怎样的不同后果呢？受罚的年轻人会说，他的行为是经过松下同意的，可是松下却绝口不提。其他员工知道了，对管理者的责任心也会产生疑问，在工作中畏首畏尾，瞻前顾后，生怕成为下一头“替罪羔羊”。显然，这种结果对于松下和公司都是不利的。

换成另一种情况：如果松下不够敏锐，没有意识到这是自己疏忽所导致的问题，而在这种前提下批评了这名员工，结果又会怎样？我们只能说，作为管理者，连错误的根源都意识不到，本身就是失败的。导致错误在先，觉察不出在后，这样的管理者所率领的公司还有什么指望呢？他根本不具备管理的基本素质，缺乏管理的能力，连成为管理者的基本要求都达不到。

在有组织有秩序的公司企业之中，一切事务都是井井有条的。我们很难孤立地看待某个环节出现的问题，所有环节都是互相联系着的。而关系最大的环节，就是关系链条的源头——决策环节。一个管理者能说内部的什么事是他不知道的吗？或者有什么事是他管不到的吗？显然不能。可以说，很多问题的根源都存在于管理决策之中，公司企业最大的失误，只能是根本性的决策失误，而不会是其他。在这种时候，就需要管理者用明智的眼光来发现问题，承担责任，而不是让它成为批评员工的理由。

不承诺做不到的事

墨子曾说：“志不强者智不达，言不信者行不果。”对于管理者更是这样。

与员工相处，讲信用是最起码的要求。只有这样，才能使管理者在员工面前建立强大的气场，使员工们严格遵照执行管理者的指示和命令。如果管理者觉得小处失信不会引起员工的注意，无关大局，那就是大错特错了。因为即使是一次无意的疏忽承诺，或者延期兑现，所影响的绝不仅仅是管理者个人的声誉，它还将使员工与管理者之间的距离变得疏远，让员工对管理者说的话和下达的命令心怀猜忌，最终使得整个企业一片乌烟瘴气。

信誉是企业的根本，许多企业和管理者都已经明白这个道理，将信誉视为自己事业的生命，那对管理者自身来说，又有什么理由不重视自己的信誉呢？如果作出承诺而又无法做到，还不如不作。不承诺做不到的事，就是一个聪明管理者应做的选择，也是一个优秀管理者应该具备的认识。

战国时期，秦国的国君起用卫国人商鞅实行新法，希望秦国能变得国富兵强。商鞅想，我代替国君颁布的新法令，都是国民从来没有听说过的。怎样才能让他们都相信新法，都按照新法行事呢？他为了取得国民的信任，终于想出了一个好法子。第二天，商鞅就在都城的南门竖起一根三丈高的木头，大声对围观的人们说："谁能把它扛到北门去，就赏黄金十两！"大家听了，都以为商鞅是在开玩笑，没有人相信这是真的，自然也就没有人去扛。商鞅又把赏金加到了五十两。这时就有人想了：扛一根木头并不是难事，我何妨不试试看呢？就算商鞅是开玩笑的，我也不过是浪费点力气罢了。于是，一个壮汉就站了出来，在众目睽睽之下把木头扛到了北门。商鞅当场付给他五十两黄金。看热闹的人沸腾了，因为不相信而不扛的人后悔得要命：这可是五十两黄金啊！我为什么就不相信商鞅呢？

从此以后，老百姓对商鞅说的话都非常相信，商鞅颁布的新法也就有了威信。国民们都说，商鞅说这样做能得到奖励，那样做会受到处罚，就一定错不了，我们还是照着新法做事吧！不然触犯新法就吃不了兜着走了！于是，商鞅变法获得了成功，最后终于让秦国变得富强起来，成为战国时最强大的国家，为秦始皇统一中国打下了基础。

假设商鞅当时许诺："谁能把它扛到北门去，就让他做两天的宰相！"结果会怎样呢？因为宰相只能由国君来任命，其他人根本无权决定，所以商鞅肯定不能实现自己的承诺，扛了木头的人最多只能拿到一些黄金作为赏赐。这样，商鞅想要取信于民的计谋就会失效，人们不会再相信他的话，对他颁布的新法也会不以为然。

所以，管理者要学习商鞅，只对员工承诺自己能做得到的事。不然，当员工希望你兑现承诺时，你怎么办呢？失信于员工，可是一个管理者的大忌！信用的力量是人人都清楚的，它既是立业之本，又是生存之道，还是成功的法宝。一个说话算数的管理者，具有凝聚人心的力量。就算他遇到困难，发不出员工的薪水，只要一句话，员工们就能满怀信心地照常工作。而一个老是爱开空头支票的管理者呢，他无论说什么员工都要给打个折扣，决不会死心塌地地为他出力。

某工厂厂长最喜欢向工人们许诺，今天说“如果产量上去了，就把大家的奖金都涨两成”，明天又说：“小王是个好工人，他如果能带头突破技术关，我就选他做技术组长。”结果工人们都做到以后，他一盘算：不对呀，如果奖金都涨两成，产量增加带来的收益都搭进去还不够，最多只能涨一成；小王是够格竞争技术组长的，可是他资历不如老李，又不像小张是厂党委书记的外甥，选他就冷了老李的心，伤了我和书记之间的感情……掂量来掂量去，还是当初许诺时没考虑周到，只顾着激励了，没想到这么多。末了，厂长的承诺做不到，工人们的意见很大，有的明着不说，暗地里议论纷纷，有的当面质问，弄得厂长很是下不了台。

做管理者做成这样，岂不是信用扫地，也丢掉了威信？这样还怎么让员工信服呢！他们会觉得，一个老是说到做不到的领导，是不值得信赖的。这样不仅影响到员工的士气，也会影响到日常的工作，所以每一位管理者都应该警惕。

重视自己对员工承诺的可行性，不承诺做不到的事，才是一个现代管理者应具备的素质。开了空头支票之后，再来说什么“考虑不周，一时疏忽”，或者“这都是为了鼓舞员工的干劲”之类的话，都是站不住脚的。

爱也是一种管理

如果在企业的员工中做一项调查：有这样两种管理者，一是关心员工疾苦，维护员工利益；二是除了部署任务、绩效考核，就几乎不跟员工有任何互动，你会喜欢并追随哪一种管理者？

答案是显而易见的，员工喜欢并追随的是懂得关爱员工的管理者。

作为一名管理者，如果在工作和生活中主动去关爱自己的员工，经常过问员工的疾苦，维护员工的利益，就会在员工心目中树立起强大的气场，赢得员工的尊重和信任，就会在公司内形成一股凝聚力。这比起那些宏伟的战略计划和详细的管理措施，所起到的作用毫不逊色。

看一下那些优秀的企业家和管理者是怎么做的：

摩托罗拉总裁保罗·高尔文在听到员工或其家人生病时通常这样问候："你真的找到最好的医生了？"

在经济不景气的时代，工人们最怕失业。为了保住饭碗，他们最怕生病，尤其怕被老板知道。比尔·阿诺斯是一位采购员，他现在两个担心都发生了。他的牙病非常严重，不得不放下紧要的工作，因为他实在无力去做了。同时，他的病被高尔文知道了。

高尔文看到他痛苦不堪的样子，非常心疼地对他说："你马上去看病。不要想工作的事，你的事我来做好了。"

比尔·阿诺斯做了手术，但他从未见到账单。他知道是高尔文替他出的手术费。他多次向高尔文询问，得到简单的回答是："我会让你知道的。"

阿诺斯的手术很成功，他知道凭自己的普通收入是难以承受手术费的。

阿诺斯勤奋工作，几年后，他的生活大有改善。一次，他找到高尔文。

"我一定要偿还您代我支付的那个账单的钱。"

高尔文回答："你不必关心这件事，忘了吧，好好干！"

阿诺斯说；“我会干得很出色，但我还是要还钱，为了您能帮助别人治好病。”

实际情况是，阿诺斯的手术费是200美元。才这么点钱，这对高尔文来说根本不算什么。可是阿诺斯奉献的就不仅仅是这200美元了。很多年他一直勤奋地工作，为公司创造了无数个200美元。并且还要通过还钱来帮助别人，让其他员工和他一样为公司服务。这200美元的意义可谓深长。

我们看到了关爱的力量。当你主动去关爱自己的员工的时候，员工会感激你，并用自己的勤奋工作来报答你。这比起威逼利诱来，效果要好得多，影响也会更长远。

再看IBM。1939年纽约世界博览会的“IBM日”中，老沃森组织了3万人去参加庆典活动。IBM职员乘坐老沃森为他们包下的10列火车浩浩荡荡地从恩地科特工厂驶向纽约。一路上职员们欢声笑语，手舞足蹈，好不快活！然而，当天晚上悲剧发生了，一列满载IBM员工家属的火车在纽约地区撞上了另一列火车的尾部，不知有多少人伤亡！此时正是深夜两点，四周一片黑暗。老沃森接到电话，二话没说，一骨碌从床上爬起来，带着他的女儿坐上汽车就向出事地点奔去。火车上的1500人里有400人受伤，有些人还伤得很严重。还好，没人死亡。此时，天已大亮，老沃森和女儿一整天都留在医院里，与人们谈话，并确保伤员们得到最好的医疗护理。老沃森又打电话向纽约总部发出指示，总部的头头们立即忙碌起来。一些医生和护士源源不断地来到出事地点，一列新的火车把那些没有受伤的人以及受了点轻伤但不妨碍继续乘车的人接往纽约。当他们到达纽约时，IBM已把纽约人的旅馆改造成了一座设施齐全的野战医院。老沃森直到第二天深夜才返回曼哈顿，回去后的第一件事就是命令部下为受伤者的家庭送鲜花。许多花店的老板在深夜被从被窝里叫出来，为的是第二天一早把鲜花送到伤员的病房里。

老沃森处理事故的做法中处处透着对员工的关爱，人们从这些关爱中感受到了温暖和战胜悲剧的力量。这件事后人们会变得更团结，更加以IBM为荣。假如，老沃森没有出现或没有及时出现在事故现场，事情又会朝着怎样的方向发展呢？显然不会处理得这样圆满，甚至会激发矛盾。

其实，爱是一种管理。管理者们，去关爱你的员工吧。你关爱他们，他们也会爱戴你。这会促进各项管理措施的执行，推动企业更好更快地向前发展。

第十一章　魅力男人气场修炼

男人无志万事不可为

一个男人没有志气，何来气场？“三军可夺帅也，匹夫不可夺志也。”曾国藩也特别强调志气对建立气场的巨大作用，他说：“人之气质，由于天生，本难改变，唯读书可以变化气质，古之精相法者，并言读书可以变换骨相，欲求变化之法，总须先立坚卓之志。”“古称金丹换骨，余谓立志即丹也。”他把立志作为“换骨”的金丹灵药！平时，曾国藩无论是教育别人还是教育家人，都最为强调“立志有恒”四个字，因为他自身就最得益于此。

“命里有时终须有，命里无时莫强求。”典型的阿Q式自我安慰，这两句不思进取，坐享其成的话，极大地阻碍了男人的上进心，使更多有成功潜能的青年俊才变得平庸。

秦始皇出巡时，其威仪使当时围观的两个青年发出了慨叹“彼可取而代之”“大丈夫当如是也”。他们一个就是日后的“西楚霸王”项羽，一个是最终成就霸业的汉高祖刘邦。

作为男人，尤其是青年男人，是不能没有远大志向的，古往今来的志士仁人成大事立大业者，无不是从青年乃至少年时就立雄心壮志并为之奋斗不已的。三国时期的诸葛亮曾经说过要“志存高远”，这一充满激情的千古名言激励着无数的有志青年奋发向上，锐意进取。相对于古代生产力落后的农业社会来说，今天青年成才的路比古人有了更多的选择。变的是成才的方向和方式，不变的是成大事立大业的远大志向。清代小说家蒲松龄家境清贫，小有大志，自小苦读诸子百家，并在青年时就崭露头角。然而参加了多次科举考试之后，屡试不中的他对考场开始心灰意冷，决心写一本留传后世的书。为表明自己的志向，他写了一副自勉的对联“有志者，事竟成，破釜沉舟，百二秦关终属楚；苦心人，天不负，卧薪尝胆，三千越甲可吞吴”。为着这个远大的志向，蒲松龄在自家门前摆了个茶摊，免费向过往行人提供茶水和歇聊的地方，但要讲一个与鬼神有关的故事。他正是通过这种方式收集了创作的第一手材料，几经删改，终于创作出《聊斋志异》这部奇书，为人类留下了一笔丰厚的文化遗产。

伟大的革命先行者孙中山先生，少年时由哥哥接到海外读书。中外社会鲜明的对比和现实差距给他留下了深刻的印象。年少的孙中山产生了“改良祖国、拯救同胞”的愿望。在以后的岁月中，孙中山在海外边学习边探索救国救民的道路。1894 年，他在檀香山创立了中国最早的资产阶级革命团体——兴中会，点燃了推翻腐朽的清朝政府的第一把火，为着“改良祖国、拯救同胞”这伟大的理想，孙中山领导资产阶级政党一次次地同封建腐朽的清王朝进行不懈的斗争，最终创立了“中华民国”，也是亚洲第一个资产阶级共和国。孙中山以此特殊的贡献，成为 20 世纪中国三位巨人之一。

一青年大学毕业后到一个很小的单位做一个普通的职员，他异常苦闷地在那待了三年。终于，他觉得再不能这样无所作为下去了，便去请教以前的一位老师，把自己想读研究生的打算告诉老师，末了，他又说：“如果考上了去读的话，三年后我是不是变得年纪大了，差不多三十岁了，您看？”他的老师回答说：“你不去读的话，三年后你不也一样会变老。”老师的一番话使这位青年顿时醒悟，明白了再不能碌碌无为过下去。经过苦读，他考上了一所重点大学热门专业的研究生，毕业后，先在政府部门任职，后下海经商，现在他的公司业务已发展到国外，拥有超过亿元的资产，他也成为一名成功的企业家。

男人不但要立志，还要立大志。那些伟大的志向，并不是常人眼中的“狂妄”，而是男人心中应该常存的心“狂”。作为一个男人，永远都不要怕“狂”。郭沫若在半个多世纪前，就曾经说：要允许青年成长中的“狂狷”，甚至应欣赏这种“狂”。这种狂，就是有大志、有雄心的一种表现。

孔子说：“不得中行而与之，必也狂狷乎，狂者进取，狷者有所不为也。”孔子都如此欣赏“狂狷”，因为这与“进取”、“上进”相连。男人最可贵的就是进取心、上进心，没有了这种心，男人就不可能进步，不可能很好地成长、成功。

管理学大师彼得·德鲁克也说：“自古以来许多伟大的军事家，几乎没有几个人不是自我中心，自以为是的人物……一个政治家如果不是浑身上下每一个毛孔都想当总统或首相，那他就很难成为一位伟大的政治家。”罗素指出：

"青年的性质就骄傲一点也无妨事，青年的性质偏于进取，在老成者视之，自不免近于狂。"

男人应当狂，男人的狂，连那保守的孔老夫子都有些欣赏。男人如果不"狂"就会丧失进取精神，丧失主体性人格，男人的心志修炼，就是要减少些"绵羊"气，多一点"狂狷"气。如果能够这样，那么精神发育、心灵发育就比较完美了。

精神、心灵的发育、成长是一个相当长的过程。人们看到的常常只是肉体的成长、发育。肉体成长不能一蹴而就，一个几岁小孩不可能在眨眼之间变成了一个壮小伙，精神成长也不可能在眨眼之间就变得自信自强、意志坚毅。要具有大成者的心志，具有大成者的心灵和精神，必须经过不懈的修炼才能够达到。

事业是男人价值的体现

人生一世就应当有所作为，也就是要成就一番事业。虽然有事业并非男人的专利，但积极进取，建功立业，这才是男儿建立气场的本色。

诸葛亮当年隐居隆中，不是消极避世甘于默默无闻，而是静观时势以待天时，然后再一展雄才，以成就一番事业。不久，他受刘备三顾之邀，慨然入世，成就了一番大业。如果他不问世事，无所作为，真如他所说的："年与时驰，意与日去，多不接世，遂成枯落，悲守穷庐，将复何及！"历史上就不会有一位杰出的政治家和军事家，恐怕连诸葛亮其人也不为世人所知了。人活百岁，终有一死，但有所作为，也死而无憾了。如果碌碌风尘，随波逐流，得过且过，无欲无求，人生岂不是白活了？

作为男人，更应该积极主动去承担社会和家庭的重任，成就一番事业，这样才无愧于男人的称号。

古时有所谓"男主外，女主内"的说法。这种思想远至汉字形成的年代便已出现。有什么证据呢？"男"字便是证据，男人的"男"字，是"田"字加"力"字。那就是说，男人应以事业为重。没有田，男人的气力就用不着了。事业对男人可以说是极为重要的事情，家无男人不成家，男人无事业不成气候。一个男人，可以不是高官，可以不是亿万富豪，但是却不能没有自己的事业，即使是一个比较小的，但是可以体现自己人生价值的事业。事业，才是男人价值的真正体现。

有事业心的男人从来不知道冒险是什么东西，只为心中的目标前进，百折不挠。男人来到这个世界上，也许就是为生存而战，为理想而奋斗。果敢、坚毅、敢作敢当，都是他们身上的闪光点。

有事业心的男人是坚强的。坚强是一架熔炉，能够将男人炼成钢。百炼成钢的男子，站在女人面前是一只擎天柱，他百折不弯，任凭风吹雨打。人们常说，爱情是经不起一发炮弹的木帆船，哪个女人敢于登上这样脆弱的木船去经历几十年的婚姻风雨？坚强的男人能造大船，他能挺立船头为女人遮风挡雨。感情的波折，家庭的困难，都化险为夷。这种安全感只有从坚强的有事业心的男人那里才能得到，他永远不会做逃兵。

有事业心的男人是果断的。他们自信心极强，富有决断力。他做任何事决不优柔寡断，拖泥带水。

有事业心的男人具有独立性。独立性是男人成熟的标志，是男人的立身之本。男人最重要的是精神独立，树立独立人格。男人有了独立人格，才能安身立命，才能发展自我，也才能保护自己心爱的女人，让女人放心地追随他，归属他。

有事业心的男人更能吸引女人。“三十而立”、“先立业后成家”是所有年轻男人埋在心里的人生法则，但是真的实施起来却相当有难度。二十几岁正是一个男人感情饥渴的阶段，谈恋爱是再正常不过的事情，如果把大好的时光和精力都要交付给事业，肯定会有很多人不甘心。没有事业就不能吸引女人吗？当然也能。但试想，在你的事业根本毫无踪影的时候，在你还为自己生存而奔波的时候，在你还不知道自己的将来而苦苦挣扎的时候，哪个女孩子会把终身托付给你？反过来说，你自己都前途未卜，还有资格接受那份沉重而宝贵的感情吗？处在这样境地的男人，要想获得真正的爱情，品尝到爱情的甜蜜，最终能修成正果似乎很难。

肖健在大学里交了个女朋友，在校期间卿卿我我，如胶似漆，但是毕业后两个人便各自回到了家乡，在火车站月台上分手的时候就注定这段爱没有了下文。参加工作不久，肖健发现一位女同事从长相到性格，都很像原来的女友，便开始有意地接近她，苦苦追求了半年，却始终没有获得芳心，拒绝的理由是他刚参加工作应该把精力放在事业上。肖健十分消沉，整天愁眉不展，工作更加不上心。

他爸爸得知他的事，便语重心长地说：“男孩子应该以事业为重，有事业的男人更吸引女人！”一句话点醒了梦中人，从此他一心扑在工作上，积极钻研业务，主动承担工作，业绩逐年上升，慢慢成为了公司的骨干。后来，他被派往国外进行培训学习，学成以后被派往海外市场做部门经理。就这样，五年时间飞快过去，他的事业节节攀升，这时他结识了一个同样在海外开拓市场的女孩儿，两个人产生了感情。在收获事业的同时，他也收获了爱情。

自古以来，社会对男人就给予了很大的期望和很重的责任，男人自己也把自己看得很重。对于男人来讲，在世界上安身立命的就是事业，有了事业就有了人生，也就有了爱情和幸福。有人说，女人喜欢的不是成功的男人，而是喜欢男人的钱。可以把这句话看做是那些不求上进，得过且过的男人的借口。女人中肯定有爱钱并为了钱和男人结婚的，但大多数女人更爱有事业心、有责任感的男人。

在女人眼里，有事业、有责任心的男人才是真正的男人，才是好男人。有事业的男人不能用金钱来衡量，谁能一出生就带着一个大金库呢，关键是有没有发展的方向，有没有不断进取的上进心，他干的工作有没有发展潜力，对所从事的工作有没有冲劲和干劲。如果他有一份稳定而有发展潜力的工作，那么他就算得上是有属于自己事业的男人。

其实，在女人的眼里，男人的外表如何不重要，男人的家庭出身不重要，关键是这个人。所以，无论你的身材是高是矮，无论你的身形是胖是瘦，无论你的学历是高是低，无论你的家庭在城市还是在乡村，只要你能做出一番成就来，只要你能以自己的力量在社会上立足，能自食其力地为自己争取到最好的待遇和资源，那么你就有能力吸引更多女孩子的目光，享受一份与你身份相符的女孩子的爱。

有钱算成功吗？可以算成功。然而有钱的人不一定有事业，他的钱可能不是自己创造的，而是父母给的、家族积累的；但是有事业的人肯定有钱，而且事业越成功钱也会越多，那是他凭自己的能力创造的财富。这样的人怎么能不吸引女人呢？

俗话说，人往高处走，水往低处流，说的就是进取心的问题。人活在世上，总要干点事业、干出点成就，尤其是男人。有位大哲学家曾说过：聪明人创造的机会，比他们找到的机会更多。男子汉的进取心应该表现在生命的每时每刻，人生大道的每一块砖上，都写着三个字：起跑点。男子汉，什么时候起跑都不算晚，关键是要有进取心。

难道说男人干事业的目的是为了女人吗？不对！男人干事业主要是为了自己，如果没有现成的事业就要有发展事业的潜力，有了事业男人才更有魅力。男人靠事业来征服女人，女人靠征服男人来征服世界。女人不是不能容忍贫穷的男人，因为贫穷不是男人的错，但甘于贫穷就是男人的错，这是女人所不能接受和容忍的。

拥有宽广的人脉

好人缘是男人建立气场、成就大事的必备因素之一，因为人缘越好，你认识的人越多，事情就越好办。

一位朋友在坐火车时，和邻座的一个人聊了起来。这个人过去是律师，后来逐渐厌倦这一行，就辞职自己开办了一家公司，现在这家公司发展得非常红火，他们聊得很投机。到目的地后，他们匆匆交换了名片，朋友顺便也要了那个人的家庭住址和电话。过了几个月后，朋友所在的单位倒闭，他也就失业了，找工作找了几个月仍无着落，他非常着急，有一天，他忽然想起了那位在火车上遇到的人，于是就给他打电话，说明了自己的情况，问那里有没有适合自己的岗位。虽然那个人的公司目前不缺人，但是给朋友介绍了另一家公司，让他去面试，就这样，他找到了新的工作。

由这个例子我们可以看出，良好的人际关系会在你意想不到的时候帮上你的大忙。因此，我们一定要努力拓展自己的人际关系，多结识一些人，在某些特定的时刻，这些人都是你的贵人。

一个真正的人际关系高手，不仅能够识人、认人、通晓人际关系理论，而且还能活用这些知识，在日常生活中与人和睦相处。

同学关系对很多人来说也是非常珍贵的，学校生活是人生中一段美好的时光，不论小学，中学，还是大学，每一段都让我们回味无穷。工作之后，各个时期的同学散落在各处，在不同的领域拼搏，同学聚会时，那些比我们早成功的人很有可能成为我们事业发展的贵人。

邻居间“低头不见，抬头见”，多少有一些接触，因为住得近，处在同样的生活环境中，难免会发生联系，你对我好，我自然也对你好，中国人讲求礼尚往来，一来二去，关系熟了，也就成了朋友。这种关系更容易取得信任，相处时，不仅可以分享邻居的亲属关系资源，也可以分享邻居的朋友资源。

工作中，如果能与同事处理好关系也是人际关系中的一大优势。无论你跟谁做搭档，要想业绩好，首要条件是双方的合作和努力。想要实现此目的，你不妨先走出一步，很多人都觉得同事间有利益冲突，要达到真正的协作是不可能的，但在无利益冲突的时候，你可以和他们保持良好的关系，有利益冲突时，大家会公平竞争，无论谁成谁败，都不要抱怨，如果在公司中能够与同事建立良好的人际关系网络，那么你的信息来源就会较多，就更容易掌握公司发展的趋势、公司中的现状、各种力量的对比等，这也可以提升你的人气，以后有提升机会时，你就很占优势，你在公司的地位也就越稳固。

通过业务关系成为朋友是很常见的事情，生产商和原料供应商、生产商和销售商、客户和银行、病人和医生等等，都属于业务关系方面的朋友。

同这些业务人员的关系好了也能增强你在公司中的地位。例如，你与公司的一个大客户关系很好，那么在与这个客户发生业务关系时，公司可能就会把你派上去，这种关系上的朋友，往往是你帮我，我帮你，在各自业务领域中都得到发展与成长。

无论你在哪个公司工作，一定会有一个顶头上司（除非你自己是经理），你的大部分工作都是和老板共事，因此，你和老板的关系愈好，你的机会也就越多，要出人头地也就越容易。因此，在工作方面，一定要好好地进行交流、磋商，另外，也尽量和他建立一种私人的友好关系。在工作之余，多向他说一些自己对事情的看法，工作以外的生活等等，让老板更了解你。还要积极地参加公司举办的各种活动，如旅游、宴会等，在这样的场合下，你会发现平时极其威严的上司现在变得易于接近得多了，这时的交流比较容易进行，非常有利于和上司建立良好的人际关系。

人生旅途中有两大考验，一是找到可以培养长远关系的对象；二是培养这种关系，使其茁壮成长。

建立关系，培养关系，是迈向成功人生的关键。重要的是，你的这份心思要用对人，也就是找到能给你支持和鼓励的好伙伴。他们乐于见你出人头地，愿意帮你实现梦想。这种人才是你真正的朋友。

居功自傲的男人没有气场

当今，人们爱把在事业上取得一定职位和成就的男人称为“成功男士”，其中也包括具有一定经济实力的私营企业主，他们可以称得上时代的骄子。他们年轻有为、精力充沛、春风得意，他们个个潇洒自如、感觉良好，但这些并不能掩盖成功男人们脆弱的心理、虚伪的表情以及对人生的彷徨……

成功的男人，大都是有知识有头脑的男人，他们深知人生难得几回搏的道理，是男人就该轰轰烈烈地干番事业。于是，他们首先要学会扮演工作上的能人角色，并为此付出大量的心血。生活不是一帆风顺的，两全其美是很好的意愿，但往往得来不易。许多男人之所以能在事业上成功，是因为他无心扮演一个好丈夫、一个好父亲的角色，他把精力主要用于个人的事业之中了。

男人取得成功很不易，但男人在成功之后也决不能居功自傲，认为自己有权了，有钱了就可以为所欲为。男人因为成功而失去自我，也便失去了男人本身的气场魅力。

事实上，女人并不都是爱慕虚荣的，她们并不要求自己的男人非得拥有很多很多的金钱。在女人眼里，一个男人的成功，就是当一个好儿子、好父亲、好丈夫。他不用有太多的钱，但必须对父母有一份孝心，对自己孩子的将来有一份责任，对妻子有一份真爱。

男人只要勤劳，在如今这个社会上还是比较好生存的。

每个男人都有软肋，只是那是人家的隐私，你看不见罢了。就如俗语所说，家家都有难念的经，成不成功，是每个男人自己的事，千万别以为公众认可、组织承认就算真的成功了。

常听女孩说，“我喜欢有事业心的男孩”，这句话似乎与“我喜欢事业成功的男性”有很大的区别。从理论上讲，没有哪个女孩不希望自己的男友取得事业上的成功，但是，大多数女孩决不会因为男友事业不成功而与他分手。

除了很小一部分女孩心甘情愿去傍大款之外，大部分女孩更看重男人能否照顾她和家庭。也就是说，从感情上女人更喜欢生活型而非事业型的男性。可是，事业的成功，对维持较高的生活质量有很大关系。女孩在事业上大多感到自信心不足且比较懒，喜欢坐享其成，并且，她们确实在机会上与男性有很多不平等，因而她们更希望男友能够取得事业上的成功。

一部分具有一定事业心的女孩，希望能够在各方面不依赖于男友，具有独立自主生活的能力，她们大多不太关心男友钱能够挣多少，而是看重男友在感情方面的潜力。

如果男人在事业上过于成功，往往意味着女人与男人的差距加大，女人会怀疑自己对男友感情的把握是否可靠。如果她觉得不可靠，反而会因为男友事业取得成功而提出与他分手。

当然，大多数选择机会不多的女孩对男友不可能这么苛刻，但对于选择面较宽，不乏追求者的女孩就很可能如此。因此，男人不要把事业成功作为追求女人的条件，而应该只把它作为一个男子汉立身行事，实现自身社会价值的重要砝码。这是自然的魅力，是男人之美。

成功的男人能理财

女人喜欢成功多金的男人。听到这句话，许多男人可能会骂女人爱慕虚荣。其实谁不希望生活质量高一点，活得滋润一些呢？贫贱夫妻百事哀，没人愿意一辈子吃苦。所以多金的男人向来气场强大，比较吃香，不愁销路。

没有哪一个男人不想让自己的财富增值，而要让财富增值就必须学会理财。另外，观念会左右人的行为，成功的男人，还必须要有正确的金钱观。

男人要成大事就必须清楚认识自己的资产和负债状况。财商高的男人会把资产和负债放在一个更广阔的背景里去思考，赋予它们更多的内涵和外延，如情感、健康、心态、道德、社会责任等等，从而把自己放在一个比较宽松的环境里，去创造更多的资产。

你的职业通常是为别人打工，也就是为金钱工作。换句话说，你正在关注别人的事业。你的事业与职业是完全不同的。你的事业是你不需要到场也能给你带来现金的一切，你的职业是你必须亲自去做，并因此换取报酬的工作。不知道事业与职业的区别是知识贫乏的表现之一。

投资，与消费是财富增加和减少的重要方面。穷者的消费是有多少花多少，而富者往往把消费变成一种投资。投资和消费是可以转换的，有时富人的消费反而是一种投资，而穷者的投资则变成了一种消费。穷者对微小的消费也斤斤计较，这是对缺少金钱恐惧的一种表现。而富人则敢于大胆地、合理地消费，因为他们知道转化。

梦想，是成功的第一步，但如果男人有梦想而没有手段，那所有的梦想都只是幻想，空想或妄想。梦想的重要性是显而易见的，但所有的手段都必须依附于正确的思想，才能结出善意的硕果。每个男人都有梦想，但许多人在现实之中无法实现自己的梦想，更多的人则是缺乏实现梦想的手段。要想过河，必须具备桥、船、飞机等交通工具，否则，“过河”只能是一种空想。

不少男人都有这样的愿望，总梦想自己有朝一日能财源滚滚而来，潇洒地做一回大老板。但大多数人终其一生，却难以梦想成真。之所以如此，是因为这些人赚钱心太急切了。小钱不想赚只想挣大钱，看不到小溪汇集在一起能积聚成大海。

外地来的补鞋匠，从几毛钱的缝缝补补做起，年纯收入竟高达数万元。这不起眼的生意，虽然挣的都是小钱，可积少能成多。

正是这种细致、认真，不耻于赚“小钱”的做法，使他们每日财源滚滚。如果我们抓住身边的小钱，不让赚钱的机会从身边溜走，由小钱逐渐到大钱，终有一天你也会拥有大钱的。

财富就像一棵树，是从一粒小小的种子开始长起来的，你所存的第一个铜板就是种子。而在种子长成大树的过程中，还需要你精心地浇水、施肥、治虫等，这就是理财。只播种不培育，种子是难以长成大树的。

有一例关于财富增长的经典故事：

> 1896年诺贝尔奖创立之初有九百八十万美元基金，每年5位诺贝尔奖得主分获一百万美元。起初诺贝尔奖金管委会订立章程规定基金的投资政策是安全且有固定收益，例如存银行或购公债。但到了1953年，基金只剩下三百二十万美元。此时管委会做出决定，将基金投资股票和房地产。到1993年，基金总资产增长到二亿七千万美元。

从这个故事里，我们可以看到，财富的增长，很大的程度上取决于理财的方法。理财得当，财富便可迅速增加。不会理财，或者理财不当，非但不能增加财富，反而还有可能使自己过去积聚的财富萎缩甚至损失。

理财，就是“打理钱财”，把握财富增长的轨迹。理财方法的正误与理财能力的高低，决定财富的多少。有的人省吃俭用，拼命赚钱，却并没有富起来，一个不可忽视的原因便是缺乏正确的理财方法与较高的理财能力，没有把握住财富增长的轨迹。

不少人将富人致富的原因，直接归因于他们生来富有、他们创业成功、他们比别人聪明、他们比别人努力或是他们比别人幸运。但是，家世、创业、聪明、努力与运气并不能成为所有致富的原因。不少有钱人，他们并非出生在有钱人家，也不是什么生意人，也不见得很聪明，并且也不是都受过什么高等教育，但他们却硬是富了起来。靠什么呢？靠他们较强的理财能力，把握财富增长的轨迹。

台湾理财专家黄培源研究大量致富者后，得出一个结论：1/3 的有钱人是天生的，1/3 靠创业积累财富，1/3 靠理财致富。他认为，诞生于富裕之家的毕竟是少数，而创业成功的比率也只有 7%，因此，理财得当是普通百姓致富的最佳途径。

这是个变化快速、财富充沛的时代，同时也是个强迫理财的时代。在市场经济体制下，每个人均渴望发财致富，借以提高自己的生活水准或达到人生的目标。在这关系到未来财富地位的关键时代里，你不能再对理财漠不关心，或者对投资一无所知。你必须趁早接受正确的理财观念，不断提高自己的理财能力，沿着财富增长的路子走下去，才能在追逐财富的过程中赢得胜利。

你不妨现在就检视一下自己，看自己是否养成了较好的理财习惯：是否制定了明确的投资计划；是否在沿着追逐财富的正确轨迹前进，这些是决定我们能否致富的重要因素。大多数人将资产摆在金融机构而不投资，而一开始投资理财，又只想快速致富。结果钱存在银行发不了财，而从事快速致富的投资，反而弄得血本无归。殊不知，致富要靠理财，理财要靠方法。

1. 立即开始学习理财

很多男人总认为理财是中年以后的事，或有钱人的事。在此要提醒大家，理财致富，与金钱的多寡关系不大，与时间长短的关系却相当大。人到了中年面临退休，手中有点闲钱，才想到要为自己退休后的经济做准备，此时却为时已晚。原因是，时间不够长，无法让小钱变大钱，理财只经过 10 年的时间是不够的，非得有更长的时间，才有显著的效果。也许需要二三十年的时间。

美国《妇女家庭月刊》所做的一项调查显示，我们 70%的烦恼都跟金钱有关。盖洛普民意测验协会主席盖洛普·乔治说，从他所做的研究中发现，大部分人都相信，只要他们的收入增加 10%，就不会再有任何财政的困难。在很多例子中确实如此，但是令人惊讶的是更多例子表明并不尽然。

卡耐基曾向预算专家爱尔茜·史塔普里顿夫人请教。史塔普里顿夫人曾担任财政顾问多年，以个人指导员身份，帮助那些因金钱而烦恼的人。她帮助过各种收入水平的人，从一年赚不到1000美元的行李员至年薪10万美元的公司经理。她说："对大多数人来说，多赚一点钱并不能解决他们的财政烦恼。"

事实上，收入增加之后，并没有什么帮助，只是徒然增加开支——增加头痛。"使多数人感觉烦恼的，"她说，"并不是他们没有足够的钱，而是不知道如何支配手中已有的钱！"

如果你渴望避免负债以及避免金钱烦恼，我们就必须和一些公司一样：拟订一个花钱的计划，然后根据那项计划来花钱。可惜，我们大多数人都不这样做。

黎翁·西蒙金指出："人们在处理金钱事务时，会表现得格外盲目。"比如，有一位会计员，在公司工作时，对数字精明得很，但等到他处理个人财务时却不是这样。如果这个人在星期五中午拿到薪水，他会走到街上去，看到商店橱窗有件让他着迷的大衣，就毫不犹疑地将它买下来——从不考虑房租、电费以及所有各项"杂"费。然而这个人却又知道，如果他所服务的那家公司以这种贪图目前享受的方式来经营，则公司势必破产。

应该认识到，使我们多数人感觉烦恼的真正原因不是赚钱太少，而是我们不知道如何支配手中已有的钱。即使我们拥有整个世界，我们一天也只能吃三餐，一次也只能睡一张床——即使是一个挖水沟的工人也可如此享受，而且他们可能比洛克菲勒吃得更津津有味，睡得更安稳。要是我们得不到我们所希望的东西，最好不要让忧虑和悔恨来苦恼我们的生活。让我们原谅自己，学得豁达一点。

根据古希腊哲学家艾皮科蒂塔的说法，哲学的精华就是："一个人生活上的快乐，应该来自尽可能减少对外来事物的依赖。"

2. 投资需慎重

（1）投资的资金不要超过财产的1/3。男人在为未来打拼时一定要有"人生在于不断尝试"的信念。不管你调整工作姿态和人际关系是为了方便换工作、自己创业，还是为了巩固自己在公司的地位，都要掌握一个基本观念，那就是"没有一个绝对正确的方法"。如果一味地追求绝对正确的做法，也就是"真理"，以为只有先掌握了真理才能采取行动的话，那么你将永远都开始不了，投资也是。

当然，也并不是说"反正没有绝对正确的做法，想怎么干就怎么干好了"。这跟用背诵法解数学题一样，你要采取某一种做法也是需要一定根据的。

不过，"尝试"存在失败的可能性。你必须有这样的心理准备，不然在遭受挫折的时候便容易一蹶不振。但如果刚开始心态摆得就比较正的话，那么即便是失败了，也可以冷静地思考原因，从中汲取教训。

其实，看看那些取得巨大成功的创业者们的经历就知道，罗马不是一天建成的。成功总要经过反复的试验和多次失败的打击，才有可能获得机会女神的垂青。

但问题是世人在瞻仰成功人士的事迹的时候，往往看不到光环背后所隐藏的艰辛的历程。因为媒体宣传的重点都放在他们产品的创意以及企业管理策略上了，但这些其实并不是他们取得成功的最重要的因素。一个企业能否取得成功，关键还要看它的掌舵人具不具备“屡败屡战的能力”。

日本麦当劳总公司的藤田会长曾说过这样一句话：“用于风险性投资的资金不要超过你的财产的1/3。”

从这句话可以看出，藤田会长深知“反复尝试”对于成功的重要性。如果将所有的财产都一次性押进去孤注一掷的话，那么万一失败了，就再也没有翻身的机会。但如果每次只用总财产的1/3的话，你就会有三次机会。前面两次的失败会给你提供丰富的经验，这样第三次成功的几率相对就要提高。

（2）重要的是把手中的钱用活。卡内基在创业中，经过不断地扩张、吞并，终于建立起属于自己的钢铁王国。当别人问他，创业的秘诀是什么？他毫不犹豫地说：“那就是不断地实现自我价值，追逐生意上利润的多少则是其次的。”

这种价值的取向对管理者来说十分重要。盈亏的涨落对于股市行情的报道评价是必要的，但对某个项目来说并非至关重要。尤其对私人公司来说，更是如此。著名的美国通用汽车制造公司的高级专家赫特曾说过这样一段耐人寻味的话：“在私人公司里，追求利润并不是主要目的，重要的是把手中的钱如何用活。”

《圣经》上有一则劝人善加理财的故事，叙述一个大地主有一天将他的财产托付给三位仆人保管与运用。他给了第一位仆人5份金钱，第二位仆人2份金钱，第三位仆人1份金钱。地主告诉他们，要好好珍惜并善加管理自己的财富。等到1年后再看他们是如何处理钱财的。

第一位仆人拿到这笔钱后做了各种投资；第二位仆人则买下原料，制造商品出售；第三位仆人为了安全起见，将他的钱埋在树下。1年后，地主召回三位仆人检视成果，第一位及第二位仆人所管理的财富皆增加了1倍，地主甚感欣慰。唯有第三位仆人的金钱丝毫未增加，他向主人解释说："唯恐运用失当而遭到损失，所以将钱存在安全的地方，今天将它原封不动奉还。"

地主听了大怒，并骂道："你这愚蠢的仆人，竟不好好利用你的财富。"

《圣经》的例子，第三位仆人受到责备，不是由于他乱用金钱，也不是因为投资失败遭受损失，而是因为他把钱存在安全的地方，根本未好好利用钱。

3. 培养节俭的美德

（1）力图节省每一分钱。一分钱虽然微不足道，然而，无数家庭的幸福正是建立在对每一分钱的合理使用和节省的基础之上的。

世界上最富有的女人是英国女王伊丽莎白二世比达拉斯。据说，她的财产价值不下25亿英镑。虽然如此富有，女王仍然十分注意节约。有句英国谚语常挂在女王的嘴边："节约便士，英镑自来。"

在白金汉宫，不仅照明，就连供暖也是保持在最低限度。应邀到郊外农村的皇家住宅去做客的人，被告知需带毛衣，因为那里"暖气并非整天24小时都供给"。而且还请应邀者自带酒去，因为"我们并不是大酒鬼"。

皇宫里相当部分的家具已经"老掉了牙"，几乎要散架了。自维多利亚女王时代以来，皇宫里的家具从未更新过。

当参观皇宫者看到经过修补的沙发和地毯、已经很不像样的挂毯、满是灰尘的书房时，无不为之惊叹。

女王坚持皇家只用上面印有盖尔斯王子纹章的特制牙膏，因为这种牙膏可以挤到一点也不剩。女王如果看见掉在地上的一根绳子或带子，也要捡起来塞进口袋里，因为可能在什么时候这些东西会有用场。女王很喜欢马，但在马厩里，马不是睡在干草上，而是睡在旧报纸上，因为干草太贵。

女王自己以身作则，同时要求其家人也要按节约精神办事。就是她的丈夫菲利普，钱包也是捂得紧紧的。看到饭馆里酒价飞涨，到了圣诞节，他请宫廷人员在一家豪华旅馆里吃饭时，他便自己准备了一些酒带去。

节俭对任何人来说都是一个必不可少的品德。然而，浅薄的人可能会轻视它。其实，节俭是通向独立的大道，而独立则是每个精神高尚的人所追求的崇高目标。勤奋和节俭可使一个智力一般的人凭借自己的收入，而获得相当的独立性。即使是工薪阶层的人，只要他对自己的收入合理使用，精打细算，不作无意义的花销，他也能做到这一点。

（2）尽量不要负债。有句格言说："一只空袋子是立不起来的。"同样，一个负债累累的人也是不可能独立的。要一个债台高筑的人去说真话，恐怕比登天还难。因此，人们说，谎言是骑在债务背上的幽灵。负债者不得不向债主编造谎话以拖延债务的偿还时间，这就使得他极尽撒谎之事。对于一个人来说，找一个正当的理由来逃避第一次债务，这是轻而易举的事情。但是，这种逃避债务的技巧对于逃避第二次债务往往是巨大的诱惑。不用多久，这位负债者就会在债务中深陷，难以脱身，不管他怎样勤勉努力也无济于事。走向负债的第一步就是走向虚妄的第一步。在这个过程中必然发生的事情是债务接二连三接踵而来，如同谎言的编造源源不断。

画家海顿从他向别人借钱的第一天起，就意识到了这种堕落。他认识到了"谁陷入负债，谁陷入悲哀"这句谚语的真理性，他的日记中有这样一段耐人寻味的记载："现在我开始有了债务，这是我从来没有过的事情。或许，只要我活着，我就再也休想摆脱它们了。"

他那催人泪下的自传，痛苦地回忆了在金钱问题上的尴尬难堪，以及由此带来的极度的精神沮丧。工作能力的完全丧失和时时重现的羞辱。

一位少年加入海军时，他得到这样一段书面忠告："对于任何你不通过向别人借债就不能获得的享乐，绝不要去享受。绝不要去向别人借钱，这会使人堕落，不过，我没有说你不要借钱给别人。只是要注意：如果你连本钱都无法收回，那就千万不要借出去。切记在任何情况下都不要向别人借钱。"

约翰逊坚信过早负债会使人堕落以致毁灭。他关于这方面的论述是极有见地的，值得我们牢记在心。他说："不要想当然地只把债务当做一种麻烦，你会发现它是一场灭顶之灾。贫穷不仅剥夺一个人乐善好施的权利，而且在他面对本可以通过各种德行来避免的肉体和精神的邪恶的诱惑时，变得无力抵抗。这是你首先要小心的。其次，不要向任何人借债。下定决心摆脱贫困。无论你拥有什么，消费的时候都不能倾其所有。贫穷是人类幸福的一大敌人，它毫无疑问地破坏自由，并且，它使一些美德难以实现，使另一些美德成为空谈。节俭不仅是太平安逸的基础，而且是一切善行的基础。一个本身都需要帮助的人是绝不可能帮助别人的。我们必须先自足然后才能出让。"

正视自己的日常事务，并且在钱财方面，量入为出，斟酌考虑，这是每一个人义不容辞的职责。这种对收入和支出的简单的算术运算有着极大的价值。精明节俭要求我们在安排自己的生活水准时，必须低于自己的收入水平，而不能高于这一水平。而要做到这一点。必须根据收支平衡的原则，拟订并忠实地执行一个生活的计划。

4. 学会量入为出

当人们有了存款以后，就不太可能把钱胡乱花费在根本不值得的地方。甚至一小笔存款就可以帮助一个人抵制诱惑，不至于一蹶不振。

赚钱数额和花钱数额之差就是我们真正的财产和资本。存款使年轻夫妇想到要建立殷实的家庭。存款意味着更美好的家庭，更舒适的生活；意味着更多的书籍报刊以及其他精神食粮；意味着孩子们以后可以上大学，老人们以后生活有保障；意味着当别人或国家需要帮助时可以挺身而出；意味着可以高枕无忧，无须为未来忧虑；意味着不会什么东西都买不起，不用担心亲人生活艰难；意味着当生死攸关的病痛袭来时可以保住性命。

有一个非常有才气的年轻人，他挣了很多钱，对未来很有信心，所以他总是把钱花得精光。突然有一天，他年轻的妻子得了重病。为了保住妻子的生命，他不得不请一位著名的外科医生为妻子做一个生死攸关的手术，但是，医生要等他筹足费用以后才能动手术。年轻人只好去借钱，这可是一笔巨款啊！妻子的命终于保住了，但是随之而来的疗养和孩子们接二连三地生病，加上饱受焦虑的折磨，终于使他积劳成疾，赚的钱一年比一年少。最后，这个人职业受挫，全家穷困潦倒，没有钱渡过难关。在妻子害病之前，他本可以在一年之中就轻而易举地存上一笔钱，但他当时认为没这个必要，相信以后挣钱也这么容易。

每个年轻人都应当有储蓄的远见和机智。这能使他在面对病患、死亡或紧急情况下镇定自若，而且万一遭受重大损失，也可以让他东山再起。没有储蓄，他可能许多年都不得翻身，尤其是在还有一大家子指望他供养的情况下。一定要记住，一个人在年富力强的时期过去以后，如果到了晚年无所依靠，是相当令人沮丧的。

女人往往喜欢"拽"的男人

男人，这个词汇十分简单，只有两个字符。但是，就是这简简单单的两个字符所背负的东西，却足以把没有觉悟的雄性人类活活压垮。在女人面前，要想做一个真正有气场的男人，你就必须要有实力，让她完全不必担心自己的生存；要有能够站在她前面，为她抵挡任何危险的勇气；还有，最重要的是，要有一副能够为她承担一切责任的坚实臂膀。

再强大的女人依然喜欢"拽"一点的男人。当然，粗野到底的男人，女人是不会喜欢的，男人的"拽"要掌握分寸。比如，女人喜欢男人霸道，就像电影《乱世佳人》里那个情色英雄白瑞德，"拽"得连吻女人也是一手把她拽在怀里，没有商量的余地……

"拽"男人有男性的力量与美感，诸如阳刚、霸气、豪爽、野性等特质，它们都是一种魅力，一种气场。现在的好男人，有时太缺少雄风。女人说，有的时候真希望男人更"霸道"一些，特别是心里想要他决定一件事儿的时候。

很多女明星都坦言想嫁大男人，很多男明星也纷纷爆出自己有大男子主义倾向。一向很"乖"的影视明星陆毅在节目中承认自己"有些霸气"；世界冠军申雪对"冰上情侣"赵宏博的评价是："敬业，很细心，有点大男子主义。"……光头老男人凌峰更是把大男子主义发挥到了极致，他坚持每天早上给太太喂牛奶，督促她吃早餐。然而，这样的"霸权"，反而让人觉得特别可贵、温馨。哪个女人不期望有个霸道男人给她做小女人的机会？

在爱情里面，大多数女人的快乐来自于被征服。女人总是喜欢听爱人说："你是我的，永远是我的。""拽"男人说：霸道是因为爱。霸道，意味着"你是我的"，是一种对爱人的独占。霸道固然与男人本身的个性有关，但霸道的固执里也掺和着深深的爱。

强就是这样的一个"拽"男人，他喜欢上了一个女人。女人明确地告诉他自己已经有男朋友了，可他却霸道地说，"我就是喜欢你，别说你只是有男朋友，就算你有老公，我也一定要追求你。"女人拒绝他时，他毫不气馁，"你可以不爱我，但你不能阻止我去爱你。我可以等，相信总有一天你会发现我的好。"

每天女人下班时，总能看到他的摩托车停在商场门口，他斜倚在车旁默默抽烟。他那种酷酷的行为，还有那股霸道的气息，让女人有点震惊。女人的躲避并没有让强退缩。一天，他干脆直接去找她，“你是不是喜欢上我了，要不然，干吗害怕跟我见面，是不是怕和我在一起时间久了会爱上我？”女人当然不承认，“你胡说！”“是吗？”强邪邪地笑了，一把揽过女人，紧紧地吻住了她。女人呆了，又羞又急，“你太坏了，哪有你这么欺负人的！我在工作，你这样像什么样子！”“你不喜欢吗，你不用否认，我知道，你肯定喜欢我。”强笑着说。女人表面虽然很生气，可在心里已经接受了强的“蛮不讲理”。

“拽”男人拥戴“我的爱我做主”的信条。往往用狂野粗暴的力量，让不愿乖乖就范的女人彻底缴械投降。这种爱的方式让女人觉得狂放、惬意。有时，好男人唯唯诺诺、迁就顺从，其实还不如来一场“不由你说”的霸道，也让女人惊叹一番：这家伙原来不是孬种……

吸引女人靠的是真心付出

在和女人交往时，男人应该承担一些特别的“责任”，遵守一些众所周知的“约定”。这些虽不是什么成文的规定，但却是人人心知肚明的，一个有气场的男人自然不会忽视。

那么，这些“责任”和“约定”到底指的是什么呢？首要的就是保护女人。

不管是平常一起喝咖啡的朋友，还是一起长大青梅竹马的男女（包括恋人在内），只要她和你在一起，作为男人，你就有责任去保护对方。

你或许会问，男人为什么“必须”保护女性？这是一种从古至今的约定，男人和女人交往，必定会产生这样的约定，不打算遵守这个约定的男人，就没有资格和女人交往。这并不是歧视女性，认定男人比较强。人与人交往必须负责任，身为男人就该明白，善待女性是一辈子的任务。

其实，中间的道理并不深奥。大概有些女人会气冲冲地跑来抗议，表示不需要男人的庇护，然后拿独立人格之类的字眼来驳斥男人，但那并不是说她真的不需要任何支持——包括心理和生理上的。

一个男人如果觉得约定这种东西太沉重、没有遵守约定的自信，就干脆别去发展男女关系。因为扛不起责任的男人连自己都无法把握，更不用说女人了。

女人总愿意认为，如果一个男人愿意为自己舍弃一样对他而言很贵重的东西，那就表示自己在他心目中是很有分量的。但是女人也必须明白，舍弃也是有限度的，如果一个男人不计原则地为女人舍弃自己的梦想和未来，那么这样的男人就不值得交往了，因为他很可能一事无成。

和女人交往时一定要真城，如果你感觉到自己不愿为这个女人付出，那就请毫不犹豫地离开她，这是对自己诚实，也是对别人诚实。反过来说，如果你很想和她交往，却又舍不得为她付出些什么，只想自己能全身而退，那就太“不知好歹”了。像这种情况，若是有一天女人主动离开你，你也无话可说，更直白些说就是你也没脸去指责人家什么。

很多男人都栽在这一点上，明明是自己任性不讲理，到头来感情破裂却又怪女人先离开他，真是丢尽了男人的脸。毕竟女朋友不是妈妈，可以一再忍受你的孩子气而永不离开你。

有些男人约会时很舍不得花钱，和女人交往的唯一目的只有“性”，所以除了上床之外，看电影上馆子是能省则省，最好连礼物都免了。当然，也不是说舍得花钱就是好的，如果真的喜欢上一个女孩，一定得要花时间是去陪她，把假日的宝贵时间抽出来给自己喜欢的女孩，这是再理所当然不过的了。

总之，别太小看女人。不愿意为女人付出的人，是没有资格对女人提出要求的。了解了这一点以后，你就应该明白，吸引女人靠的绝不是花言巧语，而是真心的付出。

我们都知道，要获得女性的芳心，首先要得到她的信任。只有表里如一、敢于负责的男人才能让女人能体会到充分的安全感。

要获得女性的信赖，你就必须先信赖对方。只用嘴巴说“我相信你”是不够的，信赖的传达必须有“证据”。“证据”常伴随痛苦、牺牲而来，有时还必须舍弃社会地位及名誉，就如只爱美人不爱江山的温莎公爵，情愿为辛普森夫人舍弃王位一般，不过这不是轻易能效仿的，男人应该“走自己的路”。

不管以什么作为信赖的证据，最重要的是必须具体可行，男方的损失、痛苦愈大，愈能提升信赖的程度。“表露好意”或者是“满足需求”，并且可依人性来决胜负，但是，若想以“博取信任”作为打动芳心的不二法门，男性本身一定得有相当明确的认识——不付出相当的代价，是难有成果的。

事实上，“信赖”说穿了只不过是“心理上安定感的保障”。若以“心理上的安定”来界定的话，能确保信赖的基本成分是“稳定”和“朴实”。

不过，一个乐于负责任的男人是不存在不被女人信任的烦恼的。这样的男人总是平等地对待女人，该自己负的责任，决不推给女人。他们从不畏畏缩缩，而且说话、行事都能前后一致，让女人能够放心地与他相处。所以，敢于负责的男人一定是受女性欢迎的男人。

不要忙于事业冷淡爱人

一个只要事业不要家庭的男人在女人面前是不会有气场的。

王明在一家跨国公司工作。刚结婚的那几年，他经常与妻子散步谈心。可自从被提升为部门经理后，由于职位升迁和应酬增多，回家的时间越来越少，也越来越晚。家对于他来说更像是一个旅馆，每日打拼回来，只想倒头大睡。

他和妻子沟通的时间也越来越少。好几次，妻子想跟他说点什么事情，他也懒得听。有时他想和妻子说点事，还没说上两句就因观点不一致开始争吵。时间一长，夫妻双方都觉得没话可说，虽然生活在一个屋檐下，可是彼此感觉很陌生，工作上、感情上的事都不愿意向对方倾诉。

男人习惯在事业上实现自己的价值，女人则多是在家庭中。对于朋友，女人结婚后会越来越疏远，只剩一两个知己，男人则重义气，爱面子，甚至有“朋友如手足，老婆如衣服”之说。男女之间这种价值观的差异，也经常成为家庭矛盾的来源。

事业型的人总是忙个不停，没有节假日，没有休息，永远将工作放在第一位，令配偶和家人感到被冷落。这些人也会因为与妻子相处时间少而心存愧疚，但总是想等到工作告一段落再去好好陪家人。可等到有一天真的想去了解对方、和对方沟通的时候，才发现对方已不能理解自己的想法，沟通起来也比较困难。日子一久，彼此之间就提不起说话的兴趣，共同话题也逐渐减少了，于是婚姻犹如一潭死水。

更为严重的是，这些人没有认识到自己的错误，他们满肚子的委屈：“我经常回家很晚，因为公司的应酬太多。我的妻子曾抱怨过，说她一个人在家很孤独，但我的确是因为工作离不开呀。我有时回到家很累，脾气不好，但她应该理解呀！我这样辛辛苦苦地工作挣钱，还不全是为了她……”

可静下心来仔细想想，工作、事业固然重要，但当它与夫妻感情发生冲突时，哪一个更重要呢？当你将精力和身心全放在工作上时，尽管你可以说是为了妻子，但你了解妻子的真正需要是什么吗？如果你爱她、关心她，就应该了解她的需要，并尽全力去满足她的需要。

《射雕英雄传》中，郭靖对黄蓉说："我宁可一点武功也没有，只要你平平安安。"郭靖憨头憨脑，笨嘴笨舌，一点也不像一个爱情至上主义者，黄蓉听了这句话才知道，他心中分量最重的，根本不是什么"降龙十八掌"，而是他的蓉儿。人在江湖，武功是安身立命的根本，但郭靖懂得最基本的道理：人要武功是为了保护自己和自己的爱人。如果不以这个"平安"为目的，任何武功都会失去存在的意义。现在的丈夫们却经常忽略这一点。很多人为事业打拼、应酬的初衷是为了给家人更好的生活，可愿望还没实现，却失去了原有的幸福。天平倾斜了却不自知，有些顾此失彼。

男人自有男人的世界，一个没有事业心的男人是不完整的，但妻子和家庭也是你世界中不可或缺的一部分，好丈夫不会让妻子独自留守的。妻子不是房间里的家具，放在那里就算了，她需要交流、尊重和体贴，需要丈夫的重视。

而且，婚姻美满与否不仅会影响到你的事业，还会影响到你的健康。最新研究显示，婚姻不美满的男女，不论是在家庭或是在工作上，整天都会觉得压力大，这会影响到工作的效率。婚姻问题会延伸至工作中，工作中的问题也会迁延到家庭生活之中。这种紧张状态持续一段时间，就可能会引发严重的健康问题，如血压会增高，心脏病发作与猝死的风险也会增加。

事业很重要，但是不能以放弃家庭的幸福为代价，也不要以"为家庭努力工作"为借口。婚姻犹如事业，也需要小心经营。如果你真是为了这个家，到头来家庭却破裂了，那么事业再成功也无法感到幸福。

其实，兼顾事业和爱人并不难。例如，你可以在加班很晚后，去蛋糕店给妻子买上她最近常提起想吃的蛋糕，让她知道你并没有忽略她；你也可以在工作间隙发些浪漫的短信，告诉她在你心中她是多么的重要……

总之，只要你有心，就一定能做到！

在家庭中做出让步

在家庭生活中，越懂得让步的男人越有气场。

婚后第二年，吴华和宋英在北京郊区买下了一套新房。结束了租房的日子，小两口很开心。但没想到因为新房装修，引爆了小两口之间的全面战争。

妻子宋英出生在城市，喜欢浪漫和幻想；丈夫吴华在农村长大，重视实用性和功能性。两个人的审美观截然不同。宋英喜欢富丽堂皇的装饰柜、华丽的吊灯、豪华的吊顶，最好还能在家里装一个富有小资情调的吧台。在她看来，家应该是个富有情调的地方。吴华的想法却不同，这些都是中看不中用的玩意。最好能来一个大背投电视，一套高级音响，多气派。有亲朋好友来家里一看，会觉得自己混得不错。宋英气得大骂吴华是农民。

两人对于装修的每一个环节、每一个房间的布置的看法都不同，双方不断地争吵。宋英伤心地说："原来你在婚前对我好都是假的，连装修个家都不愿意听我的。"而吴华也气愤地说："原来你在婚前的温柔全是装出来的，现在才暴露出你的泼妇本性。"

两个人的个性有差异，这很正常。正所谓"人心不同，各如其面"，即使个性极为相似的人也会有所不同。在恋爱期间，男人为了追求心仪的女孩，往往会不自觉地对自己加以约束，努力迎合对方的"自我"满足和需要，寻求共性，获取好感。陷入情网的女人也往往会忽略自己与恋人不同的地方，甚至忽略恋人个性的弱点。

结婚之后，梦寐以求的爱人已经得到，男人也不再如婚前那样约束自己，个人的特点尤其是弱点会一览无余地展现在对方的面前，女人也对男人的弱点看得越来越清楚，因此矛盾便产生了。

其实家庭中的很多事，无所谓对错。正如吴华和宋英的装修观念一样，都有道理，只要喜欢就行，也不能简单地要求丈夫就应该对妻子做出让步。但是，就一般家庭来说，男人在外的时间更多一些，女人待在家中的时间要更多一些，从这一点来说，丈夫应该更多地考虑妻子的感受。何况，男人做出一些退让，就能拥有家庭的幸福，何乐而不为呢？

夫妻间的差异总是存在，就像出门时你喜欢向左走，她喜欢向右走；你喜欢吃面条，而她喜欢吃馒头一样，如果双方都各持己见，势必会引发争论，就算不影响"安定团结"的大局面，也会为夫妻关系埋下隐患。丈夫如果能在这些小事上做出适当的让步，而不是去斤斤计较"为什么先让步的是我而不是她”，就能换来家庭的和睦，何乐而不为呢？

老李家一直和和睦睦。结婚十几年来，他们几乎不争不吵，就连脸都没红过。同事们非常羡慕他们，纷纷向他讨教治家良方。

“其实没什么良方，”老李不好意思地说，“可能是因为我们之间分工明确吧，家里的小事由她决定，大事则由我说了算。谁也不干涉谁，所以也吵不起来。”

“真有你的。那你说说看，你妻子都决定什么小事？”

同事深表佩服。

“比如我们家吃什么菜，买什么家具，到哪儿去旅游之类的事。”老李接着说。

“那你决定什么大事？”

“像男足何时能捧得世界杯，美国何时能捉住本·拉登，巴以何时能够和解之类的事……”

虽然上面说的只是个笑话，但是丈夫如果能有一个良好的心态，在小事上装装糊涂，睁一只眼闭一只眼，给妻子充分的决定权，这并不会因此而损失多少，反而表现了丈夫的气度和睿智，收获了幸福。更多的时候，妻子在意的不是一件具体的事该怎么处理，而是丈夫对她的态度，一旦她确定了你是尊重她、在意她之后，她自然不会再处处与你为难，而是顾及你的想法和喜好，主动征求你意见，暂时的“委曲求全”可以换来更巩固的“一家之主”的地位，又能做个妻子心目中的好丈夫，此等好事，岂能不为？

尊重女性的男人更受人尊重

如今的办公室已经成为典型的两性世界，办公室女人的数量不断增加，她们的地位也使人越来越不可小视。甚至一些女人干脆就是许多出色的男性的顶头上司，男人们即使心里不服气，也得看女人的眼色行事。

大多数男人对屈居于女性之下愤愤不平，如果和女性是平起平坐的同事，他们则大多打心里瞧不起女人，也不愿同她们真心合作。这就使得办公室的男女关系，总是处于一种微妙的难以协调的尴尬之中。

事实上，男人绝对不该如此看重性别优势，而应该学会以一种大度、公平、客观的心态来对待及欣赏每一名女性。尊重和欣赏女性的男人，必然也会反过来受到女人的拥戴和支持。由于女人在各种场合影响力的大大增加，显而易见，能够得到女性支持的男人才更有气场，更能获得全面的发展。实际上，这样的处世才真正称得上高明。

罗斯福是美国历史上极有声望的总统。在他尚未成为总统但事业正如日中天时，他同一些普通的女性保持着友好的关系就为他赢得了极大的声誉。

有一天，罗斯福到白宫去拜访总统夫妇，碰巧塔夫脱总统和他太太不在。他向所有白宫的仆人打招呼，他能叫出他们的名字来，甚至厨房的小妹也不例外。

当他见到厨房的欧巴桑·亚丽丝时，就问她是否还烘制玉米面包，亚丽丝回答他，她有时会为仆人烘制一些，但是楼上的人都不吃。

“他们的口味太差了，”罗斯福有些不平地说，“等我见到总统的时候，我会这样告诉他。”

亚丽丝端出一块玉米面包给他，他一面走到办公室去，一面吃，同时在经过园丁和工人的身旁时，还跟他们打招呼。

他对待每一个人，就同他以前一样。工人艾克福眼中含着泪说：“这是将近两年来我们唯一有过的快乐日子，我们中的任何人，都不愿意把这个日子跟一张百元大钞交换。”

当然，罗斯福这么做决不只是为了做做样子，而是发自内心的真诚表现。即使在他后来做了美国总统以后，依然如此细心、平等地对待女性。

实际上，这正是罗斯福异常受欢迎的秘密之一，甚至他的仆人都喜爱他。他的男仆詹姆斯·亚默斯写了一本关于他的书，取名为《提奥多·罗斯福，他仆人的英雄》。在那本书中，亚默斯讲了一个富有启发性的事件：

有一次，我太太问总统关于一只鹑鸟的事。她从没有见过鹑鸟，于是总统详细地向她描述了一番。没多久，我们小屋的电话铃响了（亚默斯和他太太住在牡蛎湾罗斯福家宅的一栋小屋内），我太太拿起电话，原来是总统本人。他说，他打电话给她，是要告诉她，她窗口外面正好有一只鹑鸟，又说如果她往外看的话，可能看得到。

总统时常做类似的小事。每次他经过我们的小屋，即使他看不到我们，我们也会听到他轻声叫出："呜，呜，呜，安妮！"或"呜，呜，呜，詹姆斯！"这是他经过时一种友善的招呼。

一位堂堂的大国总统，能对他身边的平凡的女性如此细心、关爱，无怪乎他是那么受人爱戴。自然，那些正在为自己的理想或事业努力奋斗的普通男人，就更没有理由轻视身边的女性了。忽略了女人对自己事业的莫大助益，那将可能成为男人犯下的致命错误。

所以，渴望受到女性尊重的男人一定要记住：每个女人都有受到尊重的需要，当一个男人能充分尊重并欣赏女人时，他得到的回报将是受到他人加倍的尊重。

第十二章　魅力女人气场修炼

自强的女人最有气场

自强的女人最有气场，也最有魅力，她们知识丰富、有思想、有独立追求，对婚姻、家庭都有独特的看法，不容易受到陈规旧习的左右。她们给婚姻、家庭以及性道德观念带来的冲击力远远大于男人。

其实，现实的社会已赋予女人各种各样的角色——女儿、妻子、母亲和劳动者，这些角色同时也带给女人很多同男人一样的压力，她们不但要为生活而活，也要为自己而活。在多种角色中，许多女人已经变得坚强起来。

首先，是社会的多重角色让女人坚强起来。女人往往是家庭的主妇。做女儿时，为了能减轻母亲的家务负担，很小的时候就随着母亲忙前忙后；做妻子时，有条不紊地操持了小家庭的全部生活；做母亲时，更是有着不可推卸的重任，从孩子的第一声啼哭直至自己生命的结束都在牵挂中度过。这种种的角色有别于男人，这种种的责任也练就了女人坚忍不拔的意志和朴实勤劳的本性。如果女人不劳作，家庭何以有序运转；如果家庭不有序运转，男人何以解除后顾之忧；如果家庭有了忧患，男人和女人又何以成就事业……这样地细数下去，女人便成为了家庭和社会稳固的轴心，不可或缺。再柔弱的女人也要挑起家庭的重担，所以女人怎么能不坚强？

其次，是男人让女人坚强起来。如果男人能卸下女人的一部分重负，有些女人或许可以轻松一下；如果男人都给女人一副坚强的臂膀依靠，有些女人也不会硬挺着；如果男人都事业有成让生活衣食无忧，有些女人也不会选择超负荷的劳动或失去尊严的职业；如果男人忠于爱情，女人也不会在痛苦中艰难跋涉……在男人不做或做不了的时候，女人只能选择坚强地面对。

再次，是女人让自己选择坚强。女人除了为社会而生、为家庭而生以外，女人还要为自己而生。女人天生不是奴隶，也不是女皇，她应该有自己选择的生活空间。只有这样，女人才不失为一个生命来到世上一次。就像花儿曾经美丽过，鸟儿曾经自由过一样，女人也要为自己留下点什么，哪怕是小小的一点心愿、细微的一次感动、寻常的一个习惯也好，至少女人还记得自己的存在、自己的价值。而且女人选择了坚强的同时也减少了对自己的伤害。女人可以把苦难的日子当成是一种走向幸福的过程；女人可以把沉闷的家庭劳作当成是自我锻炼的机会；女人可以把对孩子的培养作为自己的奋斗目标之一；女人可以把负心的男人放下而当成是命运的一次玩笑；女人可以把所有的爱好和娱乐当成生活对自己的馈赠……女人只有在选择了坚强，选择了不依附别人（至少在精神上）的情况下，女人才会真正地体会到生活的乐趣，生活的阳光。

自强的女人有着与众不同的独立意识。有着自己的理想与追求，也有着丰富的知识与智慧，更有一颗坚强的心。她们不需要依附于任何人。她们一路走来，努力地工作，挥洒着自强、自爱、自立、自尊的激情。也正因如此，“努力工作的女人最美”才成为颇为流行的一句带有时代标签的广告语。

女人是否自强，已成了男人衡量与欣赏女人的一条必不可少的准则。在不同的社会时期对女人的价值与美丽有不同的评判标准，不同时期的女人在男人心中所处的地位也不同。在以前那种以女人外表形象作评判标准的社会里，女人作为一种陪衬角色而依附于男人。因为，那时的女人只能靠男人养活，也难免让男人有些瞧不起，更没有什么社会地位可言。在经过一系列的过程之后，女人才开始走进社会，协助男人共同支撑起一个家庭，这时的女人在男人心中才有了应有的位置。

所以说，自强自立是赢得男人欣赏与尊重的不二法门，也应该是一个女人生存的座右铭。在当今的社会中，自强的女人所表现出的自信，从容和为理想竞折腰的精神，焕发出的无比耀眼的光华，使其成为男人眼中无可匹敌的美丽。

有亲和力的女人更迷人

在生活中，成为美丽迷人的女人应该是大部分女性重要的目标之一。迷人的女人还必须拥有一种足够多的亲和力。如果一个女人看上去身强力壮，工作起来雷厉风行，而且永远是一副女强人的形象，那恐怕很难称之为迷人优雅。这样的女人如果不懂得温柔一点儿，有亲和力一些，那么虽然她们在工作上可能非常成功，但在生活中很难拥有与工作中一样的气场，生活不一定快乐。

而令人着迷的女性往往是“大众情人”，是大众心中的偶像，所以必须具有一定的亲和力，而不能冷若冰霜，永远冷着面拒人于千里之外。让人感到亲切，会缩短你与别人之间的心理距离。

颜澜经常被熟悉的朋友评价为很有亲和力。起初，她并不太清楚别人为什么这样说她，也不懂得“亲和力”究竟是指什么，只是觉得自己待人热情罢了。

后来，她明白了，或许她的亲和力就是，每当自己面对刚认识的人，无论是新朋友或新同事，都主动地跟人家认识和打交道，而且热情地对待他人吧！

因此，周围的人都很喜欢跟她交往，她的朋友非常多也是不无道理的。颜澜受人欢迎的秘诀是：主动优先！不要总是等着人家来跟你先打交道或问好。当然，还有真诚，她在和别人打交道时，习惯于很体贴地对待别人，但也不是刻意地讨好。

很多女人与陌生人初次结识时，都会有一定的戒备心。这时，如果有一方主动问候，即使是“你好”、“很高兴认识你”之类的问候话语，虽然只有片言只语，但它是通向你与别人深入交谈的一座桥梁，同时它也是你向别人主动示好的一种方式，别人自然会觉得你很亲切。

同时，无论是何种场合的交往、谈话，女性都要保持良好的心态，以真诚的态度来待人接物，因为只有付出诚心，才能换得真心。

从心理学上讲，亲和力是指在人与人相处时所表现的亲近行为的动力水平和能力。亲和力的高低常常取决于一个人的性别特征和性格特征，如有的人生来不爱笑，有的人从小不爱亲近人，有的人天性爱热闹，有的人具有丰富的幽默细胞等等。

在人际交往中，亲和力会让女性具有很好的人际吸引力。如果你让人感觉亲切，那么，在交谈时，别人情感的大门会主动向你敞开；劝说时，别人心中的疙瘩会自动解开；求助时，别人热情的双手会真诚地向你伸出……可以说，使人感到你很亲切，对你益处多多。

简单地说，亲和力就是和善待人，别人才不会排斥你。它主要的表现，首先就是笑容，其次是主动友好的交谈方式，然后是积极明朗的性格，比较全面的知识和兴趣，这些在很大程度上而言是可以锻炼的。

1. 注意自己的美丽笑容

迷人的女人应当拥有魔鬼的身材和天使的笑容，所以你不仅要有魔鬼的杀伤力，更要有天使的亲和力。美丽的笑容是快乐心情的流露和健康心态的展示。笑容能在细微的神情变化中，表现出丰富的内心世界。只要相互友善的人，都能感受到笑容的含义。

更重要的是，拥有美丽自信的笑容也是女性自我修养、自我实现、自我完善的一部分。作为一位现代女性，你尤其需要通过真诚亲切的表情来进行人际沟通，用笑容感染别人，用笑容打动对方。所以，笑容满面的女性才是最迷人而富有魅力的。

2. 掌握一些主动友好的交谈方式

在很大程度上，人的情感是通过语言的交流得以慢慢增进的。如果一个女性和别人有很多的共同语言或者近似的观点、看法，无疑她的亲和力也很强。所以，女性在与人交流时需要有所注意，会增添自身的亲和力。

（1）认真倾听。如果你以“我愿洗耳恭听”的态度认真听取别人的谈话，那么对方会愉快地向你敞开心扉。因为无论是谁，都或多或少存在显示自己并能得到别人认可的心理；同时，你认真聆听别人的谈话，别人会感到你尊重他，自然他也会同样尊重你。

（2）寻找共识。你要让对方感受你的亲切，就要努力寻找观点的共识，保持话题的一致，因为只有具备共同的观点和话题，彼此之间才能谈得投入，才能取得共鸣。为此，你也要尽量避免谈论有争执的问题。

（3）重视称谓。“我们”和“我与你们”虽然指的是同一人群，但是两者给人的感受不一样。使用“我们”一词会让人觉得关系密切，能让人产生同伴意识，而“我与你们”则有不在一条线上的感觉。

（4）留神称呼。在称呼上要注意尊老爱幼，“大爷”“大娘”，“大叔”“大妈”，叫得人心里甜蜜蜜；“老李”“小张”或直呼其名（不要带姓），让人觉得关系非凡。这样，既引起了对方的注意，又叫出了自己的风度和修养。

（5）不吝赞美。交谈时，你要善于发现别人的优点并予以称赞。因为夸奖是人际交往中的“亲和剂”，适时而得体地夸赞别人，会激起别人的自信心和荣誉感，别人会因此对你产生好感。

（6）语气柔和。柔和的语气能有效地使谈话顺利进行，令开导醍醐灌顶，让劝说娓娓动听。办事时事先征求对方的意见，有分歧时以商讨的方式解决，都可以使自己的语气变得柔和。

（7）谈吐谦和。谦和是一种美德，它会产生让人亲近你的魅力。适时地说“拜托”“请赐教”“麻烦你了”等话语，既表现了你对对方的尊重，也体现了你知书达理的美好形象。

3. 轻松愉快地与人相处

（1）与人相处时，具有亲和力的女人能给人轻松愉快的感觉，自然会使人愿意接近你，这样，你的身上就会形成一股气场。这样的女人无疑更迷人。要做到这一点，需要做好以下几点。

（2）灵活性。亲切感源于一种灵活性，有时候，你要了解对方的经历、爱好，尊重对方的文化，了解彼此的文化差异，做到入乡随俗。

（3）生活智慧。人只有保持对生活的热情，才能有更多的感知力和创造力，才能让自己通过各方面的知识和丰富的经历，变得更有自信。对生活的理解，是一种大智慧，它在很多时候，会让你变得更得心应手。

（4）拉近距离。如果你想让别人成为自己的朋友，首先要想法缩短你与别人之间的距离，距离缩短了，交谈起来才会自然、随和，彼此之间才能尽快熟悉和了解。缩短距离的方式很多，寄张贺卡，表示关心，开个“派对”等等，都有接近对方的机会。

（5）加强往来。“疏则远，密则亲。”互动频率越密，就越容易认识和了解人，交往的渠道也就越来越畅通。来往的次数与亲密程度往往成正比。

（6）馈赠礼品。礼品不一定很贵重，但一定要是对方喜欢的。这样，对方会认为他在你心里很有地位，并且你对他很了解，由此会对你产生“知己”的感觉。

（7）制造幽默。幽默是一种智慧，也是一种风度。言谈风趣诙谐，会增强你的人际吸引力，它是增进亲密度的催化剂，也是消除紧张感的一剂良药——引起别人心理上的愉悦，怎能不给人留下深刻的印象呢？

关注细节。你与别人在交往时，可以先从一些细节开始，比如，注意对方的爱好，指出对方穿戴上的变化，记住对方有纪念意义的日子等。这样做，对方会觉得你很在意他、关心他，能引起对方的话题和谈话兴趣，你会因此而受到对方的热情“礼遇”。

女人一定要有亲和力，让人愿意接近，同你相处，与你交朋友，为你工作，这样才能成就自我，拥有幸福的人生。

从容地做个优雅女人

优雅对于每一个女性来说，心中都有一个说不清但感觉得到的尺度。而优雅是一种精致的生活状态，是在岁月的堆砌中沉淀下来的生命精华，是刻在心底的永不磨灭的自然取向。

优雅，通常是成熟女人的专利。经历多了，故事也有了，这便是财富。有了财富，女人的心便少了许多茫然和焦躁，无意中流露出一种岁月历练后的美丽与智慧。当优雅成为一种自然的气质时，女性一定更有气场。

42岁的萧雪珉是某家设计公司的老总。她大部分时间都穿着一袭裙装，看似大方随意，却显然经过精细搭配，胸针、手镯、丝巾，无一不是精致至极。虽然身为老板，工作繁忙，却从无愁苦面容，再紧张，也是微笑依然，于不经意间散发出细腻沉郁的香味。

她的个性亲切随和。员工也都愿意和她亲近，生活中有什么问题都会告诉她。而与她谈工作，她又会在解决问题之外给以人生的启迪，让人思考和沉静，感受到生活的美好与希望。这样的老总，让公司里的男男女女都钦佩不已。

俗语说：女人似水。年轻靓丽的女孩，好比山涧里欢快奔流的小溪，活力四射；而那些人到中年婉约有致、内涵丰富的女子，则像宽阔平稳的江河。

优雅是一种内在气质。一个人的气质是内部修养、外在的行为谈吐、待人接物的方式态度等的总和。优雅大方、自然流露的气质会给人一种舒适、亲切、随和的感觉，因而，它会使人在社交场合受到欢迎，增加成功的概率。

有一句话这样说，“我们不是生为女人，而是要做女人”，而我们不但要做女人，还要做个优雅的女人。女人不一定要美丽，即使长相再平庸的女人也有美丽的时候，那也许就是一种别样的优雅。

优雅是一种味道，由内而外散发着迷人的芳香。言语中尽是撩人的思绪，举手投足间显示出成熟女人曼妙的气息。优雅不是先天的，它是悬浮于物质表面一种气度的展示。

自信的女人常常带给人一种知性的美，这是后天的塑造，更是优雅的源泉。而优雅的女人都有着共同的品质，那就是善良。善良是一种天性，而“女人最大的美丽是善良”，这种描述没有过多的期许，简洁直接，不容得半点儿疑虑。

有一颗善良的心，有一个良好的修养，这是一个优雅女人最简单的素养。它是一种内在的意蕴，是生命韵律与智慧的自然体现，是心灵善良的光辉不由自主地焕发，是才情与艺术修养巧妙结合后本真的流露。

优雅是一种风度，也是一个人独特的风格，是来自后天的修为。靠阅读和培养，靠不断地领悟和思考，更由生活的态度所决定。优雅是装不出来的。举手投足和微笑不会出卖你，但是言谈行为和思想能决定你是否被别人认可属于优雅一类。

一个优雅女人，除了善良的本性，对时尚的领悟、匀称的身材、得体的服饰搭配和淡雅清新的妆容，都是必备的。优雅的女人不去追求时尚，她只管制造时尚。

一个优雅的女人，懂得如何表现自己，成熟、优秀、文雅、娴静，各种气质与品位都可以在举手投足间得到最好的体现。优雅的女人，可以没有惊艳的容貌，但不能没有清新淡雅的妆容；可以没有模特的形体，但不能没有匀称的身材；甚至可以没有优越家境的熏陶，但绝对不能没有与世无争、不争名逐利、闲适恬淡的处世态度，不能没有忍耐、理解和宽容。

优雅的女人也许爱喝酒，但不会醉。优雅的女人从不说谎，但眼睛特别会说话，说真话。优雅的女人像条鱼，游离却真实。优雅的女人是个谜，越猜不透，就越想猜。

优雅的女人，不管何时何地，懂得以宽容的心去包容。安静、善解人意、宽容、善良、有爱心是好女人所具备的品质，更是优雅女人所不可或缺的品位。

优雅的女人在从容言行、时尚气质的光环下，必然有一颗善良美好的心灵，一种淡然恬静的生活姿态。懂得爱自己的女人，才能懂得怎样去优雅，才能懂得在复杂的城市生活中拥有一份属于自己的纯净空间和美丽心境。那么，怎样才能做一个优雅的女人呢？

罗马不是一夜之间造成的；同样，女人的优雅也是模仿不来、着急不得的事。优雅是一种恒久的时尚，它是一种文化和素养的积累，是修养和知识的沉淀。从一个女人优雅的举止里，我们可以看到一种文化教养，让人赏心悦目。

优雅暗含着一种对世俗的抗争，抗争着不做一个低俗的人。而要具有这种抗争能力，女人必须不断地努力提升自己：在生活中尽显女性的温柔与妩媚，在工作中巾帼不让须眉，在任何场合都要将自己最优雅的一面展示出来。

做一个优雅的女人，首先必得增长知识，将优雅之树的根深扎在文化的沃土之中，这样才能使它枝繁叶茂。

因为优雅的女人，必定是心灵纯净的人，净化心灵的最好办法是汲取智慧，汲取智慧的最好办法是阅读。“书中自有好风光”，“书中自有黄金屋”，“书中自有颜如玉”。读破万卷书的人，心中不会存有一池污水。知识能够改变命运，同样，知识可以培养女人的优雅。因此，一个优雅的女人，一定要多读一些书，尤其是一些励志的书，不断地充实自己，完善自己。读书可以提升一个人的品位，读书可以使人从自我的境界进入到另一个世界。喜欢读书的人，永远都是不俗的人，只有不俗的人才有资格做优雅的人！

其次，优雅的女人无论在什么场合都得注意保持自己优雅的形象；尤其要注意在家庭中保持优雅。

很多成了家的女人，每天都有做不完的家务，总是里里外外地收拾房间、打扫卫生、洗衣煮饭。忽视了自己的形象，久而久之会失去对生活的热情。所以，在家庭这种环境中，女人应该特别注重自己的形象，不要将自己装扮成一个洗衣婆的形象；克服说话大大咧咧、动作随随便便的习惯；和先生朝夕相处，更应该注意自己的形象，否则这个女人与优雅是沾不上边的。

当岁月洗去青春的芳颜，当皱纹无情地爬上额头，却可以从容地做个优雅女人，想必是每个女人都向往的事。得之怡然，失之泰然。优雅的女人懂得用微笑处置自己的得与失，更懂得用活色生香的日子把自己的刹那芳华变为一生一世的美丽！

美丽的高处是智慧

美丽的女人有气场是不争的事实，但是，这种气场不一定能持久，而智慧的女人却永远拥有气场。

据说女人的智慧与美丽总是难以兼得，在她美丽的时候，因为她还年轻，有许多的事情她还没有经历，年轻可以允许错误，允许眼泪。当她拥有智慧、悟透生活时，昔日的容颜已经成为夏日里最后一朵睡莲花。

美丽是一个火焰一样的词汇，热烈诱人，所以天底下所有女人纷纷作灯蛾扑火状。美其实是与爱情一样难以企及的境界。我们每天在堆满形状各异的瓶瓶罐罐的梳妆台前，服用各种据说有神奇力量的物质，我们作出如此的努力，但可能做到的其实仅仅是漂亮。漂亮与美丽当然有天壤之别，漂亮固然悦人，美丽却是令人怦然心动；漂亮是物质人的景观，美丽却要靠一股无形之精气由内而外熏染出来。

所以，美丽需要长年累月的培植。相由心生，我们的容颜和气质最终是靠内心滋养的。俗话说，30岁前的相貌是天生的，30岁后的相貌靠后天培养。你所经历的一切，将会一点点地写在你的脸上，每天美丽一点点，你为自己所做的便是不断的滋润，而不是消耗和透支。青春已逝，但美丽可以永存。

记得几年前，在播出的一则电视新闻中闪过几个镜头：一位跨世纪美人的百岁寿辰上，红玫瑰和青春美少女们簇拥着的这位百岁高龄的著名女性，一举手一投足，还有那雍容的笑、睿智的眼神，依然散发出无可置疑的摄人的美。就这么几个镜头，让我们唏嘘至今。早些年在上美学课时，会写有关美丑的论文，就举罗丹雕塑“老妓”例证，因为那尊丑陋的形体令人过目难忘。这个妓女肯定曾经年轻过、漂亮过，历经风尘，最后形销骨立、面目全非，连记忆可能都充满苦痛、阴暗和厌恶。

智慧其实是美丽不可或缺的养分，所以才会有秀外慧中这样的成语。女人拥有真正的智慧就使她与市井中弄堂间的小聪明、小伎俩有质的区别。智慧是与人的领悟力相关的。大至人生命运，小至日常生活，悟性使你面对大小问题懂得分寸，能够有明智的抉择。智慧固然在很大程度上取决于一个人的智商，却绝不是天生的，学识、阅历与善于吸取经验教训会使一个人迅速成长起来。智慧就这样一点点从内心雕琢一个人，塑造一个人。智慧使女人能真正把握好自己，并获得从容自信，最后使你的周身散发出超然简约的气质，并使你从人群中脱颖而出，这时候，你已经很接近美丽了。

但一个女人的美丽，却不是智慧可以涵盖的。智慧的女人知道善待自己。我们的肌肤、我们的容颜从母体中脱胎于人世间，然后我们学会走路，就是要靠双脚去走完自己的人生旅程。爱惜自己就是爱惜我们在这世上每一天的生活，我们正是在襁褓中学习自爱培养起爱心的。爱其实就是一种能力，它是最富有生命力的美。我相信，善待自己与善待他人一样重要，自爱的人才可能真正去爱别人。

美丽之所以令人怦然心动，正因为有着来自心灵深处的爱。实际上，爱更是美丽最重要的素质。

如果我们像爱自己一样去爱亲友和邻人，心怀爱意，五官会是自然舒展的，表情是平和安详的，眸子里是润泽柔美的。

温柔和真情，是爱所必需的。圣母同样以圣洁之爱著称于世，在关于她所有的画像和雕塑中，她的眼睛总是全神贯注地在上帝之子身上，其实她爱的也是她自己的孩子。在她的眼睛里，我们读到的不仅有温柔，还有深情。每天都体验着爱，美丽就一天天在悄悄地改变着我们容颜的本质。世界女性的典范西蒙·波娃的一生是由情写就的，她的美不仅仅来源于她与萨特的爱情。而且她还是一位真正热爱生活、善待自己的智慧的女人，她那早已突破狭义的丰富而温暖的爱，使她时至今日，依然焕发出激励世界每一处角落中妇女的美丽魅力。

爱因为充满温柔和激情，所以能吸引人。魅力其实很大程度就是来自女人身上的暖意。我们有时说这个人有女人味，肯定不是指她樱桃小口、明眸皓齿，或者新月眉小蛮腰，而是这个女人通体散发出的气息、温柔和暖意。如果说，智慧是一帧完美的素描，爱才真正使女人妩媚增色。

相比于智慧和爱，美容化妆仅仅是妇女生活中的日常细节。善待自己，善待我们每一天的生活，就好似我们每天都要对居室收拾打扫，智慧与爱并存的女人也绝不可能让自己蓬头垢面，无论是人前还是人后。她们总是懂得润色、修正自己，让自己的生活丰富多彩，有滋有味。

总之，美丽可以逝去，青春也难以永久，然而智慧却能让女人气场永存。那就选择做一个智慧的女人吧。

女人要有女人味

有一种味是浓浓女人味，有一种香是淡淡女人香。有女人味的女人是最有气场的女人。

丧失了女人味的女人，是一种随时随刻都能让人窒息的女人。尽管以貌取人是人类的陋习，千百年来一直为“有识之士”所摒弃，可对于吃饭穿衣睡觉、上班下班的凡人、俗人来说，在许多时候，对女人之美丽总保持着那样一种顽固：“最难消受美人恩”。这个“美人恩”，便是男人眼中女人的本性，女人的娇羞，女人之所以为女人的温柔，女人敢于、善于为女人的女人味！

没有女人味的女人，穿着廉价的不合身的衣服，衣肩上落满了头皮屑和碎发，素面朝天、自以为是。在她们看来，修饰面容梳理发型是浪费时间，没事找事。这样的女人缺少的不是金钱，而是素养。

没有女人味的女人，夏日特别喜爱短裙，因为裙子无须每天换洗。令人倒胃口的是她们的脚上还往往穿一截短袜，甚至还有的内穿无跟袜，外面再套玻璃丝袜的，说是以防勾丝。殊不知，这样一防，露出了女人喜欢多此一举的小家子气。其实夏天最好的办法就是浑然天足，这比穿一双短袜，露出半截小腿，不知要大方多少了。假如你有机会出席一些酒会，你可以看到不少年轻女性在优雅的长裙下，一双裸足传递出万般风情，不经意间流露的却是纤纤情愫。

没有女人味的女人是毫无遮掩的。假如她们在候车室或者在家属楼的走廊上，看见了熟人便会毫不忌讳地大声招呼、聊天、说笑。她们在所有的公共场合甚至在洗手间也是如此，自律意识淡薄。假如你静静地坐在公共场所的长椅上，在等待的时候，欣赏蓝天白云、花草树本，或者愉快地看孩子们在互相追逐，这时候的你比大声喧哗的你要动人得多，或许你本身就成了一种美好，一道风景。不管你是白领还是蓝领，待字闺中也好，初为人妻也罢，作为女人的你：永远不要大大咧咧，风风火火。要记住，凡事有度。矜持，永远是最高品位。

没有女人味的女人容易心胸狭窄，她们会对陌生的漂亮女人横眉冷对，对熟悉的女人胡乱干涉。她们和丈夫一起外出，假如丈夫的眼光不经意间停留在陌生的漂亮女人身上，她们要么不屑地撅着嘴说：“这女人打扮得像个狐狸精，恶心！”要么和丈夫无端地争吵，吃无名醋。遇到熟悉的女人穿戴整齐，略施脂粉，她们也会大惊小怪地当面咋呼说：“你用的是什么化妆品？这么高级，不值得！”背着人她们还会飞短流长，仿佛略施粉黛、穿短裙的女性就一定是生了外心，有了外遇。

没有女人味的女人毫不注意人格的修养，也不注意穿衣着裙的种种细节，她们缺乏人际交往中必须具备的常识和礼貌，她们衣冠不整地出现在公众场合或者是办公室。她们在不经意间的失仪要远远地胜过她们在生活中的种种努力和辛劳。

没有女人味的女人假如能够清醒地看到自己的不足，不拒绝服装文化、交际文化、化妆文化，那么，她们将会变得更清新、善解人意，彰显优雅女人的风采。

最迷人的是温柔

上帝用了最和谐的美学原理来创造人类，它赋予了男性阳刚之美，又赋予女性阴柔之美，正因为阴阳两性的相生相克，在人世间演绎出一个又一个“强”与“弱”的爱情故事。

温柔是一种境界——它能折射出一个人的兴趣情调，品质修养。于社会，温柔能折射出一个社会的时代风尚、文明程度。一个正常的、健康的女人，会懂得用温柔来营造自己无穷的气场。

女性的温柔是民族遗风、文化修养、性格培养三者共同凝练所致。一个女人，善于在纷繁琐事忙忙碌碌中温柔，善于在轻松自由欢乐幸福中温柔，善于在柳暗花明时温柔，善于在关切和疼爱中融合情人与妻子两种温柔，善于在负担和创造中温柔，更善于填补温柔、置换温柔，这些是做女人不可轻视的艺术。

女人，最能打动人的就是温柔。温柔像一只纤纤细手，知冷知热，知轻知重，只轻轻地这么一抚摸，受伤的灵魂就愈合了，昏睡的青春就醒来了，痛苦的呻吟就变成甜蜜幸福的鼾声了。温柔是女人特有的武器，哪个男人不愿意被这样的武器击倒?

温柔里面包含着深刻的东西，就是爱。这种爱之所以深刻，是因为不是生硬地表演出来的，而是生命本体的一种自然散发。温柔可不是娇滴滴，嗲声嗲气。这里有真假之分。娇滴滴、嗲声嗲气是假惺惺，是故作姿态。而温柔是真性情，是骨子里生长出来的自然的东西。

在充满浪漫与憧憬的青年时代，美丽或许会占上风，可当从感性回到理性的认识中来就会越发明白：温柔比美丽可爱。在季节的变迁、时间的轮回中美丽的外表会失去光泽，而温柔将永驻。这自然形成的女性温柔古往今来给人间带来多少深情挚爱、温馨和谐，让男人不忘。

恋人的温柔似雾似花，有一份朦胧，有一份浪漫。恋人的温柔又若款款的催化剂，催促着爱情的花果早日绽放成熟。夫妻的温柔像缕春天的阳光，像轮秋夜的明月，为生活平添着温馨和明净。夫妻的温柔又若高强度的凝结剂，为点点滴滴凝结的金光点缀着幸福。朋友的温柔是智慧的馈赠，会在困境里产生韧性的向上，得意时流露出成功的洒脱与飘逸……

温柔如风，可拂去心情上的烦恼与忧愁；温柔似雨，可滋润心田上的干渴与浮尘；温柔像虹，能映照自暴自弃之人重新扬帆的锦绣前程；温柔也似利剑，剽悍粗犷的人会在这利剑前垂下高傲的头颅。

平平常常的日子，善于温柔，日子便过得有滋有味。

上班、工作、休息、吃饭、一言一行、一颦一笑、一举足一抬头……温柔的手会时时光顾。

古希腊神话里，雅典娜给人的一种高级智慧便是温柔——因为雅典娜是智慧女神。

如今常听一些已婚男人大发感慨：现在的女人越来越不会温柔了。放眼望去，已婚女人们大多行色匆匆，朴实无华，毫不忌讳地和熟人大声招呼，说笑。在经历了恋爱、结婚、生子后，这女人应该越做越完美，怎么会任嗓子粗哑，任举止粗俗，任精神荒芜呢？少女时期的依人小鸟呢？当巧笑倩兮的你披上婚纱，踏进婚姻的城堡后，不自觉地就觉得自己成熟了。善良的、吃苦耐劳的你，辅助丈夫、教育孩子、操持家务……小鸟变成了老黄牛，加上唠叨，加上疲惫，加上教育孩子时的烦躁，加上顾不上修饰的那张发黄的脸，温柔又向哪里寻觅呢？

温柔是不精心呵护就会凋谢的娇嫩花朵，温柔是不随时添注就会闲置的精美酒杯，温柔是不加温就会结冰的冬日之水。温柔已去谁之过？难道女人在生活的平凡、琐碎中只能放弃温柔？难道男人非要去婚外找寻那一缕女人香？千年修来的夫妻缘，何不携手共同打造那如风、似雨、像虹的温柔？

妻子在任何时候都不要使自己失去女人味，别相信老公说的“结过婚的人了，我不嫌弃你就行。”外面美女如云，谁愿意天天面对一个不修边幅的黄脸婆？青春无法把握，失去了无须惭愧，但女人味却是一种精神，把它丢失了则全是自己的错。所以，努力提高自己的内在修养和品位，并对外表稍加修饰，使自己像一篇情愫悠悠、蕴涵深邃的抒情散文，令人会心耐读。

应当指出，女性在当今社会追求独立人格的同时，不应放弃温柔的一面，何况温柔与追求独立人格并不矛盾。男人需要女人温柔，正如女人需要男人阳刚一样，这是心理和生理的差异造成的，也是男人和女人之间互补性的需求。温柔是美德，是理解，是关怀，女人温柔一点无疑是给爱情加点巧克力。

温柔说不清，道不尽，难以用文字描述其神韵，但是温柔是人人都能感觉到的。一个女人站在面前，说上几句话，甚至不用说话，我们就能感觉出这个女人是温柔还是不温柔。

有修养的女人芳香四溢

修养是文化、智慧、善良和知识所表现出来的一种美德，是崇高人生的一种内在力量。有修养的女人一定有气场。

一个人的修养不是在于学问有多高，或者是才高八斗，或者是满腹经纶，或者能出口成章，或者是随机应变，也或者平平淡淡、默默无闻。一个人的修养决定着他的风度，一个人的风度又是修养的体现。修养是内在的一种美，一种魅力。

“修养”通常是指思想品德修养。思想品德修养是以人的政治态度、思想意识和道德品质为基本内容的。修养的本质如同人的性格，最终还是归结到道德情操这个问题上。

一个女人可以不漂亮，可以不美丽，但是不能没有修养，修养是一种潜在的品质，也不会多么直接地吸引人的眼光。但是，对凡尘中的我们来说，生活需要人人有修养，家庭需要女人有修养，因为这是一个人最重要的修养。古代曾经有“母仪天下”的说法，主要体现的是女人修养在这个世界中的重大作用。

有这样一种说法：“不美丽是女人绝对不可以容忍的事情，但没修养绝对是男人不可以容忍的事情。”外表的美总是最初的、静态的、肤浅的，也总是短暂的,似天空中的流星,转瞬即逝,没有生命力。但时间可以扫去女人的红颜,却扫不去女人经过岁月的积淀才能焕发出来的美丽。这份真正的美丽就是女人经过岁月的洗礼而成就的修养，就像秋天里弥漫的果香一样，由内而外散发出来。

女人可以不漂亮，但不能没有修养。在高雅女性的重要因素中，修养可以说是最高的追求和境界，它赋予女人一种神韵、一种魅力、一种气质和一种品位。有修养的女人衣着时尚，妆容精致，神采飞扬，风姿绰约；有修养的女人平和内敛，从容娴雅，不矫揉造作，不喜张扬；有修养的女人，是一种遵从自我意愿的选择，是气质品位的自然流露。

有修养的女人静若幽兰，芬芳四溢。有修养的女人就像潺潺溪水，让周围的人被浸润；有修养的女人是一个家庭的财富；是一个国家文化积淀的体现。修养是一种人生体验到极致的感悟，是人生感悟到极致的平静，那是一种更为简单纯净的心态。

有修养的女人是令人尊敬的，让人愉悦的。有修养的女人说话有分寸，对人不尖酸刻薄；有修养的女人在公众场合端庄大方，不做作，举止不轻浮，有爱心善于表达情感，乐于赞美祝福他人。和有修养的女人共处，总像有潺潺溪水流过，让身旁的人被滋养和浸润。

女性修养程度的高低是衡量整个社会文明修养程度的一个重要标准。女人身为母亲，其修养直接影响着子女后代，因为女人是母亲，是女人养育了所有的人，是女人把我们带到这个世界上的。不管社会发展有多快，不管女人现在可以扮演多少种角色，女人最重要的角色始终是母亲。天下所有的母亲都希望自己的孩子成为一个有修养的人，成为一个受人尊敬的人，而如果母亲没有修养，孩子会有修养吗？因此，特别是那些想做母亲的女性是不可以没有修养的。

要想做一个有修养的女人，就必须注意自己的日常生活行为，同时，也要不断地扩大阅读范围，提高自己的知识素养。

如何做一个有修养的女人？随着女人在社会生活中角色的变化，女人就像一所学校，起着言传身教的作用。细节决定成败，细微之处才能彰显品性，施展魅力！

首先就是最有女人气质的体现矜持。矜持也很简单，一举手、一抬头的犹豫，说话前的思索，走路时的一点小心，听到笑话过后的慢一拍的微笑，无不体现了女人的矜持。矜持，就是女人要把自己当做美女一样看待，一种若有所思的慢一拍，一种小心翼翼的自我珍重，一种不轻易流露的保留，矜持体现了女人的修养。

其次就是精致。精致的女人就像一件高档的珠宝，熠熠生辉、细腻璀璨。精致，不一定就需要高档的衣服、首饰或其他道具来塑造，更多的是一种生活态度。炒好的青菜，用细白光洁的盘子装上，摆出秩序的样子，是一种精致；每晚睡觉前，仔细地在镜前端详自己，并且高兴地想“我还是美丽的”，也是一种精致；知道施华洛世奇的水晶和地摊上的水晶，有何区别，并不一定去买，是一种精致；知道在宴会上该穿礼服、工作时该穿套装、睡觉时该穿性感睡衣，也是一种精致。

想做个有修养的女人，给你支几招：

（1）衣着要与时间、场合、所接触的人相适应，大方而又得体。

（2）诚信做人，不卑不亢。

（3）虚心听取别人的意见，不要做无原则的争论。

（4）保持坐的姿态端正，叉开或不断抖动双腿都是不雅观的。

（5）无论你多优秀，不必向人炫耀，应该保存低调。

（6）在别人对你提出意见时，要虚心诚恳，并表示感谢。

（7）不要轻信传闻，不要诋毁别人。

（8）要懂得尊重别人，待人接物要有礼貌。

（9）在社交场合行为要稳重得体，不要大声喧哗。

其实，修养是人格魅力的体现，具有一种强烈的亲和力。与有修养的人零距离接触，如品香茗，如浴阳光，如沐春风。修养更是一杯清香温馨的茶，需要细细地品尝，体味那高贵典雅、清新透明、苦而微甜的品质在那袅袅的氤氲中尽显的光辉。修养的那种美丽，总会令人不断遐思，给人憧憬。

让你的谈吐更动人

语言的力量能征服世界上最复杂的东西——人的心灵。是否妙语连珠、谈吐不凡已成为社交能力强弱的重要标志之一。

谈吐是人的气场魅力的组成部分。谈吐不仅指言谈的内容，而且包括言谈的方式、姿态、表情、速度、声调等。女性文雅的谈吐是学问、修养、聪明、才智的流露，是魅力的来源之一。与人交谈，既有思想的交流，又有情感的沟通；任何语言贫乏、枯燥无味、粗俗浅薄的人，都会使人感到厌恶。如果女人的谈吐既有知识、趣味，又能用丰富的表情和优美的声音来表达，那将会达到意想不到的效果。

言谈举止与人的性格有关，而影响一个人性格的许多因素是自己所无力控制的，这就意味着要使自己的言谈举止更具个性魅力，就必须下大力气去一步步地磨炼自己。言谈举止是一个人精神面貌的体现，要开朗、热情，让人感觉随和亲切，平易近人，容易接触。说话是一个人与其他人交流思想感情的主要形式，有的人不注意自己的形象，不是动手动脚，就是嗲声嗲气，让人生厌。很多人在社交中总担心没有出众的言谈来打动大家，吸引别人的注意，以致造成精神上的紧张，使表情、动作都变得十分僵硬，这都是心情太紧张造成的。因此，应放松心情，保持自己的既有特点，而不要故意矫揉造作。

1. 说话时的嗓音

与人说话时语气要亲切，言辞要得体，态度要落落大方，吸引人的谈话需要动听的声音。有些谈话虽然在内容上没有独到的、吸引人的地方，但说话人那动人的声音，却使人觉得是一种享受，女性的优美嗓音是很动人的。

2. 说话时的表情

表情要诚挚专一。真诚的态度能唤起人们的信任，加深了解，增进友谊。虚情假意、装腔作势、夸夸其谈、外交辞令都会使人生厌，从而可能失去与对方交往的机会。一个很好的交际形象，目光应该是坦然的、亲切的、有神的，与此同时，还要作出积极反应，把自己的想法和感受通过点头、微笑、手势、神情、体态等方式随时表露出来。

3. 说话时最好面带笑容。

与人说话面带喜色或嘴角含笑是比较合宜的一种表情，与对方说话，面带微笑会使对方感到你对与他（她）的交往十分高兴，这无疑也会使对方在心理上感到轻松，进一步增进说话的融洽气氛。当然，笑也需要掌握分寸，需要区别时间与地点，否则是一种失礼的行为。

4. 说话时要控制声音。

声音不必太高，更不能像跟人吵架似的，说话的语调要尽可能沉稳和亲切一些，这样会使对方觉得你待人真诚，也容易收到较好的效果。

5. 说话要节制。

在社交中，谈话要有节制，达意抒情，不能令人生厌。因为说话可能表现出你的开朗、诚恳，也可能表现出你缺乏自制力、虚伪。

可见，女性如能恰当使用自己的语言表达能力，才有希望成为社交的中心人物，人们才会被你的独特个性所吸引。假如你是一个漂亮的女性，它将使你更加美丽；假如你是一个相貌平平的女性，也会因此增添光彩。

丰富自己的内心

俗话说：“相由心生。”女人不是穿上了高跟鞋，烫了成熟的卷发，就可以归入成熟队伍的。成熟美源自内心，正如苹果一样，如果不是从里到外的熟透，即使甜也是变了味的。这样的“苹果”是不会有气场的。

相传宋代大文学家苏东坡与禅师佛印是很要好的朋友，他们经常在一起参禅悟道。有一天，他们又斗起了禅机。

苏东坡首先问：“印老，你看我像什么？”

佛印禅师毫不犹疑地回答说：“学士像一尊佛。”接着他又反问苏东坡说：“那你看老僧又像什么？”

苏东坡想了又想，见佛印禅师穿着一件黑色僧袍，人长得又肥又胖，盘坐在那里，黑糊糊的一大堆，于是便脱口而出：“和尚像一堆牛粪。”

佛印禅师听了，不怒反笑，默然不语，然后怡然自得地闭目养神。

苏东坡回到家里，高兴地对他妹妹说：“妹妹呀，从来与佛印斗禅机都斗不过他，今天不知是和尚倒霉还是我苏东坡走运，总算斗得他哑口无言。”接着便把他与佛印禅师斗禅机的经过绘声绘色地讲了一番。

苏小妹听后，禁不住“呸”了一声，接着便数落了苏东坡一顿：“哥哥今天可算是输光了啊！而你却还自以为大获全胜了是不是？”

苏东坡翘着胡子，瞪大眼睛，问她是什么意思。

苏小妹并没有急于告诉他答案，只是问他：“我问哥哥，是佛名贵，还是牛粪名贵呢？”

苏东坡不假思索地说：“当然是佛名贵了！”

苏小妹道：“佛印的见处是佛，哥哥的见处是牛粪，请问谁高谁低？”

苏东坡一怔，揪着胡子只顾发愣。

苏小妹又道：“佛印心中装的是佛，所以他看处处都是佛，而哥哥一开口就是牛粪马粪，可见你心中装的是什么，你就认了吧！”

苏东坡这才恍然大悟，知道自己又栽在老和尚的禅窟里了。于是他叹道：“君子所见无不善，小人所见无不恶。心中有佛，说出来的是美言，心中有粪，吐出来的是屁话！”

这则故事听起来十分精彩，其中的道理更是金贵得很，它告诉我们：你心里有什么，你表现出来的就是什么。

所谓“相由心生，相由心变”的道理，放在女人身上是再合适不过了。有的女人心中充满了悲愁烦苦，你看她的相貌，必定是一副难受的苦相；如果她心中所想的是仇恨报复，那么她的容貌也必定是显得杀气重重；如果她心地善良，你看她必定是慈眉善目；如果她心地宽广，容颜也必显出开心美满的样子。

你心中想有金钱、物质，那金钱、物质就可以买动你的心；你心中想有美貌、有爱情，那美貌、爱情就可以买动你的心；你心中想有名位、有权势，那名位、权势就可以买动你的心。我们的心常会被金钱、爱情、名位、权势牵着鼻子走，有些人只要区区几百元、几千元，心意就动摇了，仿佛他的心标售着几百、几千的价格一般；有些人纵使受到几百万、几千万黄金美钞的“银弹攻势”，却有一副泰山前面不变色的修养。

因此，气质女人才可能坚持做自己处境的主人，而不是被外物所奴役，所支配，所转动！境由心生，境由心变，这是一个不可颠覆的事实。不要因太阳的落山而使你的心情变得阴暗，因为只要你的心里有太阳在，你的生活就一定是充满阳光的。

由内到外的修行，会使一个气质女人散发出一种不可言喻的魅力，她不造作，不装腔作势，原汁原味地弥漫着淡淡的清香，并形成一种氛围。

知性，让女人别有风韵

现代女子，当以知性为美，知性女子心性如花，雅俗共赏；品性如木，兼修内外。这样的女子，好比静栖一处的花朵，于不经意间绽放，或如兰草，娴静儒雅，幽香淡放；或如玫瑰，热情娇艳，迷人多姿。这样的知性女人气场自然强大无比。

什么是知性女子？知性女子是成熟、理性、智慧、大气的。事业上，她们通常都有很好的发展，但又不同于世俗意义的女强人，她们充满知性的柔和魅力，上得厅堂，也下得厨房；感情丰富，极具女人味，清楚自己需要什么；她们谈不上饱读诗书，但书一定是她们最好的伙伴、精神的食粮，因此这样的女子才有内涵；生活中，她们有自己的主见和态度，为人处世，面面俱到；她们懂得在这世俗的世界为自己留一片纯净的天空，快乐得像个天使，哭泣时像个孩子；她们不同于小女孩似的单纯，也不同于小女人式的狭隘；她们温柔却又不失活泼，也会偶尔小资，乘兴而来，兴尽而归。尤其是那份仿佛置身世外的闲情逸致，在繁华与沧桑间更能撩人心弦。无须羞花闭月之容貌、语出惊人之博学，知性女子的美由内而外。

林徽因是一个令人美慕的幸福女人。印度诗人泰戈尔曾为她写下过这样的诗句：“蔚蓝的天空／俯瞰苍翠的森林，他们中间／吹过一阵喟叹的清风。”

她用清新淡雅的面容，妩媚温婉的回眸，顾盼生辉的举手投足，不仅征服了男人，也征服了女人。

20世纪30年代，林徽因在北京东城北总布胡同家中的“太太的客厅”里，结交了当时不少才华杰出的人才，不只是人文学科的学者，连许多自然科学家都对那里流连忘返。她收放自如，将女人的特质随心所欲地发挥到极致。因为她身上既有人格的魅力，又有女性的吸引力，更有感知的影响力。看看她同时代的人对她的印象就可想而知。当时的《晨报》曾对林徽因有过这样的评价：“林女士态度音吐，并极佳妙。”而萧乾先生对她更是敬重仰慕至极。林徽因曾对萧乾先生说：“你是用心来写作的。”这对初次见面的萧乾先生来说留下了很深的印象，有一种寻到知音的感觉。

知性女人还懂得给男人空间。由于林徽因风姿绰约，许多人都向她投来爱慕的眼光。从智识上来说，林徽因对徐志摩很欣赏。徐志摩的精美词句像春天里的一缕清风给她带来满怀的温柔。但是，林徽因虽然具有浪漫气质但也不乏理性。她内心明白：爱一个人，首先需要尊重一个人，宽容一个人，要给对方留有余地。她尊重徐志摩的对人生道路和感情的选择，但是睿智的林徽因潜意识中已经意识到徐志摩身上并没有成熟男人所具备的那种沉稳庄重，相反，他追求的是浪漫，向往的是浪漫，这与现实有很大的距离。于是，林徽因选择了与自己有共同爱好的梁思成，这就是知性女人的明智。尊重别人、爱惜自己，既温柔又洒脱，使人感到轻松和愉悦。

后来，当梁思成问林徽因为什么没有选择徐志摩而选择他时，聪明的林徽因巧妙地回答道："我想我要用一生来回答这个问题。"这句话没有那么态度鲜明，可却是一个绝妙的回答，让事实来回答，不就是最好的回答吗？没有虚饰与矫情，而只是自然流露出她的清澈和深沉，她对梁思成满腔的柔情确实让人感动。这充分体现了林徽因作为知性女人的灵性与弹性的统一。灵性是心灵的理解力，天生慧质、善解人意，怎能不令人感到无穷的韵味与魅力呢？

知性女人不单是满身灵性，她的优雅举止所表现的女性魅力一样令人赏心悦目。

1931 年 11 月 9 号，林徽因在协和小礼堂给外国使节讲中国建筑艺术。她穿着珍珠白色毛衣、深咖啡色呢裙。她时尚的、得体的打扮，举手投足都显示出优雅万分。她从容地站在讲台上，开始了她才华横溢的演讲："女士们，先生们！当你踏上一块陌生的国土的时候，建筑会以一个民族所特有的风格，讲述这个国家所特有的美的精神，它具有文化内涵，带着爱的情感，走进你的心灵。"精彩的开场白，优雅的风度立刻博得了一阵热烈的掌声。

为了参加林徽因对中国建筑艺术的演讲会，徐志摩不顾天气情况恶劣，毅然冒险登机，置性命于不顾。天才的诗人不幸空中遇难，林徽因的美丽将永久陪伴在徐志摩的感情世界中，他对林徽因的感情成为人们传诵的佳话。

知性女人是看重人间美好的友谊和感情的。听到徐志摩遇难的消息后，伤心过度的林徽因特意嘱咐梁思成赶去料理后事，并在自己的卧室里把梁思成拾回来的飞机残片悬挂了 20 多年。

如此感情细腻丰富的知性女人怎能不人见人爱。

当时，逻辑学教授金岳霖也对林徽因颇为爱恋。林徽因也陷于爱情的烦恼中，但当面拒绝太伤金岳霖的心，她征求了梁思成的意见后，便去找金岳霖，将梁思成的话对他倾诉一遍："你是自由的。如果你挑选金岳霖，我祝你们永远幸福。"

金岳霖听后，认识到林徽因与梁思成之间的爱情是纯真的，便主动退出这场情感纠葛。

在林徽因去世后，金岳霖教授满怀深情地写下："一身诗意千寻瀑，万古人间四月天。"之后，又无私自愿地照顾林徽因的子女。可见，林徽因在他心目中的地位。

知性女人能善待生命中不同的男人，林徽因虽然香消玉殒了，然而，她让人一见倾心的神采是男人深深赞美、惊叹不已的那一声终极音符。

有的女人，即使读了一辈子的书，经历了无数的事情，却始终参不透人生的一些道理，比如男人，比如爱情，比如梦想，所以常会在一个地方摔倒，容易迷失在命运的洪流当中。而知性的女子知道如何去经营自己的生活，即使是年复一年的油米柴盐，她们也知道怎么样将之变成乐趣，并且去享受。知性女子对爱情是一样的忠实，一样的充满了热情与幻想，但是她们不会依靠爱情，不会把爱情当做生命的唯一，更不会把全部的希望寄托在一个男人身上，那样太可悲。她们扮演自己的角色，独立而坚强。

知性的女子，偶尔哭泣或者大笑，但是她们的心境是平和的，这让她们在任何时候都处乱不惊，有着坐看闲云的气度和风范。现代化都市的女子，总是很容易被各种物质所诱惑，然后以一种小资的姿态来宣扬着自己的品位、自己的脱俗、自己的与众不同。但是当深夜来临的时候，又陷入孤独落寞而无法自拔，她们的虚荣让她们失去了平心静气的勇气和能力。知性女子却可以心平气和地行走于物质当中，享受着物质，她们不会让自己的精神贫穷，即使是寂寞的，她们也知道如何去享受。面对各种纷争与复杂，她们可以淡然一笑，她们那份坦然与纯真让无数人望尘莫及。

知性，让女人更加美丽，也让女人更加精致！